myBook+

Ihr Portal für alle Online-Materialien zum Buch!

Arbeitshilfen, die über ein normales Buch hinaus eine digitale Dimension eröffnen. Je nach Thema Vorlagen, Informationsgrafiken, Tutorials, Videos oder speziell entwickelte Rechner – all das bietet Ihnen die Plattform myBook+.

Ein neues Leseerlebnis

Lesen Sie Ihr Buch online im Browser – geräteunabhängig und ohne Download!

Und so einfach geht's:

- Gehen Sie auf **https://mybookplus.de**, registrieren Sie sich und geben Ihren Buchcode ein, um auf die Online-Materialien Ihres Buchs zu gelangen
- **Ihren individuellen Buchcode finden Sie am Buchende**

Wir wünschen Ihnen viel Spaß mit myBook+ !

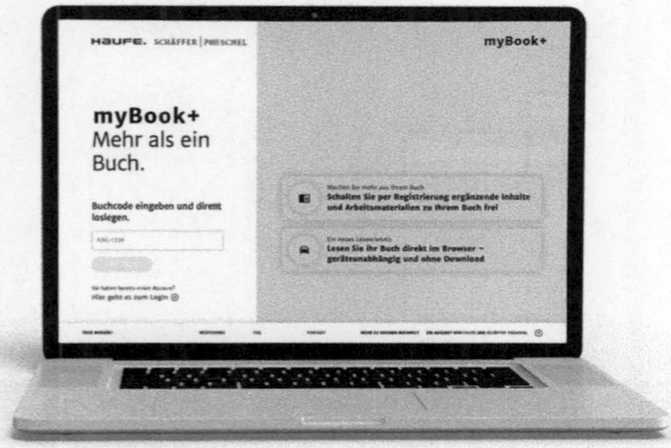

Praxishandbuch Strategisches Personalmanagement

Dieter Gerlach

Praxishandbuch Strategisches Personalmanagement

Prozesse und Instrumente für eine zukunftsfähige Personalarbeit

Haufe Group
Freiburg · München · Stuttgart

Bibliografische Information der Deutschen Nationalbibliothek

Die Deutsche Nationalbibliothek verzeichnet diese Publikation in der Deutschen Nationalbibliografie; detaillierte bibliografische Daten sind im Internet über http://dnb.dnb.de/ abrufbar.

Print: ISBN 78-3-648-17248-3 Bestell-Nr. 14173-0001
ePub: ISBN 978-3-648-17249-0 Bestell-Nr. 14173-0100
ePDF: ISBN 978-3-648-17250-6 Bestell-Nr. 14173-0150

Dieter Gerlach
Praxishandbuch Strategisches Personalmanagement
November 2023

www.haufe.de
info@haufe.de

Bildnachweis (Cover): © iStock, piranka

Produktmanagement: Dr. Bernhard Landkammer
Lektorat: Ursula Thum, Text + Design Jutta Cram, Augsburg

Inhaltsverzeichnis

Vorwort ... 11

1 Was ist eine Strategie? ... 13

2 Grundlagen des strategischen Personalmanagements ... 17
2.1 Was bedeutet eigentlich »strategisches Personalmanagement«? ... 17
2.2 Ziele einer Personalstrategie ... 20
2.3 Wie entsteht eine Personalstrategie? ... 21
2.3.1 Entwicklung einer Personalstrategie in sechs Schritten ... 21
2.3.2 Ein weiterer Prozess der Entwicklung einer Personalstrategie ... 23
2.3.3 Mit einem strukturierten und integrierten Entwicklungsprozesses zur Personalstrategie ... 24
2.3.4 Mit einem nachhaltigen Strategieprozess und OKR zur Personalstrategie ... 25

3 Konzepte und Modelle des strategischen Personalmanagements ... 27
3.1 Modelle des strategischen Personalmanagements ... 27
3.2 Konzepte des strategischen Personalmanagements ... 30
3.2.1 ESG (Environmental, Social, Governance) ... 30
3.2.2 Eine Personalstrategie für den Mittelstand ... 38
3.2.3 Change-Management ... 42

4 Die Struktur des strategischen Personalmanagements ... 47

5 Aktuelle Situation und zu erwartende Trends ... 51
5.1 Zukünftige Themen ... 52
5.2 Fünf Top-HR-Trends ... 56
5.3 Change-Management und digitale Transformation ... 59
5.4 Ein detaillierterer Blick auf Digitalisierung ... 60

6 HR als strategischer Partner ... 67
6.1 Wichtige HR-Funktionen heute und in der Zukunft ... 69
6.2 HR als People Company ... 71
6.3 Wie kann sich HR weiterentwickeln? ... 72
6.4 Drei Beispiele aus der Praxis ... 74

7 Rechtliche Rahmenbedingungen ... 77
7.1 Betriebsrätemodernisierungsgesetz ... 78
7.2 Aktuelle Urteile ... 78

7.3 Die Datenschutz-Grundverordnung (DSGVO) ... 79
7.4 Das Bundesdatenschutzgesetz (BDSG) ... 81
7.5 Das Betriebsverfassungsgesetz/betriebliche Lösungen (Betriebsvereinbarungen) ... 83

8 Strategisches Personalcontrolling ... 87
8.1 Bedeutung ... 87
8.2 Definition »Personalcontrolling« ... 88
8.3 Personalkosten ... 89
8.4 Kennzahlenorientiertes Personalcontrolling ... 93
8.5 Wertschöpfungsansätze ... 97
8.6 Personalinformationssysteme ... 99
8.7 People Analytics ... 106
8.8 Human-Capital-Management ... 112
8.9 Controlling der Personalarbeit ... 117
8.10 Effizienz der Personalarbeit ... 121

9 Strategische Personalplanung ... 131
9.1 Definition und Grundlagen der Personalplanung ... 131
9.2 Bedeutung ... 133
9.3 Prozess der Personalplanung ... 134
9.4 Die strategische Personalplanung im Detail ... 135
9.4.1 Inhalte und Ziele strategischer Personalplanung ... 136
9.4.2 Personalkostenplanung ... 141
9.5 Unternehmensbeispiel ... 144

10 Anwendungsbereiche des strategischen Personalmanagements ... 147
10.1 Personalführung ... 147
10.1.1 Wie definiert man Personalführung? ... 147
10.1.2 Prinzipien guter Personalführung ... 148
10.1.3 Führungsstile ... 149
10.1.4 Führungsinstrumente ... 153
10.1.5 Wie viel Hierarchie ist notwendig? ... 155
10.2 Personalentwicklung ... 156
10.2.1 Aufgaben der Personalentwicklung ... 157
10.2.2 Die Personalentwicklungsplanung ... 157
10.3 Personalgewinnung ... 161
10.3.1 Recruiting ... 165
10.3.2 Fehler beim Recruiting ... 166
10.3.3 Die Erfolgsfaktoren im Recruiting ... 167
10.4 Mitarbeitendenbindung ... 170
10.5 Personaleinsatz ... 174
10.6 Personalfreisetzung ... 178

10.6.1 Maßnahmen bei bestehenden Arbeitsverhältnissen 180
10.6.2 Strukturierter Prozess 181
10.6.3 Maßnahmen zum Personalabbau 183
10.7 Betriebliches Gesundheitsmanagement 187
10.8 Diversity 193
10.9 Employer Branding 196
10.10 Vergütungsmanagement 199

11 Instrumente des strategischen Personalmanagements 201
11.1 SWOT-Analyse 201
11.2 Balanced Scorecard 203
11.3 Szenariotechnik 211
11.4 Kompetenzmodelle 214
11.5 Personalrisikomanagement 218
11.6 Mitarbeitendenbefragung 228
11.7 Mitarbeitendenportfolio 231
11.8 Nachfolgeplanung 234
11.9 Innovationsmanagement 236
11.9.1 Definition und Handlungsfelder 236
11.9.2 Schlüsselaspekte des Innovationsmanagements 238

12 Welche Mitarbeitenden und welche Skills benötigen wir in der Zukunft? 243
12.1 Führungskräfte 243
12.2 Personalmitarbeitende 245

13 Unternehmenskultur 249

14 IT-Unterstützung bei der Personalarbeit 255
14.1 IT-Lösungen 257
14.2 Softwareauswahl 259
14.3 Digitalisierung 265
14.4 Künstliche Intelligenz 270
14.5 Blockchain 275
14.6 Cloud Computing 276
14.7 DSGVO/Datenschutz 277
14.8 IT-Sicherheit 280

15 Die Zukunft des strategischen Personalmanagements 283

16 Die Zukunft der Personalarbeit und des Personalbereichs 287

Literaturverzeichnis 293
Stichwortverzeichnis 304

Vorwort

Es ist unbestritten, dass das Thema »Strategisches Personalmanagement« heute und in Zukunft eine bedeutende Rolle spielen wird. In der heutigen krisenbehafteten Zeit steht das Personalressort vor enormen Herausforderungen. Vor dem Hintergrund des Krieges in der Ukraine und den damit verbundenen wirtschaftlichen Problemen (Verteuerung der Energiepreise, Unterbrechung der Lieferketten, Verunsicherung bei den Menschen und bei den Unternehmen) ist ein kluges Vorgehen aller für das Personal Verantwortlichen unumgänglich.

Dazu kommen weitere Baustellen, die nicht vernachlässigt werden sollten, wie z. B. die demografische Situation und die damit verbundene Verknappung am Arbeitsmarkt, New Work, künstliche Intelligenz und gesundheitspolitische Herausforderungen (die Corona-Pandemie und nicht abzusehende Long-Covid-Folgen).

Vor diesem Hintergrund ist es entscheidend, wie strategisches Personalmanagement in den Arbeitsalltag integriert und in die Personalpraxis bzw. -prozesse umgesetzt wird. In diesem Buch soll genau das versucht werden. Darüber hinaus wird erläutert, warum speziell im Personalgeschäft strategisches Vorgehen bedeutsam ist. Darüber hinaus sollen Konzepte und Modelle ebenso wie Anwendungsbereiche und Instrumente des strategischen Personalmanagements gezeigt werden.

Außerdem wird in diesem Buch darauf eingegangen, welche Bedeutung und welche Rolle das strategische Personalcontrolling und die strategische Personalplanung hierbei spielen. In einem weiteren Schwerpunkt wird die Bedeutung der IT-Unterstützung aufgezeigt und welche Skills die Beschäftigten und Führungskräfte in der Zukunft benötigen.

Zum Abschluss soll ein Blick in die Zukunft des strategischen Personalmanagements und insbesondere der Personalarbeit geworfen werden.

Ich würde mich freuen, wenn Sie beim Lesen neue Erkenntnisse gewinnen und sie im Idealfall in Ihrer beruflichen Praxis umsetzen können.

Ich wünsche Ihnen viel Spaß bei der Lektüre!

Dieter Gerlach, im Oktober 2023

1 Was ist eine Strategie?

»Wenn Sie keine Strategie haben, sind Sie Teil der Strategie eines anderen.«
Alvin Toffler, US-amerikanischer Futurologe

Das Wort »Strategie« stammt aus dem Altgriechischen. Man versteht darunter die Kunst der Heeresführung. Erst später wurde der Begriff auf die Gebiete der Verwaltung, der Führung und der Rhetorik erweitert. Im nächsten Schritt wurde daraus eine Managementfähigkeit, um z. B. eine Regierung zu führen. Im 19. Jahrhundert wurde der Begriff »Strategie« von Carl von Clausewitz aufgegriffen. Aus seiner Sicht war die Militärstrategie Bestandteil der Politik. Es ging um knappe Ressourcen, Wettbewerbsvorteile und andere Herausforderungen, die bereits der heutigen Wirtschaft ähnelten.

In der Weiterentwicklung des Konzepts der Strategie (Wikipedia, Strategie [Wirtschaft]) gibt es folgende Ansätze:

- **Das Harvard-Konzept der Strategieentwicklung**
  Hierunter versteht man die Festsetzung der langfristigen Unternehmensziele sowie deren Politik und Handlungsmaßnahmen zur Verwirklichung dieser Ziele. Hier die einzelnen Schritte:
  1. Ermittlung des »strategischen Profils«
  2. Analyse relevanter Umweltausschnitte
  3. Strategische Prognosen
  4. Analyse der Unternehmensstärken und -schwächen
  5. Ressourcenanalyse
  6. Entwicklung der strategischen Handlungsalternativen
  7. Konsistenztest
  8. Strategische Wahl
- **Das Fünf-Phasen-Modell**
  Basierend auf dem Harvard-Modell entwickelten Bircher und Hinterhuber ein Fünf-Phasen-Modell innerhalb des Ansatzes des Portfoliomanagements in der Unternehmensstrategie. Die Phasen sind:
  1. Analyse der gegenwärtigen Situation und der Aussicht
  2. Strategieformulierung
  3. Erstellung der strategischen Planung und der Politik
  4. Umbau der Organisation nach der Strategie
  5. Umsetzung der Strategie

Darüber hinaus gibt es noch viele weitere Modelle, wie z. B. die Modelle nach Porter, nach Drucker und nach Kirsch.

Bei den Arten der Strategien wird differenziert nach:

- **klassische Strategie** (Plan und Umsetzung sind vorhanden)
- **unternehmerische Strategie** (kein exakter Plan, nur eine Idee vorhanden, die als Strategie geplant wird)
- **ideologische Strategie** (eine Vision, die von vielen geteilt wird, Synchronisation durch gleiche Denkmuster, schwierig zu ändern)
- **Schirm-Strategie** (zentrale Führungsfunktion gibt lediglich einen Strauß von Regeln, Richtlinien und Maßnahmen vor, innerhalb derer sich die dezentralen Einheiten bewegen)
- **Prozess-Strategie** (es wird zentral lediglich der Prozess der Strategiefindung vorgegeben)
- **unverbundene Strategie** (es gibt so viel Spielraum, dass jede Einheit eine eigene Strategie verfolgen kann)
- **Konsens-Strategie** (eine Strategie durch wechselseitiges Anpassen)
- **aufgezwungene Strategie** (durch die Umwelt erzwungen)

Die Unternehmensstrategie beinhaltet die langfristigen Ziele, die Vision und den daraus entwickelten Plan und bezieht sich immer auf das ganze Unternehmen.

Inhalte einer **Unternehmensstrategie** sind beispielsweise:

- Vision, Mission und langfristige Ziele
- Kernkompetenzen
- Geschäftsfelder, Umfeldbedingungen der Geschäftsfelder, Wettbewerbsvorteile
- Gestaltung der Wertschöpfungskette
- strategische Stoßrichtung

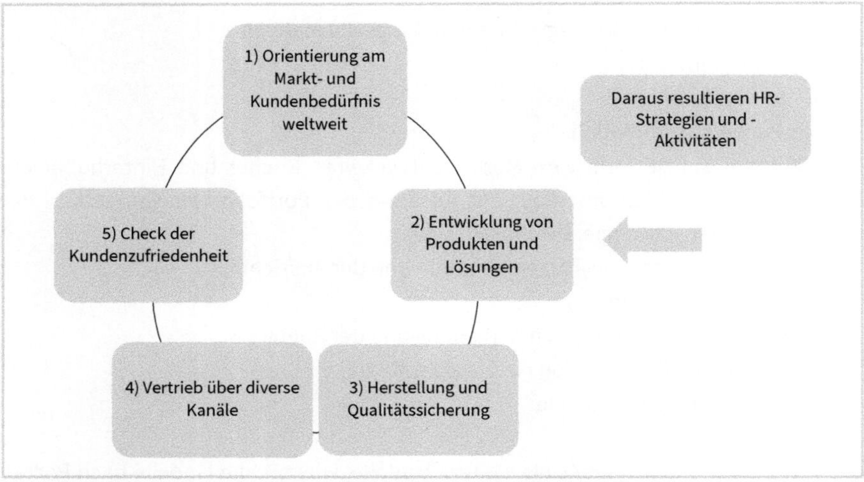

Entwicklung der Unternehmensstrategie (Olesch, Personalmagazin 11/2018)

Unterstützende Instrumente, um eine Strategie zu entwickeln, sind z. B.

- ein Leitbild (wenn vorhanden) oder eine Mission,
- eine Marktanalyse,
- eine Bestandsaufnahme des Unternehmens durch eine SWOT-Analyse und
- darauf aufbauend die Definition der strategischen Herausforderungen, der strategischen Ziele und der dafür benötigten Maßnahmen.

2 Grundlagen des strategischen Personalmanagements

In einer Untersuchung der Zeitschrift »Personalwirtschaft« vom April 2022 (HR Transformation Report 2022 – NTT Data) wurde festgestellt, dass lediglich 38 Prozent der befragten Firmen über eine strategisch ausgerichtete Personalabteilung verfügen. 43 Prozent der Studienteilnehmer sagen, dass ihr Unternehmen keine HR-Strategie hat. Der wichtige Servicegedanke ist nur bei einem knappen Viertel der Unternehmen erkennbar. Außerdem fehlen immer noch Ansätze zu agiler Arbeit und zur Digitalisierung der Prozesse.

Sowohl bei der Unternehmensführung als auch bei den Verantwortlichen im Personalressort gibt es oft kein einheitliches Bild einer strategisch ausgerichteten Personalabteilung. Es ist sowohl die Rede von »strategischem Personalmanagement« als auch von »HR-Strategie« oder von einer »People-Strategie«.

2.1 Was bedeutet eigentlich »strategisches Personalmanagement«?

Grundsätzlich wird im strategischen Personalmanagement von zwei verschiedenen, aber miteinander verbundenen Strategien gesprochen:

- Personalstrategie
- Personalfunktionsstrategie

Die **Personalstrategie** umfasst alle Aktivitäten, die den Ausbau, die Pflege und die Nutzung mitarbeiterbezogener Kompetenzen betrifft und der nachhaltigen Umsetzung der Unternehmensstrategie dient. Die Personalstrategie ist somit Teil der Unternehmensstrategie und hilft, die ökonomischen Ziele zu erreichen.

Die **Personalfunktionsstrategie** dagegen kümmert sich um die Frage, wie sich die Personalabteilung aufstellen muss, um die Personalstrategie umzusetzen. Sie ist die Strategie für den Personalbereich mit den dazugehörigen Fragen:

- Was sind die Erfolgsmaßstäbe?
- Welche Ziele gibt es?
- Wie müssen die Strukturen des Bereichs aufgestellt werden?

Strategisches Personalmanagement ist im Gegensatz zur operativen Personalarbeit gekennzeichnet durch die Merkmale strategischen Handelns:

- Langfristigkeit
- Ganzheitlichkeit
- Potenzialorientierung

- SWOT-Analyse (Stärken, Schwächen, Chancen und Risiken)
- Integration
- Umweltbezogenheit
- Orientierung an den obersten Zielen und Strategien des Unternehmens.

Man spricht von drei Ebenen des strategischen Personalmanagements (Wirtschaftslexikon 24, 2018):

- **Erste Ebene:** strategische Gestaltung einzelner Teilfunktionen des Personalmanagements
- **Zweite Ebene:** die gesamte Personalfunktion mit allen Abstimmungserfordernissen und Verbindungen
- **Dritte Ebene:** die Einbindung des Personalmanagements in die strategische Unternehmensführung

Entscheidend ist, dass eine Unternehmensstrategie ohne Personal nicht darstellbar ist. Deswegen verwundert es manchmal, dass das Personalressort an der Entwicklung der Unternehmensstrategie nicht beteiligt ist. Sowohl diese Einbindung ist sehr wichtig als auch die Mitwirkung der Geschäftsleitung und der Führungskräfte am Prozess der Personalstrategie. Durch die jeweilige Beteiligung wird ausgeschlossen, dass die Unternehmensstrategie unabhängig von den vorhandenen Ressourcen und Skills erstellt wird und andererseits die Personalstrategie im Einklang mit der Unternehmensstrategie steht.

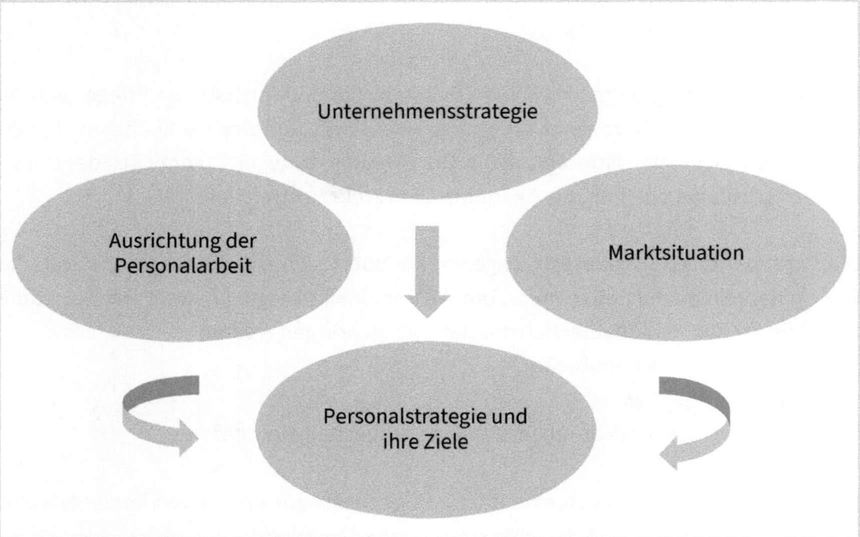

Einflussfaktoren auf die Personalstrategie und deren Ziele, eigene Darstellung

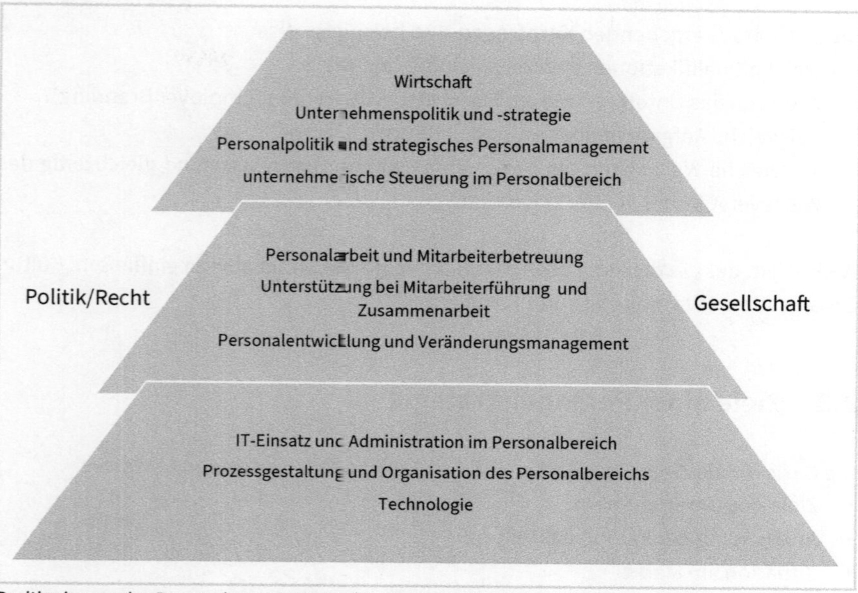

Positionierung des Personalmanagements (Hochschule Pforzheim, Pforzheimer 3-Säulen-Modell zum Personalmanagement/Human Resources Management, o. J.)

Durch die Breite der Aufgabenstellung sind sowohl die Aufgaben als auch die Themen der Personalstrategie sehr vielfältig. Im Folgenden deswegen nur einige ausgewählte Beispiele:

Aufgaben:

- Aufrechterhaltung der Wettbewerbsfähigkeit des Unternehmens
- Orientierungshilfe für Personalentscheidungen
- Personalbedarfs- und Personaleinsatzplanung
- Stärkung der Flexibilität
- Personalentwicklung
- Recruiting
- Performance- und Vergütungsmanagement, u.a. auch Personalkostenoptimierung, Motivation der Mitarbeitenden etc.

Die **Themen** (abhängig von der Unternehmensstrategie, der Unternehmenskultur, der Größe des Unternehmens und der Größe der Personalabteilung etc.) sind zum Teil identisch mit den Aufgaben:

- Umsetzung von Zielen aus der Unternehmensstrategie
- Schwerpunkte aus dem Personalmanagement
- Herausforderungen in der Branche

Daraus entstehen Themen wie Recruiting, Personalentwicklung, Mitarbeiterbindung, Digitalisierung, Ausbildung und andere.

Die sich daraus ergebenden **Kernfragen** sind beispielsweise:

- Welche Qualifikationen werden zukünftig benötigt?
- Wie kann das Unternehmen am Markt attraktiv werden (Employer Branding)?
- Auf welche Aufgabenfelder muss sich HR fokussieren?
- Auf welche Weise kann die Unternehmenskultur verbessert und gleichzeitig das Werteverständnis verstärkt werden?

Wichtig ist, dass in diesem Zusammenhang folgende Dimensionen einfließen: Kultur, Organisation, Mitarbeitende und Prozesse.

2.2 Ziele einer Personalstrategie

Die Basis für die Ziele einer Personalstrategie richtet sich nach drei Faktoren:

- Ziele des Unternehmens
- Ausrichtung der Personalabteilung
- Situation am Markt

Visionen, Strategien, Ziele und Leitlinien im Personalmanagement (in Anlehnung an Kolb, 2010, S. 60)

Die Voraussetzungen für die Ziele der Personalstrategie hängen nicht nur von der Unternehmensstrategie und den Unternehmenszielen ab, sondern auch vom Reifegrad der Personalarbeit. Hier entscheidet sich, mit welchen Instrumenten und Methoden die jeweiligen Ziele erreicht werden können. Nicht zu vernachlässigen ist auch die Größe der Personalabteilung.

Die Situation am Markt ist für das Unternehmen von entscheidender Bedeutung. Daraus resultieren die Bedingungen, die die Grundlage für die Aufgaben und damit auch für die Ziele des Personalmanagements bilden. Zudem spielt die Situation am Arbeitsmarkt eine wichtige Rolle. Weitergehende Informationen dazu sind im Kapitel 6 zu finden.

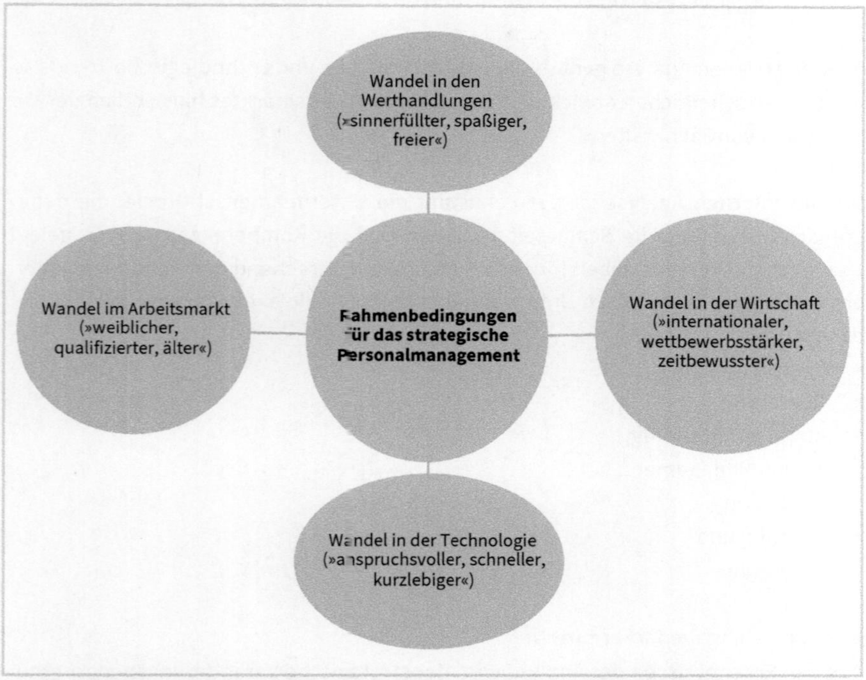

Rahmenbedingungen für das strategische Personalmanagement (in Anlehnung an Oertig o. J., S. 2 ff.)

2.3 Wie entsteht eine Personalstrategie?

2.3.1 Entwicklung einer Personalstrategie in sechs Schritten

Um eine sinnvolle Personalstrategie zu entwickeln, ist es erforderlich, vorab zu überlegen, welche Schritte in welcher Reihenfolge einzuhalten sind. Diese Schritte könnten sein (HR Pepper Management, Personalmagazin 06/2018, S. 41):

1. Analyse durchführen
2. Veränderungsbedarf ermitteln
3. Handlungsoptionen entwickeln und bewerten
4. Maßnahmen ableiten
5. Strategie kommunizieren
6. Maßnahmen integrieren und umsetzen

Die Schritte im Einzelnen:

1. Analyse durchführen

Die Erstellung einer Personalstrategie ist ein komplexes Thema, das es erforderlich macht, zu Beginn des Prozesses eine ausführliche Analyse der Ist-Situation vorzunehmen. Diese gliedert sich in eine externe und eine interne Analyse.

Bei der externen Analyse geht es um gesellschaftliche und technologische Trends sowie die wirtschaftliche Entwicklung, z. B. die des Arbeitsmarktes hinsichtlich der Verfügbarkeit von Fachkräften.

Bei der internen Analyse ist der Fokus auf die Unternehmensstrategie, die demografische Situation, die Schlüsselfunktionen und die Kompetenzstrukturen gelegt. Bezüglich der Personalarbeit muss eine Analyse entsprechend den Handlungsfeldern erfolgen. Diese sind je nach Unternehmen unterschiedlich. Im Wesentlichen handelt es sich um

- Personalplanung,
- Recruiting,
- Employer Branding,
- Talent-Management,
- Ausbildung,
- Führung und
- Vergütung.

2. Veränderungsbedarf ermitteln

Aus den Erkenntnissen der Analyse wird der strategische Veränderungsbedarf ermittelt. Um daraus die richtigen Schritte abzuleiten, ist eine Zusammenarbeit mit den Führungskräften und den Fachbereichen erforderlich. Es muss herausgearbeitet werden, welche Kapazitäten mit welchen Qualifikationen für die zukünftigen Herausforderungen erforderlich sind. Hier ist unbedingt die Mitwirkung des Personalressorts notwendig – auf deren Kenntnisse der Personalplanung und der Kompetenzentwicklung kann nicht verzichtet werden.

HR hat die Rolle, den Fachbereichen zu verdeutlichen, welche Herausforderungen durch die gesellschaftspolitischen Entwicklungen auf sie zukommen und welche Skills und welche Anzahl der Mitarbeitenden in Zukunft benötigt werden. Hierbei ist es ebenso wichtig, die Unternehmenskultur nicht zu vernachlässigen und sie gegebenenfalls anzupassen.

3. Handlungsoptionen entwickeln und bewerten

Wenn der Änderungsbedarf festgestellt wurde, besteht der nächste Schritt darin, Handlungsoptionen zu entwickeln. Es geht darum, Möglichkeiten zu finden, um die veränderten Skills, die künftig benötigte Kapazität sowie die veränderte Organisationskultur umzusetzen. In dieser Phase sollten in einem gemeinsamen Vorgehen zwischen dem Personalressort, den Fachbereichen und den betroffenen Mitarbeitenden Lösungen entwickelt werden. Im zweiten Schritt ist aus diesen eine erste Auswahl zu treffen. Hierbei sind sowohl Wirksamkeit, Zufriedenheit der Betroffenen und Aufwand zu berücksichtigen. Mit einer Festlegung von KPIs kann der Erfolg der jeweiligen Maßnahme nachvollzogen werden.

4. Maßnahmen ableiten
Nun müssen für die strategisch wirksamen Optionen konkrete Maßnahmen definiert und geplant werden. Das bedeutet:

- Instrumente gestalten
- Projekte aufsetzen
- Programme entwerfen
- KPIs entwickeln

5. Strategie kommunizieren
Jetzt muss die Personalstrategie formuliert werden. Was aus den Prozessen heraus beschlossen wurde, wird nun in die bestehenden Prozesse, Instrumente und Produkte integriert. Wichtig ist hier die Methode des Storytellings, um die Strategiethemen verständlich zu kommunizieren. Dazu gehört zu erläutern, wie die Strategie umgesetzt werden soll, aber auch, warum sie überhaupt notwendig ist. Im Zuge der Kommunikationsstrategie müssen Roadshows organisiert und Dialogformate konzipiert werden.

6. Maßnahmen integrieren und umsetzen
Im letzten Schritt geht es um die Integration der neuen Strategie und die Entwicklung eines Umsetzungsplans. Um dies zu gewährleisten, muss die Personalstrategie unbedingt in der Personalplanung berücksichtigt werden. Damit die Unternehmensleitung regelmäßig über die Arbeitsergebnisse informiert wird, sollte eine Erfolgskontrolle installiert werden.

2.3.2 Ein weiterer Prozess der Entwicklung einer Personalstrategie

In einem Workbook zur Personalstrategie 2022 der Firma Cegid (Talentsoft) ist der Prozess der Entwicklung einer Personalstrategie in folgende Schritte unterteilt:

1. Verständnis der Geschäftsstrategie
Zunächst geht es darum, die Geschäftsstrategie zu verstehen. Dazu gehört, die Stärken, Schwächen, Chancen und Risiken (SWOT-Analyse) zu kennen sowie um die Geschäftsziele zu wissen und die daraus folgenden Auswirkungen auf das Personalgeschäft.

2. Festlegung der HR-Strategie

a) **Analyse der aktuellen Situation**
Zur Analyse der aktuellen Situation gehören die Überprüfung der Unternehmenskultur, Überlegungen zur Organisationsstruktur, Feststellung des Verbesserungsbedarfs der Personalarbeit sowie das Erkennen der Lücken in der HR-Technologie.

b) **Festlegung der HR-Ziele**
Durch die Kenntnis der Geschäftsstrategie ist es jetzt möglich, HR-Ziele zu benennen, die durch die Verknüpfung mit der Geschäftsstrategie helfen, die Ziele des Unternehmens zu unterstützen. Die Ziele sollten realistisch und mit Meilensteinen versehen sein, um den Erfolg messen zu können.

c) **Priorisierung von Investitionen in HR-Technologie**
In Ableitung der obigen HR-Ziele werden die erforderlichen HR- Technologien festgelegt. Dabei muss die Auswahl und die Art der Software kritisch geprüft werden.

2.3.3 Mit einem strukturierten und integrierten Entwicklungsprozesses zur Personalstrategie

In einem Whitepaper der Firma Horvath & Partners findet sich ebenfalls ein Weg, um eine erfolgreiche HR-Strategie zu entwickeln. Sie sollte durch einen strukturierten und integrierten Entwicklungsprozess erfolgen, in dem folgende Faktoren identifiziert, analysiert und festgelegt werden:

- **Trends und Herausforderungen:** Unternehmensstrategie, SWOT-Analyse, Herausforderungen für den HR-Bereich
- **Strategische Erfolgsfaktoren:** Festlegung der künftigen Soll-Stände im Abgleich mit den jetzigen Ist-Zuständen
- **Strategische Leitlinien:** Durch die Bildung eines Lenkungsausschusses mit Geschäftsführung und HR-Verantwortlichen wird gewährleistet, dass Leitlinien für die Bereiche Kerngeschäft HR, Märkte und Standorte der HR-Organisation, Zusammenarbeit mit Mitarbeitenden und externen Partnern sowie die Struktur von HR berücksichtigt werden.
- **Strategische Eckpfeiler:** Durch eine Kombination der ersten Phasen und des Wissens der Beteiligten sowie der Leitlinien werden erste Eckpfeiler formuliert und Prioritäten festgelegt.
- **Strategische Ziele:** Auf der Basis der gewonnenen Kenntnisse und einer Balanced Scorecard wird eine Strategielandkarte entwickelt. So werden die Verbindungen zwischen Potenzialen, Prozessen, Kunden und Finanzen aufgezeigt. Wichtig sind die Wirkungszusammenhänge der Zieldimensionen, das Erstellen eines Steckbriefs für jedes Ziel und die Benennung eines Verantwortlichen.
- **KPIs, strategische Maßnahmen und eine Roadmap:** Nach Abschluss der Phasen wird der Verantwortliche strategische Maßnahmen erarbeiten, KPIs heranziehen und eine Roadmap erstellen.

2.3.4 Mit einem nachhaltigen Strategieprozess und OKR zur Personalstrategie

In einem Whitepaper stellt Haufe Talent einen nachhaltigen Strategieprozess mit Objectives and Key Results (OKR) dar. OKR ist ein Management-Modell, das auf Zielen und Schlüsselergebnissen beruht. Der Prozess bezieht sich dabei auf die Entwicklung einer Geschäftsstrategie, kann aber genauso für eine Personalstrategie genutzt werden.

Als allgemeine Voraussetzung kann gelten: Wir leben mittlerweile in einer VUCA-Welt (VUCA ist ein Akronym und steht für Volatilität, Ungewissheit, Komplexität und Ambiguität). Leitplanken verändern sich rasch und wir müssen uns auf immer wieder neue Rahmenbedingungen einstellen, die eine hohe Flexibilität erfordern. Umso schwerer ist es, mittel- oder langfristige Strategien zu implementieren. Hier die wichtigsten Punkte:

- **Prozess in Gang setzen:** Nachdem das oberste Management aus seiner Vision eine mittelfristige Strategie abgeleitet hat, müssen gemeinsam mit dem mittleren Management die konkreten Ziele für das kommende Geschäftsjahr geplant werden.
- **Rollen definieren:**
  - Leadership/Sponsor und OKR-Master – Schlüsselrollen und für den gesamten Prozess verantwortlich
  - OKR-Coach – direkte Ansprechperson für die einzelnen Teams
  - OKR-Teams – kleinste Einheiten, verantwortlich für die Definition ihrer Ziele und Schlüsselergebnisse
- **Guidelines entwickeln:** Ein entscheidender Punkt ist, dass der Prozess nicht top-down erfolgt. Er sollte top-down für die Vision sein, aber auch bottom-up und sideways, um das mittlere Management und die Mitarbeitenden konstruktiv am Prozess zu beteiligen.

Hier einige Hinweise zu den Kernproblemen der erfolgreichen Strategieumsetzung sowie häufige Fehler in Personalstrategien:

Kernprobleme

- ungenaue Vorgaben durch die Unternehmensstrategie
- nicht zielgerichteter Strategieprozess auf HR-Ebene
- fehlende Akzeptanz durch Führungskräfte und Mitarbeitende
- ungenügende Implementierung

Fehler

- Konzentration auf nur einige der vorhandenen Handlungsfelder und Vernachlässigung der anderen. Ein Beispiel wäre das Ziel »Abbau von Bürokratie«: Manche Maßnahmen bzw. Prozesse werden berücksichtigt, aber andere nicht.

- Prozesse nicht ganzheitlich berücksichtigen, z.B. Schulung von Qualitäts- und Kundenserviceorientierung mit Seminaren für Mitarbeitende ohne gleichzeitige organisatorische Maßnahmen zur Verbesserung der entsprechenden Prozesse
- keine konkreten Formulierungen der zu erreichenden Ziele und ausweichende Aussagen

Wichtig

Sowohl die Themen als auch die Ziele sollten im Einklang mit der Unternehmenskultur, der Führungsphilosophie, der Werte und dem Mitarbeiterverständnis stehen.

Wie stelle ich die erfolgreiche Entwicklung einer HR-Strategie sicher?

- klare Vorgaben aus der Unternehmensstrategie
- Verfolgen eines definierten HR-Strategieprozesses
- Einbeziehung der Geschäftsleitung und der Mitarbeitenden in den Strategieprozess
- Blick über den eigenen Tellerrand
- festgelegte Rollen und Verantwortlichkeiten innerhalb der Organisation
- eindeutig formulierte Ziele und KPIs
- abgestimmte Umsetzungsplanung
- konsequentes Umsetzungsmonitoring und regelmäßige Strategiereviews

3 Konzepte und Modelle des strategischen Personalmanagements

»Strategy without tactics is the slowest route to victory, tactics without strategy is the noise before defeat.«
Sunzi, chinesischer General, Militärstratege und Philosoph

Nach den einführenden Worten aus dem letzten Kapitel sollen im nächsten Schritt Modelle und Konzeptionen des strategischen Personalmanagements vorgestellt werden. Dabei ist es wichtig, vorab Überlegungen anzustellen, in welche Richtung sich das Unternehmen in den nächsten Jahren entwickeln soll. Um eine Grundlage dafür zu schaffen, das strategische Personalmanagement in einen nachvollziehbaren Zusammenhang zu stellen, werden zunächst einige der bekanntesten Modelle vorgestellt.

3.1 Modelle des strategischen Personalmanagements

Das Drei-Säulen-Modell

Im Drei-Säulen-Modell werden Zusammenhänge und Abhängigkeiten verdeutlicht (Kolb, 2010, S. 25 ff.). Dazu gehören:

- wichtige externe Einflussfaktoren
- Auswirkungen auf die jeweilige Unternehmensstrategie und die Möglichkeiten, darauf zu reagieren
- Spielräume der Personalpolitik und des strategischen Personalmanagements in Abhängigkeit von der herrschenden Unternehmensstrategie
- Handlungsoptionen für die Steuerung des Personalmanagements, die sich auf alle Bereiche der Personalarbeit auswirken

Das Harvard-Modell des strategischen Personalmanagements

Das Harvard-Modell orientiert sich an den beiden Punkten Interessengruppen und situative Faktoren. Im Zusammenhang mit den **Interessengruppen** geht es um Anteilseigner, den Gesetzgeber sowie die Arbeitnehmervertretung und die Gewerkschaften. Inwieweit kann es hier zu veränderten Situationen kommen? Beispielsweise durch den Einstieg eines neuen Großaktionärs, durch die Veränderung der gesetzlichen Grundlagen oder durch Betriebsvereinbarungen und Tarifverträge. Die **situativen Faktoren** beziehen sich auf Änderungen der Unternehmenspolitik, den sich wandelnden Arbeitsmarkt (intern/extern) sowie neue Technologien.

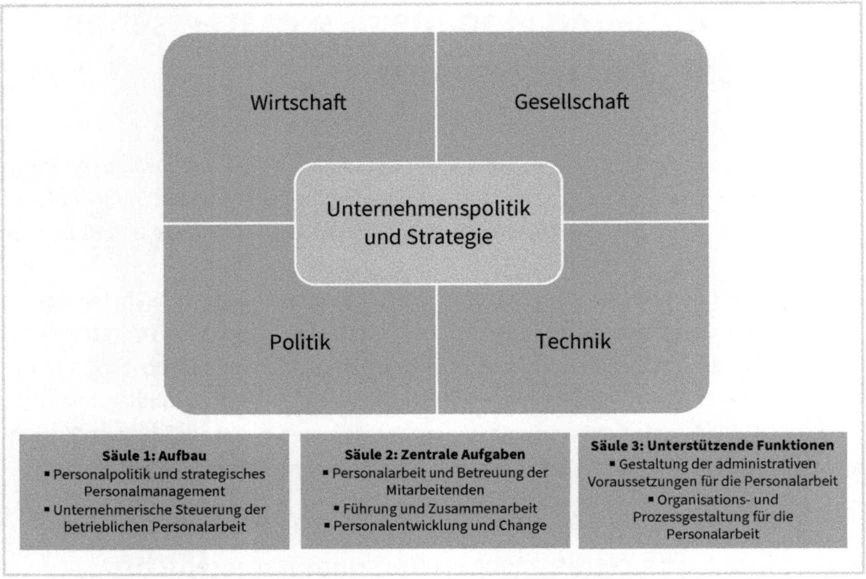

Das Drei-Säulen-Modell (in Anlehnung an Kolb, 2010, S. 25, siehe Batz, 2021, S. 38)

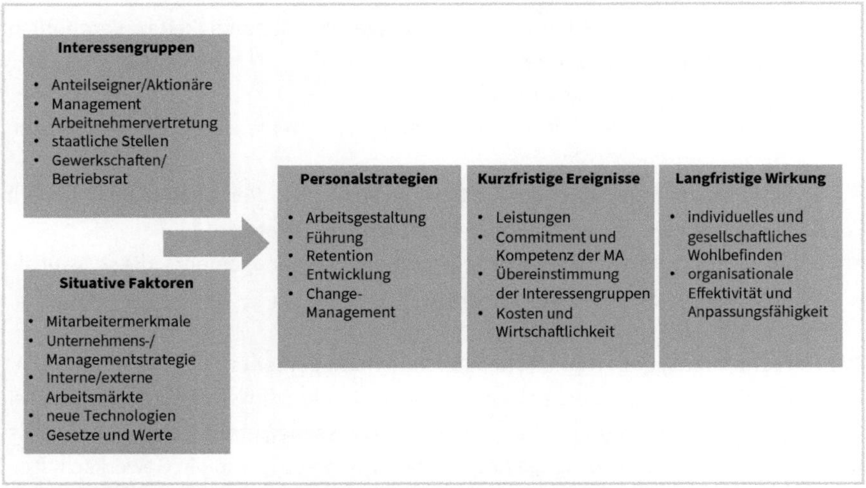

Das Harvard-Modell des strategischen Personalmanagements (in Anlehnung an Kolb, 2010, S. 62, bezugnehmend auf Batz, 2021, S. 39)

Das Fünf-S-Modell des strategischen Personalmanagements

Das 5-S-Modell (Batz, 2021, S. 40 ff.) bezieht sich auf das Fünf-E-Modell von Ruth Stock-Homburg (2013, S. 3 f.), das aus den Faktoren effiziente Führung, Entlohnung und Erfolg, Einstellung von Mitarbeitern sowie Einsatz und Entwicklung des Personals besteht. Diese operativen Felder hat Batz in seinem Ansatz auf eine entsprechend strategische Ebene gehoben. Im Einzelnen sind das:

- strategisch-effiziente Personalführung
- strategisches Vergütungsmanagement und strategischer Erfolg
- strategisches Recruiting und Retainment
- strategischer Personaleinsatz
- strategische Personalentwicklung

Die jeweiligen Felder werden in Kapitel 10 näher betrachtet.

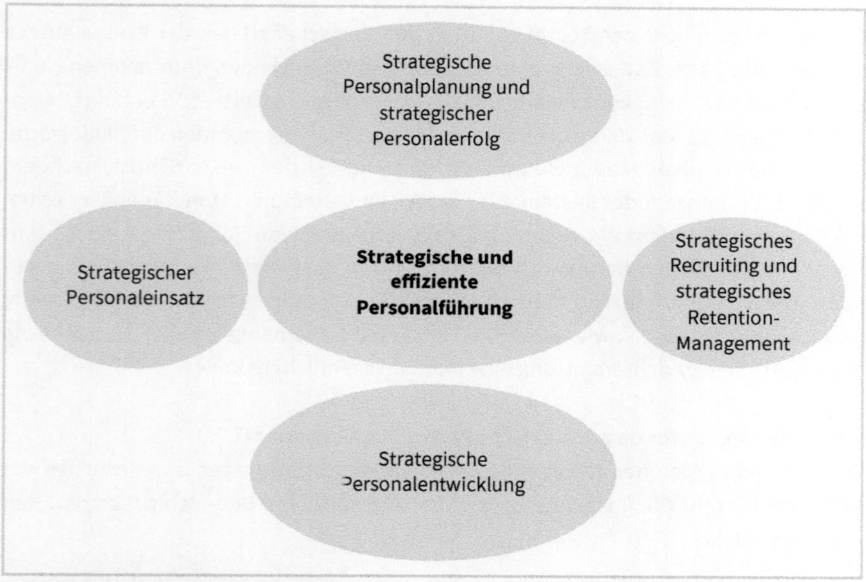

Das Fünf-S-Modell (nach Batz, 2021, S. 41)

Darüber hinaus sind noch das St. Gallener Management-Modell, die Balanced Scorecard und das HR-Business-Partner-Modell bekannt. Die Balanced Scorecard wird im Kapitel 11.2 und das HR-Business-Partner-Modell in Kapitel 6 behandelt.

Das St. Gallener Management-Modell stellt einen umfassenden Orientierungsrahmen dar, der alle relevanten Einflüsse erfasst und sie in einen Zusammenhang stellt. Das Modell betrachtet sowohl die externen Faktoren wie Wirtschaft, Umwelt, Technik und Gesellschaft als auch Stakeholder und Anspruchsgruppen eines Unternehmens. Außerdem beinhaltet es die zentralen internen Prozesse, die Strukturen, Strategien, Werte und Normen sowie die Ressourcen.

3.2 Konzepte des strategischen Personalmanagements

Bei den Konzeptionen des strategischen Personalmanagements geht es sowohl um die Ausrichtung als auch um den Inhalt der jeweiligen Strategie. Es geht um Nachhaltigkeit, ESG (Environmental, Social, Governance), eine Konzeption für den Mittelstand oder auch das Problem einer Strategie für die Vollbeschäftigung.

3.2.1 ESG (Environmental, Social, Governance)

Immer stärker taucht der Begriff »ESG« in den Wirtschaftsteilen der Presse auf. Es wird berichtet, dass ESG ein zunehmend zentrales Thema in den Unternehmen ist. Es geht um die Nachhaltigkeitsagenda der EU (DGFP//Wissenswert – ESG und das Personalmanagement, Juni 2021), die darauf fokussiert ist, Unternehmen auf ökologische und soziale Nachhaltigkeitsziele auszurichten. Dies ist der zweite Schritt, nachdem zunächst das Konzept der Sustainable Finance im Mittelpunkt stand. Hier ging es um die Finanzströme, deren Ausrichtung auf das Erreichen von politisch gesetzten Umwelt- und Sozialzielen beruhte. Unterstützt wurde Sustainable Finance durch regulatorische Vorgaben. Inzwischen spielen neben den ökologischen Themen sowohl Arbeitnehmerbelange sowie relevante Sozial- und Governanceaspekte als auch eine aussagekräftige Berichterstattung eine immer wesentlichere Rolle.

Was bedeutet das für das strategische Personalmanagement?
Welchen Beitrag können die verantwortlichen Personalmanager zum Erreichen der ESG-Ziele leisten? Die Ausgangslage stellt sich zurzeit sehr unterschiedlich dar. Hier einige Beispiele:

Grundsätzliches

- Kriterien definieren für eine mit ESG abgestimmte Berichterstattung.
- GAP-Analyse hinsichtlich der für die jeweilige Branche erforderlichen Ziel-Standards
- ESG-Initiativen des Personalmanagements bezüglich der strategischen Ausrichtung des Unternehmens
- Verankerung in der Unternehmensorganisation
- Aussagekräftige Berichterstattung

Umsetzungsthemen

- **Nachhaltigkeit in Vergütungs- und Betriebsrentensystemen,** z. B. gleiche Entlohnung für gleiche Arbeit unabhängig vom Geschlecht, Koppelung variabler Vergütung an Nachhaltigkeitsziele, damit verbunden die klarere Benennung von Nachhaltigkeitszielen (Steigerung der Diversität, Maßnahmen des Arbeitsschutzes, nachhaltigkeitsbezogene Schulungen etc.). Bei Nichteinhaltung von z. B.

Gleichbehandlung in der Bezahlung oder Nichtgewährung von Mindestlöhnen droht ein erheblicher Reputationsschaden.

Bei der betrieblichen Altersversorgung geht es auch um die Anlage der Gelder in nachhaltigen Branchen und um die Vermeidung von Anlagen in kritischen Branchen (Rüstung, Produktion mit Kinderarbeit und umweltschädliche Branchen wie Kohle).

- **Arbeitsschutz und Arbeitssicherheit:** Neben dem Erkennen und der Vermeidung von Gefahren für Leib und Leben geht es auch um den Gesundheitsschutz und die Gesundheitsförderung. Dazu gehören das Arbeitszeitrecht und das Einhalten von Höchstarbeitszeiten sowie Ruhe- und Pausenregelungen. In Deutschland ist durch das Arbeitsschutzrecht und die Regelungen der gesetzlichen Unfallversicherungen bereits ein hoher Standard gesetzt.
- **Nachhaltige Unternehmenspolitik** beinhaltet nicht nur das bloße Verbot von Diskriminierung, sondern wirkt positiv auf die Förderung und gleichberechtigte Teilhabe von Minderheiten. Über die Bestimmungen des AGG hinaus bestehen in Deutschland bereits weitreichende Regelungen zum Schutz und zur Förderung schwerbehinderter Menschen und diesen gleichstellten Personen.

  Eine Benachteiligung bestimmter Gruppen kann durchaus zu einer Verknappung qualifizierter Mitarbeitender führen. Auch in der Außenwirkung kann ein solches Verhalten zu einer Verschlechterung der Reputation eines Unternehmens führen. Die Berichterstattung sollte darüber hinaus detaillierte Informationen zum Thema Diversity beinhalten.
- In den Bereichen **Personalentwicklung, Aus- und Weiterbildung sowie der Qualifizierung** ist eine nachhaltige Unternehmensentwicklung von besonderer Bedeutung. Es sollte für jedes Unternehmen ein wichtiges Anliegen sein, die eigenen Talente immer wieder zu fördern. Für die Mitarbeitenden ist es wesentlich, sich innerhalb des Unternehmens und der bestehenden Arbeitsumgebung weiterzuentwickeln, um so dauerhaft in Beschäftigung sein zu können.

  In der Ausbildung und der Qualifizierung beziehen sich alle Maßnahmen auf die eigenen Mitarbeitenden. Alle Initiativen sind auf die Erhaltung und Erweiterung der Fähigkeiten und Kenntnisse ausgerichtet.

  Auch in der entsprechenden Berichterstattung sollte über die Art und Anzahl der Programme, die zur Beseitigung von Defiziten führen, ausführlich Stellung genommen werden.
- Beim **Datenschutz** geht es aus Nachhaltigkeitssicht um die Einhaltung der weitreichenden gesetzlichen Regelungen. Hier ist ebenfalls eine ausführliche Berichterstattung erforderlich. Dazu gehört nicht nur die Beschreibung der vorhandenen Systeme, sondern auch Angaben zur Anzahl der Mitarbeitenden, die mit sensiblen Daten arbeiten. Darüber hinaus soll es eine Aussage dazu geben, wie viele Schulungen hierzu durchgeführt werden. Nicht zu vergessen ist die Bestellung eines Datenschutzbeauftragten sowie eines IT-Sicherheitsbeauftragten.

- Ein weiterer Punkt ist die **Work-Life-Balance**. Hierbei zeichnet sich die nachhaltige Unternehmensführung durch Maßnahmen aus, die das Gleichgewicht zwischen Arbeit und Privatleben ermöglichen sollen.
  Beispiele dafür sind Elternzeit, Sabbaticals, flexible Arbeitszeitmodelle oder das Arbeiten im Homeoffice. In den Unternehmensberichten dazu werden Informationen über die Förderung der gleichberechtigten Übernahme von Betreuungsaufgaben und Aussagen über die Anzahl von Rückkehrern und deren Eingliederung erwartet.
- Unternehmen sollten ihre Nachhaltigkeitsbemühungen durch entsprechende **Anweisungen auf allen Ebenen** verankern. Dieses geschieht im Normalfall durch die Implementierung von Ethikrichtlinien oder einen Verhaltenskodex. Im Nachhaltigkeitsberichtswesen sollte beides veröffentlicht werden.
- Weiterhin sind die Firmen angehalten, die **Wirksamkeit ihrer Bemühungen nachzuverfolgen**. Das geschieht durch interne oder externe Überwachungs- und Auditierungssysteme. Die Wirksamkeit der Maßnahmen kann durch Audits, Zertifizierungen, Messsysteme oder Beschwerdemechanismen verfolgt werden. Das gilt auch für den betrieblichen Gesundheitsschutz, in dessen Rahmen regelmäßige oder anlassbezogene Gefährdungsbeurteilungen durchgeführt werden müssen.
  Auch hier werden im Berichtswesen Informationen erwartet.
- Einen besonderen Stellenwert hat in diesem Zusammenhang die **Geltung kollektiver Arbeitsbedingungen** (Tarifverträge und Betriebsvereinbarungen). Darüber hinaus sollte sichergestellt werden, dass die Mitarbeitenden, Gewerkschaften und Arbeitnehmervertretungen einbezogen werden.
  Dazu ist ebenfalls im Berichtswesen detailliert Stellung zu beziehen.

Prof. Dr. Rupert Felder (Heidelberger Druckmaschinen) hat im Personalmagazin 07/2021 im Kontext von Green HR zwölf Ansatzpunkte genannt, die für mehr Nachhaltigkeit stehen:

1. **Vergütung**
   Dazu gibt es drei Ansätze:
   a) Der erste ist der **Deutsche Corporate Governance Kodex (DCGK)**. In der jetzt aktualisierten Fassung wird die Vergütung der Vorstände durch eine Nachhaltigkeitskomponente ergänzt. Grundlage ist die Europäische Aktionärsrechterichtlinie (ARUG II). Es geht hierbei um die langfristige und nachhaltige Entwicklung der Unternehmen. Neu ist die Ausrichtung der Vergütung in diesem Sinne. Viele Firmen haben das in den Long-Term Incentives als ein weiteres Ziel aufgenommen.
   b) Der zweite Ansatz ist die Incentivierung von »**Recurring Revenue**«. Dabei geht es nicht um den einmaligen Provisionsertrag, sondern um die regelmäßig wiederkehrenden Erlöse aus einer langfristig angelegten Nutzung.
   c) Die dritte Idee ist die **Mitarbeitendenbeteiligung**. Dadurch werden die Beschäftigten zu Anteilseignern und sind an einer langfristig erfolgreichen

Entwicklung interessiert. Des Weiteren lassen sich auch in den Zielvereinbarungen Umweltziele einbauen.

2. **Fürsorge**
   Durch die Coronapandemie hat der Begriff »Fürsorge« eine neue Qualität gewonnen. Vor allem ist deutlich geworden, dass eine Pandemie den betrieblichen Ablauf erheblich beeinträchtigen kann. Natürlich sind die Regeln der Berufsgenossenschaften, die Gesetze des Arbeitsschutzes und der Arbeitssicherheit erforderlich. Noch relevanter ist hierbei die Prävention. Das betrifft nicht nur eine Pandemie (Desinfektion, Masken und Tests), sondern auch die Bereiche der Notfallbetreuung, Grippeschutzimpfungen, Sehtests, Krebsvorsorge und anderes.
   Daneben sind auch freiwillige Aktionen für den Umweltschutz und die Beschäftigungssicherheit Faktoren für die Nachhaltigkeit.
3. **Bildung und Qualifizierung**
   Ein wesentlicher Hebel für die Nachhaltigkeit eines Unternehmens ist die Qualifizierung. Es geht um den Erhalt der Arbeitsfähigkeit. »Predictive HR«, also das Vorausschauende, wird zu einer festen Größe. Das gilt nicht nur für die qualitative, sondern auch für die quantitative Personalplanung.
4. **Remote Work**
   Um den Transformationsprozess zu schaffen, müssen alle Mitarbeitenden diesen annehmen und mitgestalten und so das Zielbild unterstützen. Das gilt nicht nur für den Arbeitsinhalt, sondern auch für die Arbeitserbringung. Nur so kann es zu betrieblichen Vereinbarungen zu Remote Work und Präsenzarbeit kommen. Auch der Gesetzgeber schafft Regelungen für das Homeoffice.
   Die Veränderung der Arbeitswelt führt auf Arbeitgeberseite zu einer veränderten Herangehensweise. »Fluid Companies« akzeptieren, dass Spezialisten nicht dauerhaft im Betrieb sind, und sorgen dafür, dass die Prozesse der Bindung und Trennung professionell gestaltet werden. Dies ist in der Personalplanung entsprechend zu berücksichtigen.
5. **Gesundheitsmanagement**
   Hier geht es nicht nur um die medizinische Verfassung, sondern um das Wohlbefinden jedes Einzelnen. Es geht um die körperliche und geistige Übereinstimmung zwischen den Anforderungen und dem, was die einzelne Person leisten kann. Inzwischen führen Unternehmen in Mitarbeiterbefragungen auch den »Health Check« durch, um das Wohlbefinden zu erfassen.
   Bei Unternehmen, die bereits ein professionelles Gesundheitsmanagement eingeführt haben, gibt es Instrumente, die das Wohlbefinden steigern können wie z. B.:
   - bewegte Pausen
   - Durchführung einer Obstwoche
   - Schrittzählaktion
   - Installation eines »Rückenmobils«
   - gemeinsame Spielregeln für Konflikte
   - Rotation der Tätigkeiten

- Achtsamkeitskurse für den Umgang mit Belastungen
- ergonomische Arbeitsplatzgestaltung
- Führungskräfteschulung »Gesundes Führen«

Die Steuergesetzgebung fördert die Aktivitäten der Firmen (§ 3 Nr. 34 Einkommensteuergesetz). 600 Euro Aufwendungen pro Mitarbeitenden sind im Jahr lohnsteuer- und sozialversicherungsfrei.

6. **Stakeholder-Management**

   Es ist wichtig, die betrieblichen Gestaltungsmöglichkeiten zu kennen, die zur Umsetzung einer Nachhaltigkeitsstrategie beitragen können. Betriebsrat und Belegschaft sind zwei wesentliche Stakeholder des Veränderungsmanagements. Regelungen dazu können als Betriebsvereinbarung formuliert werden. Nach den Mitbestimmungsregelungen ist der Betriebsrat zentraler Verhandlungspartner. Deswegen könnten beispielsweise folgende Regelungen aufgestellt werden:
   - Erstellen von Führungsgrundsätzen und Verhaltensrichtlinien
   - Reiseregelung mit Verbot von Flugreisen bis zu einer bestimmten Distanz
   - Vergütungsanreize für Nachhaltigkeit
   - Maßnahmen des betrieblichen Umweltschutzes
   - Recruitingvorgaben zur Vermeidung von Diskriminierung
   - Maßnahmen des Gesundheitsschutzes

7. **Nachhaltigkeit als Beruf**

   Durch die Implementierung der Nachhaltigkeit entstehen neue Berufsbilder. Man spricht vom Nachhaltigkeitsmanager oder vom Sustainability-Beauftragten. Auch an den Hochschulen gibt es inzwischen ein Feld von »Grünen Studiengängen«. Man bezeichnet »Green Jobs« als Arbeitsplätze im Umweltschutz oder wenn Nachhaltigkeit im Fokus steht. Daneben werden »Good Jobs« schwerpunktmäßig im sozialen Bereich gesehen. »Good Companies« entstehen durch nachhaltige oder soziale Ziele.

8. **Nachhaltigkeitskultur**

   Im Mittelpunkt der Nachhaltigkeitskultur steht die Einschätzung und Positionierung des »Faktors Mensch«. Die Personalabteilung sollte dazu beitragen, Nachhaltigkeitsaspekte in die Führungsgrundsätze einzubauen. Man muss deutlich machen, dass Führung heute keine Frage von Macht und Status ist, sondern Orientierung bietet, Verständnis schafft und Sicherheit gibt. Das bedeutet:
   - Netzwerke statt hierarchischer Strukturen
   - Kollaboration statt Kontrolle
   - agile Projektarbeit statt hierarchischer Projektstruktur

   Die Vorgesetztenrolle wird bestimmt durch das Organisieren von Strukturen, Budgets, Räumen und Aufträgen. Führung bedeutet anzuleiten und zu koordinieren.

   Es ist die Aufgabe der Personalarbeit, das neue Zielbild bewusst zu machen und für Klarheit in den Rahmenbedingungen und den Instrumenten zu sorgen.

9. **Betrieblicher Umweltschutz**
   Jedes Unternehmen benötigt einen CO_2-Fußabdruck. Die Frage ist, wie man diesen sichtbar machen kann. Hier ein paar Beispiele:
   - Zertifizierung ganzer Unternehmen oder einzelner Bereiche
   - Labels und Selbstverpflichtungen wie der Beitritt zum »Global Compact« (UN-Initiative für nachhaltige und verantwortungsvolle Unternehmungsführung)
   - nachhaltiger Einkauf (vom Material für die Produktion bis zum Büromobiliar).

   Diese und weitere Ideen führen zu einem Umweltbewusstsein, das allerdings auch bei jedem Einzelnen beginnen kann. Ein paar Beispiele: mit dem Rad zur Arbeit fahren, Teilnahme an Spendenläufen oder Ähnliches.

   Das Umweltbewusstsein muss künftig zur Arbeitgebermarke gehören und nicht bloß zu einem »Greenwashing« verkommen.
10. **Berufsausbildung**
   Die Berufsausbildung ist eines der Schlüsselthemen, um in der Zukunft eine nachhaltige Personalpolitik betreiben zu können. Hierbei müssen in den Bereichen des Unternehmens, in denen ausgebildet wird, die künftigen Bedarfe (qualitativ und quantitativ) sowie künftige Berufsbilder analysiert werden.

   Schon die Ausbildung an sich ist durch ihre Dauer über mehrere Jahre ein nachhaltiger Prozess. In ihrem Rahmen lassen sich viele Aspekte von Nachhaltigkeit behandeln. Hinweise auf eine entsprechende Haltung und Handlungsweise, Bausteine wie ein Gesundheits- oder Ernährungstag bis hin zu sozialen und ökologischen Projekten zeigen die richtige Vorgehensweise eines Unternehmens auf.
11. **Recruiting**
   Ähnlich wie in der Berufsausbildung muss auch im Recruiting frühzeitig ein nachhaltiger Prozess in Gang gesetzt werden. Die Arbeitgebermarke sollte daher nicht nur wirtschaftlich, sondern auch ökologisch vorbildlich sein. Das kann dadurch bewirkt werden, dass
   - Produkte für den Markt attraktiv sind und eine positive Umweltbilanz besitzen,
   - Produktionsprozesse einen großen Ressourcenverbrauch vermeiden und
   - das Arbeitgeberverhalten sowohl in der Lohnpolitik als auch bei den Arbeitsbedingungen sozial ist.

   Bei dieser Ausgangslage ist es wichtig, dass die Bewerber mit ihrer inneren Haltung zu den Zielsetzungen und Werten des Unternehmens passen.
12. **Travel-Management**
   Die Coronapandemie hat verdeutlicht, dass Dienstreisen nicht immer unbedingt notwendig sind. Videokonferenzen statt Präsenzveranstaltungen, Homeoffice statt Großraumbüro oder gar Reisen – das waren die Konsequenzen. Das wird sich wieder ändern, aber auf das Ausgangsniveau vor der Pandemie werden wir nicht mehr zurückkehren. Andererseits hat die Pandemie verdeutlicht, was für einen Stellenwert persönliche Beziehungen haben können. Für Unternehmen wird es wichtig, sich auf alternative Mobilität einzulassen. Das kann sowohl E-Autos be-

inhalten als auch vor allem Dienstfahrräder oder Jobtickets für den Nahverkehr. Ansonsten sollten die Reiserichtlinien dahin gehend überarbeitet werden, dass Reisen nur mit bestimmten Verkehrsmitteln erlaubt sind und dass ggf. alternative Kommunikation überlegt werden sollte.

In einem weiteren Schritt soll hier verdeutlicht werden, welche Ansätze HR hat, um ESG-konform wirtschaften zu können (Personalwirtschaft 06/2022, S. 22 ff.). Folgende Bereiche sollten hier berücksichtigt werden:

- **Recruiting**
  - Nachhaltigkeitsexpertinnen und -experten gewinnen
  - transparente Kommunikation
  - Erwähnung im Vorstellungsgespräch
  - Karriereevents ökologisch gestalten
- **Vergütung und Benefits**
  - Boni an Nachhaltigkeitszielen ausrichten
  - Benefits nachhaltig gestalten (Jobtickets, Fahrräder)
  - bAV sicherstellen, damit Mitarbeitende im Ruhestand gut leben können
- **BGM und Arbeitssicherheit**
  - Angebote zur Gesundheitsförderung
  - Arbeitssicherheit
  - gesunde und ökologisch nachhaltige Kantine
- **Purpose und Werte**
  - Nachhaltigkeit verankern
  - konsequent anwenden und vorleben
  - Kommunikation
- **Führung**
  - Leader motivieren, Vorbild zu sein
  - Selbstverständnis neu definieren
- **Weiterbildung**
  - Fortbildungen für neue Produktionsweisen
  - Wissensvermittlung zum Thema Nachhaltigkeit
- **Mitarbeitendenbindung**
  - Mitspracherecht
  - den Menschen ins Zentrum stellen
  - Personalmangel vorbeugen
- **Employer Branding**
  - öffentlichkeitswirksam kommunizieren
  - nicht übertreiben
- **Arbeitsort**
  - Homeoffice anbieten
  - nachhaltig produzierte Büroelemente bereitstellen

- Digitalisierung von Dokumenten fördern
- Energieverbrauch optimieren

Das Unternehmen Festo hat einen sogenannten Webcrawler entwickelt, der den HR-Bereich beim Scouting, der Evaluierung und der Pilotierung von HR-Trends sowie bei Innovationen unterstützt (Personalmagazin 03/2021). Dabei wurden zwei Ziele verfolgt:

- Schaffung einer Innovationsplattform zur Erkennung von HR-Trends mithilfe des Webcrawlers
- automatisiertes Skill-Matching von Mitarbeitenden auf der Basis ihres Skill-Profils zu Innovationsprojekten

Die Firma hat sich bezüglich der relevanten Megatrends auf die Prognosen eines Zukunftsinstituts (St. Petersburg Federal Research Center of the Russian Academy of Science) gestützt. Die Megatrends umfassen alle Ebenen der Gesellschaft und verändern die Entwicklung langsam, dafür aber grundlegend und langfristig. Das HR-Produktportfolio bringt die personalpolitische Bedeutung in den Innovationsprozess ein. Dadurch und durch die Einschaltung von HR-Experten wird es ermöglicht, relevante Trends von bloßen Modethemen zu unterscheiden. Der Webcrawler unterstützt bei der Suche nach interessanten Beiträgen und Artikeln. Grundlage dafür sind Keywords und die Indexierung relevanter Quellen im Web.

Sobald Innovationsprojekte ausgewählt wurden, wird für jedes Projekt ein Skillprofil angelegt. Dadurch wird es möglich, entsprechende externe oder interne Mitarbeitende zu finden.

Folgende Erfolgsfaktoren haben sich ergeben:

- Wir benötigen ein Bewusstsein für Innovationen im HR-Bereich, um die Zukunft von HR heute schon mitzugestalten.
- Wir brauchen ein gemeinsames HR- und Innovationsverständnis, damit Kommunikation und Zusammenarbeit gelingen.
- Es wurden mehrere technologische Ansätze untersucht, um Chancen und Limitationen abschätzen zu können.
- Von Beginn an wurde die Kundenperspektive als Erfolgsfaktor betrachtet.
- Es wurde ein ansprechendes User-Interface im Fokus behalten, sodass das Tool auch genutzt wird.

Abschließend sollen dazu die wesentlichen Ergebnisse aus zwei Studien aufgezeigt werden. Im Global Risk Report 2021 des Wirtschaftsforums von Marsh McLennan wird ausgeführt, dass lediglich ein Drittel der Führungskräfte ESG-Ziele in die Scorecards integriert haben. Die gestiegene Priorität von Nachhaltigkeit wird von den Unternehmen wahrgenommen. Drei Viertel von ihnen geben an, dass ESG bereits eine Kernpriorität ihres unternehmerischen Handelns darstellt. Als Treiber werden in erster Linie die Kundschaft und die Shareholder genannt. Die Mitarbeitenden gaben zu 49 Prozent an, dass sie einen Arbeitgeber bevorzugen, der sich aktiv um das soziale und finanzielle Wohlbefinden der Belegschaft kümmert. Durch diesen Handlungsdruck kommt es auch zur Integration dieser Themen in die HR-Strategie.

Eine weitere Studie (Hochschule Niederrhein 2021, Personalmagazin 11/2021) hat erfasst, welche die am häufigsten genannten Green-HRM-Maßnahmen sind. Dazu zählen flexible Arbeitszeiten/Homeoffice mit 69 Prozent. Weitere Punkte sind die Kommunikation der »grünen« Arbeitgebermarke, ÖPNV-Tickets, Umwelttage und -projekte sowie Betriebsräder, Schulungen/Workshops und ein Fuhrpark mit E-Autos. Nur eine Minderheit der befragten Unternehmen (25 %) reagiert mit einer zielgerichteten Rückmeldung auf die Anfrage eines Bewerbers zu Green HRM.

Zusammenfassend ist festzuhalten, dass sich die Mehrzahl der Unternehmen inhaltlich mit ESG-Themen befasst hat, aber nur eine Minderheit diese bereits umgesetzt hat.

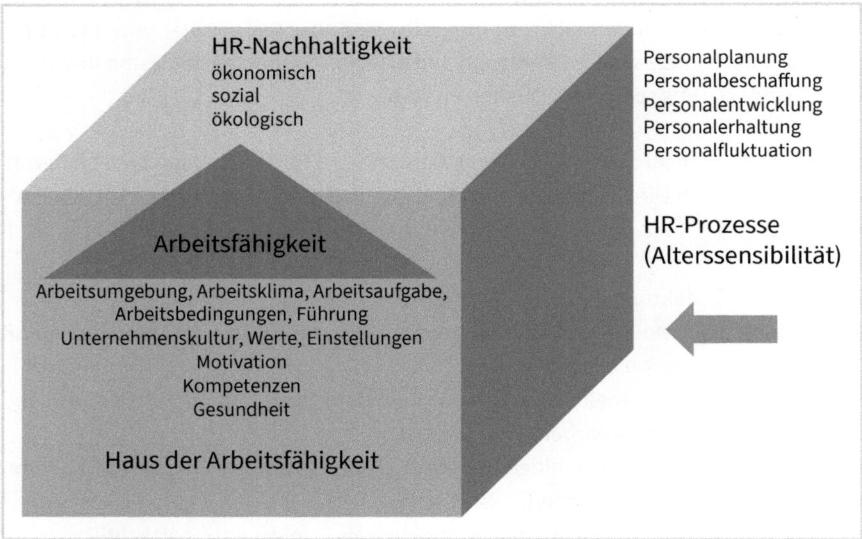

Ein nachhaltiges Personalprozessmodell (nach Meißner, 2021)

3.2.2 Eine Personalstrategie für den Mittelstand

Neben einer inhaltlich begründeten Personalstrategie ist es wichtig, sich auch mit dem Empfängerkreis auseinanderzusetzen, im Folgenden mit dem **Mittelstand.**

Der Schwerpunkt einer mittelstandsorientierten Strategie sind die jeweils spezifischen Stärken und die unterschiedliche Ausgangslage. Daher ist es wichtig, sich zu Beginn der Erstellung einer Strategie mit den Erwartungen und Anforderungen an die Arbeitsstrukturen und Personalressourcen auseinanderzusetzen.

Was ist erforderlich und notwendig? Mit welchen Lösungsansätzen wird der Mittelständler im globalen Wettbewerb gestärkt?

Die zukünftigen Herausforderungen sind:

- Arbeitsprozesse global und nachhaltig gestalten und an die vernetzten Wirtschaftsstrukturen anpassen
- Fachkräfte gewinnen und binden
- geeignete Nachwuchskräfte selbst ausbilden und adäquat qualifizieren
- die interne und externe Kommunikation international ausrichten
- Beschäftigte qualifizieren, um die internationalen Aufgaben bewältigen zu können

Um diese Herausforderungen auf die betriebliche Personalpolitik zu begrenzen, wurde in einem Projekt (vom RKW-Kompetenzzentrum und dem BfWuE – 2014 gefördert; Leis et al., 2014) eine mehrstufige Herangehensweise gewählt. Nach Feststellung des Status quo und der Ermittlung der Handlungsfelder wurden in Telefoninterviews mit Experten (Multiplikatoren, Betriebsräten und Personalverantwortlichen) die Identifikation der Handlungsfelder verstärkt. Weiterhin wurden in einem Expertenarbeitskreis die Ergebnisse reflektiert und Lösungsansätze aufbereitet. Im Folgenden die Ergebnisse:

- Die Personalplanung muss strategisch ausgerichtet werden und den permanenten Veränderungsprozess im Unternehmen begleiten.
- Vorhandenes Wissen muss ständig aktualisiert werden, um dem Qualifizierungsdruck gerecht zu werden.
- Abstimmungsprozesse und Tätigkeiten werden komplexer.
- Kunden fordern immer individuellere Lösungen bei gleichzeitigem Preisdruck.

Daraus folgt, dass die Standardisierung abnimmt, der Projektdruck steigt, die Vereinbarkeit von Beruf und Familie leidet, eine geringere Anerkennung der Leistung stattfindet sowie Druck und psychische Belastung zunehmen.

Wie kann man dem begegnen?
Ein Ansatz, der hier beschrieben werden soll, ist die Implementierung einer mitarbeiterorientierten Personalstrategie. Diese und eine entsprechende Qualifizierungsplanung und Personalentwicklung sind die wesentlichen Bausteine, um die genannten Herausforderungen für den Mittelstand zu meistern.

Im Hinblick auf die Personalstrategie wurden die folgenden Schwerpunkte herausgearbeitet:

- humanzentrierte Unternehmensphilosophie: Personal als wichtigste Ressource bzw. Investition
- nachhaltige Personalplanung, Fachkräftesicherung, Aufbau stabiler Arbeitsstrukturen und sicherer Arbeitsplätze
- Gestaltung attraktiver Arbeitsbedingungen (Work-Life-Balance, Gesundheitsmanagement, altersgerechtes Arbeiten, Mitarbeitermotivation und faire Bezahlung

Für die Qualifizierung und Personalentwicklung wurden folgende Punkte herausgearbeitet:

- Beratung bei Weiterbildung
- Einrichtung einer Kommunikationsplattform für fachlichen Austausch
- praktische Lösungen (z. B. Checklisten, Analyseinstrumente)
- Praxishilfen für die betrieblichen Parteien (Arbeitgeber und Betriebsrat)
- Good-Practice-Beispiele als sinnvolle Ergänzung

Abschließend eine Zusammenfassung von Gründen für bzw. Hindernissen bei einer mitarbeiterorientierten Personalstrategie:

Gründe

- Wenn sich Mitarbeiter mit dem Unternehmen identifizieren, werden sie zu Innovationstreibern.
- KVP (kontinuierlicher Verbesserungsprozess) – Mitarbeiter bringen eigene Ideen und Verbesserungen in das Unternehmen.
- Mitarbeiter sind motivierter. Das führt dazu, dass sich die Produktivität des Unternehmens erhöht.
- Die Mitarbeiterorientierung spricht sich herum. Die Arbeitgeberattraktivität in den üblichen Portalen wird positiver bewertet.
- Die Mitarbeitenden fühlen sich ernst genommen und respektiert hinsichtlich ihrer Kompetenzen und Fähigkeiten. Die MA-Zufriedenheit wird gesteigert.
- Fachkräftemangel: Das Potenzial hochqualifizierter Frauen, von Älteren sowie von Mitarbeitenden mit Migrationshintergrund darf nicht unterschätzt und muss deswegen genutzt werden. Es bedarf allerdings unterschiedlicher Vorgehensweisen.
- Eine persönliche Ansprache und ein gut funktionierendes Beziehungsmanagement helfen in diesem Zusammenhang. Gut sind kurze Entscheidungswege und individuelle Vorgehensweisen.
- Eine strategische und systematische Personalbedarfsplanung und Personalentwicklungsplanung erleichtern vieles. Was sind die Kompetenzen meiner Belegschaft und können sie in den nächsten Jahren weiterentwickelt werden? Welche Tätigkeitsfelder mit welchen Kompetenzen werden in der Zukunft benötigt? Es hilft, kontinuierlich Mitarbeitergespräche zu führen.
- Insourcing zur Optimierung von Prozessen erleichtert das Outsourcing administrativer Tätigkeiten.

Hindernisse

- Durch Kundenanforderungen nach spezielleren und individuelleren Lösungen bei gleichbleibenden Kosten geraten Unternehmen unter Druck, den sie öfter nach unten weitergeben.
- Die Einführung von Standardisierungen zum Ausgleich von Preisabsenkungen wird von den Mitarbeitenden häufig als Abwertung ihrer Arbeit wahrgenommen. Gleichzeitig steigt die Austauschbarkeit von Spezialisten.
- Andererseits führen die Globalisierung und die damit einhergehende Arbeitsteilung zu komplexeren und hochwertigeren Tätigkeiten. Die Abstimmungen werden schwieriger, die Mitarbeitenden internationaler und der Druck größer:
  - Unterschiedliche Kulturen prallen aufeinander, interkulturelle Kompetenzen fehlen. Der Mittelstand hat wenig Erfahrung mit ausländischen Märkten.
  - Der Ausgleich von Berufs- und Privatleben ist bei gleichzeitiger hoher Flexibilität des Personaleinsatzes schwierig. Außerdem fehlen oftmals Unterstützungsangebote der Unternehmen.
  - Die Wahrnehmung der Mitarbeitenden ändert sich. Sie empfinden mangelnde Anerkennung ihrer Kompetenzen und Leistungen, die Motivation sinkt, die Stimmung im Betrieb droht zu kippen.
  - Die Arbeitsverdichtung nimmt zu. Der steigende Druck auf allen Ebenen führt zu erhöhten Krankenständen und zur Zunahme psychischer Erkrankungen (Burn-out).
  - Der Mittelstand hat Nachholbedarf bei der Gestaltung attraktiver Arbeitsbedingungen (Work-Life-Balance, Gesundheitsmanagement, MA-Motivation und faire Bezahlung).
  - In globalen Unternehmen fehlen Konzepte zur Erhaltung der Arbeitskraft älterer Mitarbeitender und zur Nutzung ihres Erfahrungspotenzials.
  - Es fehlt eine nachhaltige Personalplanung/Fachkräftesicherung bzw. der Aufbau stabiler Belegschaftsstrukturen.

In einer weiteren Studie (Ahead Think!Tank mit SAP, 2014) geht es um die Möglichkeiten, in welcher Weise Unternehmen auf die Herausforderungen der Vollbeschäftigung reagieren können. Ein Problem, das heute noch genauso evident ist wie im Jahr 2014. Die »Baby-Boomer-Generation« geht in Rente, die Geburtenrate ist zu niedrig und über Einwanderungspolitik wird noch immer diskutiert, ohne dass es zu Lösungen kommt. Die Studie gelangt in diesem Zusammenhang zu folgenden Schlüssen: Aufgrund der zu erwartenden Differenz vorhandener Arbeitsplätze und potenzieller Bewerber (» Erwerbslücke«) verschiebt sich das Machtgefüge zugunsten der Arbeitnehmenden. Folgende Konsequenzen werden erwartet:

- **Projektarbeit und Patchwork:** Im Gegensatz zu früheren Zeiten wollen die Mitarbeitenden nicht immer in einem Unternehmen und in einer Hierarchie tätig sein.
- **Unternehmen verlieren Macht:** Das sog. Machtgefüge verschiebt sich zu den Mitarbeitenden hin.

- **Strategien des Wandels im HR-Management:** In der Zukunft liegt der Schwerpunkt in der Schließung der »Erwerbslücke« – durch Verbesserungen bei der Vereinbarkeit von Erwerbs- und Care-Arbeit z. B. durch den Ausbau der Kinderbetreuungsmöglichkeiten sowie durch Zuwanderung, Arbeitsprogramme für Ältere, ggf. Verlängerung der Lebensarbeitszeit.
- **Zwei mögliche Strategien** im Jahr 2025 (fluide und Caring Companies):
  - **Fluide Unternehmen** haben keine feste Bindung mit zugehörigen Mitarbeitenden, man greift entsprechend den Projekten und Anforderungen auf Wissensarbeitende zurück, die ihre Dienste auf ihren Web-Plattformen anbieten.
  - **Caring Companies** begegnen den Herausforderungen dadurch, dass sie Mitarbeitende fest an sich binden. Sie schaffen eine Unternehmenskultur, die der individuellen Entwicklung genug Raum gibt und das Unternehmen am Markt sehr attraktiv erscheinen lässt.

3.2.3 Change-Management

In dem beschriebenen volatilen Umfeld mit sich permanent verändernden Rahmenbedingungen ist es sinnvoll, sich über einen Change-Management-Prozess Gedanken zu machen.

Die ersten Fragen sind: Wodurch entsteht Change-Management? Was ist eigentlich Change-Management? Change-Management oder Veränderungsmanagement entsteht durch eine tiefgreifende Transformation des Unternehmens in Richtung einer verbesserten Leistungsfähigkeit oder einer erforderlichen Zukunftssicherung. Es kann durch interne Impulse entstehen oder durch externe Erfordernisse oder gar Bedrohungen.

Die wichtigsten Stufen sind:
- Notwendigkeit identifizieren
- Zielvorstellung klären
- Planung der Maßnahmen
- Durchführung der Maßnahmen
- Pflege und Bewahrung des Erreichten

In einem Round-Table-Gespräch (Personalwirtschaft 03/2021) über die Probleme, die durch die Coronakrise entstanden sind, wurde deutlich, wie Unternehmen reagieren sollten, wenn Wandel plötzlich von außen aufgezwungen wird. Hier die wichtigsten Erkenntnisse:
- Es handelt sich um eine existenzielle Bedrohung, dennoch muss sie als Chance erkannt werden, um die Themen Digitalisierung und agiles Arbeiten voranzutreiben.
- Es wird deutlich, wie wichtig Beziehungen und persönliche Kontakte in Präsenz sind.

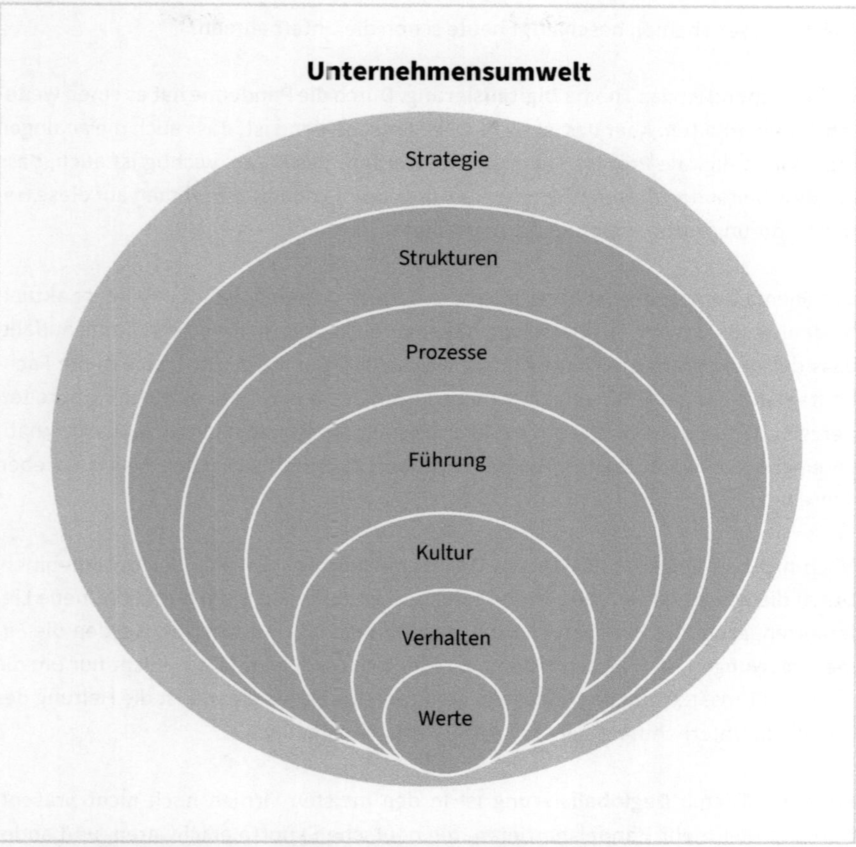

Veränderungsschichten des Change-Managements (nach Reflect-Beratung)

- Führung auf Distanz ist eine Herausforderung für Führungskräfte.
- Ein neues Führungsverständnis ist erforderlich. Mitarbeitende müssen zu mehr Selbstverantwortung und -organisation angehalten werden.
- Auch wenn die Coronakrise langsam überwunden ist: Remote Work und hybrides Arbeiten werden bleiben.
- Für HR gibt es die wichtige Erkenntnis, dass es für die Zukunft und die damit verbundenen Herausforderungen unerlässlich ist, in strategischen Fragen mit dem Business zusammenzuarbeiten, Mitarbeitenden den Sinn ihrer Arbeit zu vermitteln und Räume für Austausch und Lernen zu schaffen.

In der letzten Zeit wurde seitens der Bundesregierung die Transformation der Wirtschaft als das große Ziel ausgerufen. Gemeint ist damit der Weg von einer sozialen hin zu einer sozial-ökologischen Marktwirtschaft. Faktoren sind in diesem Zusammenhang Klimaneutralität, Nachhaltigkeit, Digitalisierung und zunehmende Engpässe bei den Fachkräften. Man spricht von den »Vier D« (Digitalisierung, Dekarbonisierung, Demografie und Deglobalisierung).

Welche dieser Themen beschäftigt heute schon die Unternehmen?

Vorherrschend ist das Thema **Digitalisierung**. Durch die Pandemie hat es einen weiteren Schub erhalten. Aber das ist nicht alles. Entscheidend ist, dass auch die analogen Prozesse in digitale Prozesse übergeleitet werden. Besonders wichtig ist auch, dass die Mitarbeitenden diesen Weg mitgehen und sie von den Unternehmen auf diese Herausforderung vorbereitet und dazu befähigt werden.

Das Thema **Demografie** ist bereits seit den 1990er-Jahren bekannt und heute aktueller denn je. Es ist nicht zu übersehen, dass manchen Unternehmen erst heute auffällt, dass der demografische Wandel unaufhaltsam ist. Der vielerorts festgestellte Fachkräftemangel war vorhersehbar. Manche Firmen sind darauf aber nicht vorbereitet. Derzeit adäquate Fachkräfte am Markt zu akquirieren ist kaum möglich. Die Alternative, eigene Nachwuchskräfte auszubilden, dauert im Schnitt zwischen zwei und sieben Jahren.

Noch nicht so lange ist das Thema **Dekarbonisierung** im Fokus der Unternehmen. Durch die wiederkehrenden Hinweise der Stakeholder und auch durch das neue Lieferkettengesetz der Bundesregierung, das Anfang 2023 in Kraft trat, werden die Firmen gezwungen, sich diesem Thema zu widmen. Doch hier geht es nicht nur um die »grünen« Umsätze und das Anpassen der Prozesse. Entscheidend ist die Haltung des jeweiligen Unternehmens generell zum Thema Nachhaltigkeit.

Auch das Thema **Deglobalisierung** ist in den meisten Firmen noch nicht präsent. Durch immer mehr Handelsbarrieren, die deutsche Exporte erschweren, und andererseits verstärkt Anreize, vor Ort zu produzieren, wird dieses Thema zwar immer interessanter, aber tatsächlich beschäftigt sich zurzeit nur eine Minderheit damit.

Zusammenfassend lässt sich feststellen, dass diese Themen für eine lange Zeit in den Unternehmen bleiben werden. Weiterhin bedeutet es auch, dass Change-Management in den nächsten Jahren permanent stattfinden wird. Vereinfacht gesagt bedingt das eine Thema das andere.

Wichtig ist dabei, dass sich die Kultur im Unternehmen ändern muss. Das bedeutet auch, dass die Mitarbeitenden ihre Einstellung zu ihrem Arbeitsplatz verändern müssen. Dieser Prozess funktioniert nur, wenn gemeinsam neue Werte und daraus ein neues Leitbild entwickelt wird.

Führung

Ein weiterer Aspekt ist das Führungsverhalten. Wenn sich die Unternehmenskultur ändert, wirkt sich das zwangsläufig auch auf den Führungsstil aus. Diese Veränderung muss zum jeweiligen Unternehmen passen und mit den Werten kompatibel sein.

Welche Rolle spielt in diesem Zusammenhang der HR-Bereich? Da hier von klassischen Bereichen der Personalarbeit gesprochen wird, ist es umso wichtiger, dass sich HR an die Spitze der Veränderungsbewegung setzt. Das wird umso einfacher werden, wenn HR bereit ist, mit gutem Beispiel voranzugehen. Das heißt nichts anderes, als dass sich der HR-Bereich den neuen Herausforderungen stellen und darüber hinaus im eigenen Bereich die Themen Digitalisierung, Demografie, Dekarbonisierung und Deglobalisierung anpacken und seine Organisation und Prozesse entsprechend den neuen Gegebenheiten verändern muss.

Zusammengefasst sind das die wichtigsten Erkenntnisse:

- Digitalisierung ist nicht gleich digitale Transformation.
- Unternehmen sollten bei der Transformation den Schwerpunkt auf das Bewusstsein und die Haltung der Mitarbeitenden richten.
- Im Dauer-Change ist die menschenzentrierte Führung der wichtigste Hebel.
- Unternehmensinstrumente sind mit dem Kulturzielbild zu verzahnen.
- Die wichtigsten Aufgaben für HR sind, die Anforderungen für das Geschäft zu erkennen und vor allem sich auch selbst zu transformieren.

4 Die Struktur des strategischen Personalmanagements

»The essence of strategy is choosing what not to do.«
Michael E. Porter, US-amerikanischer Ökonom

Die Struktur des strategischen Personalmanagements basiert auf der Organisation des Personalmanagements und den dazugehörigen Personalprozessen. Insbesondere die Organisation bildet die Grundlage zwischen den jeweiligen Personalmanagern und den Kollegen auf den anderen Ebenen.

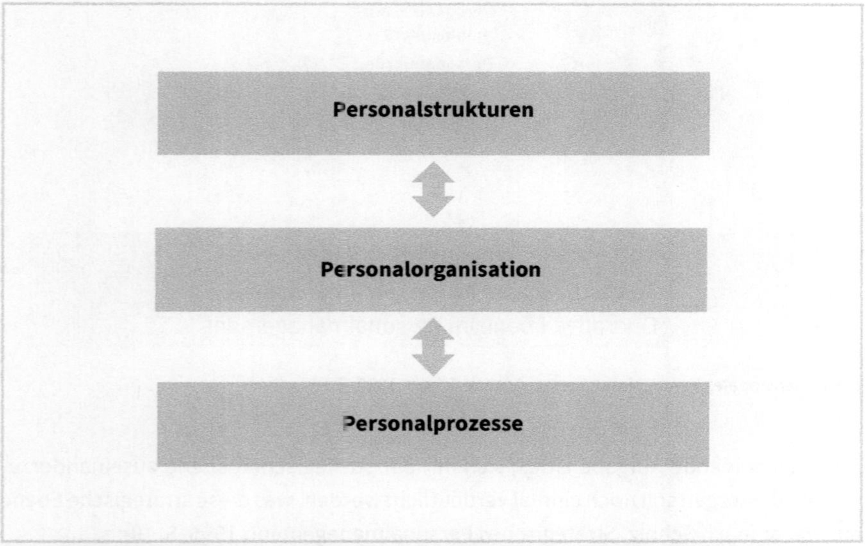

Organisation des Personalmanagements (nach Sascha Armutat et. al., Organisation des Personalmanagements, 2007, S. 18)

Um die Umsetzung erfolgreich zu gestalten, ist es notwendig, die verschiedenen Aspekte der Personalarbeit integrativ miteinander zu verknüpfen. Man kann ein unternehmerisches Personalmanagement anhand von drei Dimensionen wie folgt charakterisieren (vgl. Scholz, 1993):

- Die **erste Dimension** befasst sich mit allen Aktivitäten und Feldern des Personalmanagements. Hierzu zählen alle Funktionsbereiche der Personalarbeit sowie die dazugehörigen Instrumente.
- Die **zweite Dimension** geht aufgrund der Zugehörigkeit des Personalmanagements zum allgemeinen Management darüber hinaus. Sie beinhaltet nicht nur die operative und taktische Ebene, sondern auch die strategische.

- Die **dritte Dimension** beinhaltet die duale Ausrichtung des Personalmanagements in Form von Verhaltens- und Informationsorientierung. Wenn man dem folgt, hat man sowohl die weichen als auch die harten Faktoren im Fokus.

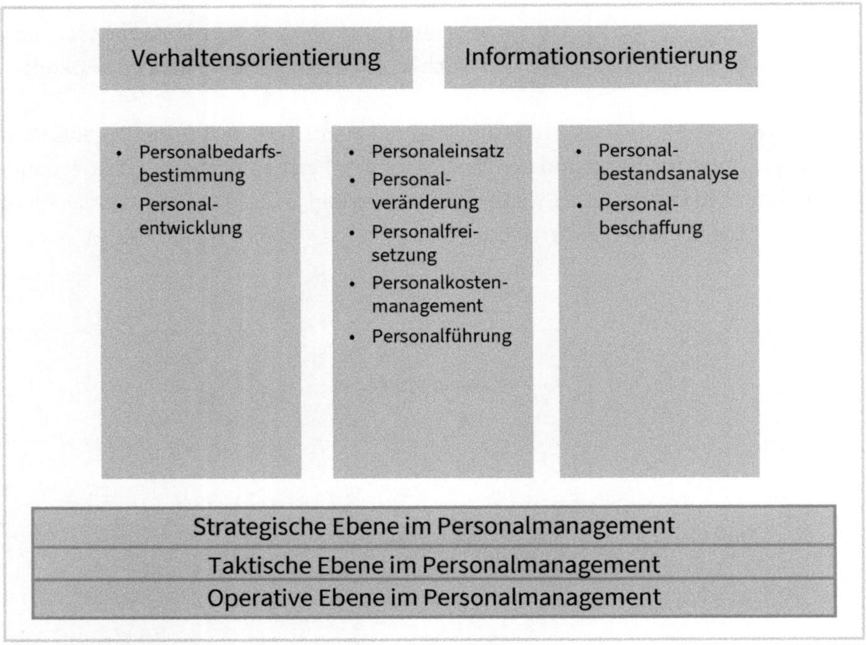

Dreidimensionales Personalmanagement (nach Scholz, 1995, S. 9)

Die entscheidende Aufgabe ist es, sich mit der strategischen Ebene auseinanderzusetzen. Deswegen soll noch einmal verdeutlicht werden, was diese strategische Ebene ausmacht (nach Scholz, Strategisches Personalmanagement, 1995, S. 10):

- Durch das strategische Personalmanagement (SPM) soll die Wettbewerbsfähigkeit eines Unternehmens unterstützt werden.
- Das SPM soll die Unternehmens- und Geschäftsstrategie unterstützen und mittragen.
- Durch die Einbindung des SPM in die Unternehmensstrategie wird die Zusammenarbeit innerhalb der Personalarbeit und mit anderen relevanten Bereichen verbessert.
- Die konsequente Einführung und Umsetzung eines SPM sollte zu einer Verbesserung der Effizienz und Effektivität des Personalmanagements führen.
- Ein SPM soll zur Verbesserung der Attraktivität eines Unternehmens (Außenwirkung) beitragen.

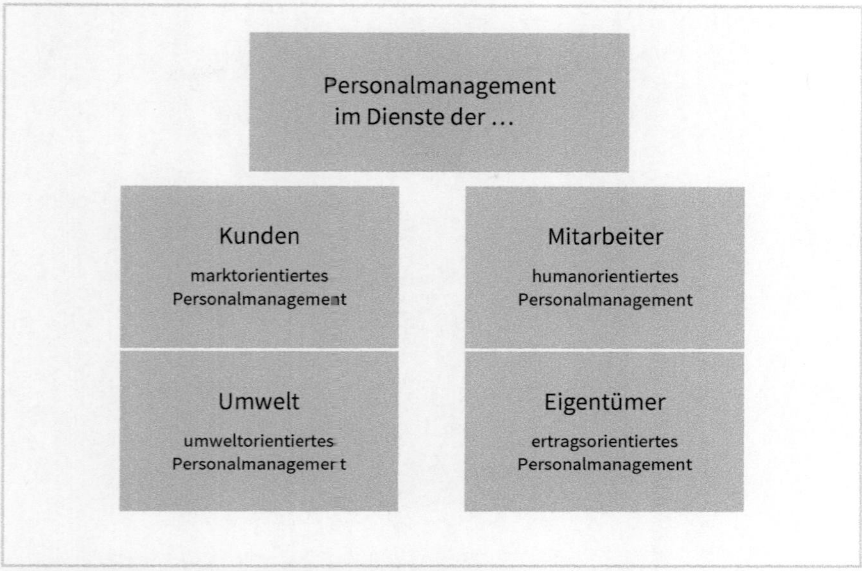

Personalmanagement als Dienstleister (nach DGFP, 2002, S. 16)

Nach Scholz sind es drei Kernbausteine, die das SPM ausmachen und die frühzeitig entwickelt und umgesetzt werden müssen:

1. Der erste Baustein ist die strategische Personalplanung im Sinne einer antizipativen Festlegung von erfolgsorientierten Personalstrategien.
2. Es folgt die Umsetzung als Implementierung von Personalplanungsmethoden und die Anwendung der Methoden sowie ihrer Ergebnisse bei den im weitesten Sinne betroffenen Personen. Dazu kommt die Verknüpfung der Personalstrategien mit Maßnahmenkategorien auf der taktischen sowie mit Einzelmaßnahmen auf der operativen Ebene.
3. Abschließend erfolgt als dritter Baustein die Überprüfung der Personalstrategien im Sinne einer strategischen Kontrolle (strategisches Personalcontrolling).

Sowohl das strategische Personalcontrolling (Kapitel 8) als auch die strategische Personalplanung (Kapitel 9) werden im Weiteren noch behandelt.

5 Aktuelle Situation und zu erwartende Trends

Wie sieht die derzeitige Situation für Personalmanager im strategischen Personalmanagement aus? Die vergangenen Jahre waren geprägt von neuen Situationen, von Unsicherheit und von strategischen Herausforderungen in bisher nicht bekanntem Ausmaß. Wenn man zunächst einen Schritt zurückgeht und sich ansieht, womit Personalverantwortliche bereits 1999 beschäftigt waren (Personalmagazin 09/2019), sieht man, dass sich innerhalb der Themen einiges getan hat, die Themen selbst aber nach wie vor aktuell sind:

- **Fachkräftemangel:** Bereits in den 1990er-Jahren war dieses Problem virulent und man versuchte, über die damals neuen Medien das Recruiting auf neue Beine zu stellen.
- **Flexible Arbeitszeiten:** Schon damals begann die Diskussion über mobile Arbeitsformen, Homeoffice und die Zeiterfassung dabei.
- **Diversity:** ein Thema, das heute mehr Akzeptanz in den Unternehmen hat als vor 20 Jahren.
- **Digitalisierung:** Auch hier hat in den letzten Jahren eine Entwicklung stattgefunden. Allerdings ist der heutige Stand noch nicht so, dass man von einer abgeschlossenen Digitalisierung sprechen kann – siehe Kapitel 5.4 und 14.3 in diesem Buch.
- **Datenschutz:** Hier kann nur von sinnvollem Schutz vor Datenmissbrauch gesprochen werden. Für Sensibilisierung hat in diesem Zusammenhang auch die im Mai 2018 in Kraft getretene EU-Datenschutzgrundverordnung (DSGVO) gesorgt.
- **Büro und Arbeitsplatz:** Stichworte wie bereichsübergreifende Kommunikation, Selbstorganisation, multifunktionale Arbeitsflächen oder »das Büro als Treiber von Veränderungen« (Prof. Martin Klafke) bereichern seit Jahren die Diskussion in den Firmen.
- **Zeitarbeit:** Bereits 1999 war dieses Thema in Fachmagazinen eine Titelgeschichte wert. Durch die Agenda 2010 und andere Reformen spielte Zeitarbeit eine immer größere Rolle.
- **Lernen und E-Learning:** In diesem Zusammenhang wird immer wieder die Frage gestellt, wie man die Selbstlernkompetenz der Mitarbeitenden stärken kann. Das E-Learning bringt dies sicherlich nach vorn.
- **Organisationskultur:** Um die Zukunftsfähigkeit von Unternehmen zu sichern, ist es erforderlich, die Rahmenbedingungen anzupassen und das Veränderungsmanagement zu stärken. Stichworte wie flache Hierarchien, Vertrauenskultur, Selbstorganisation und Transparenz sind essenziell.
- **Mitarbeiterführung:** Schon im Jahr 2000 war von Führungskräften mit kooperativem, demokratischem Führungsstil die Rede, das Stichwort dazu hieß »Demokratie in Unternehmen«. Heute gibt es bereits eine Gegenbewegung, die teilweise wieder zu hierarchischen Strukturen zurückkehren will.

Es ist schon bemerkenswert, dass die Themen seit 30 Jahren in etwa gleich geblieben sind. Liegt es vielleicht daran, dass durch gesellschaftliche Veränderungen der Fokus immer wieder verschoben und deshalb bestimmte Themen nicht angegangen wurden, oder bedeutet es, dass die Personalverantwortlichen es sich zu »gemütlich« machen, anstatt die erforderlichen Änderungen voranzutreiben?

5.1 Zukünftige Themen

Zunächst soll aus heutiger Sicht ein Blick auf die Herausforderungen von heute und morgen geworfen werden. In einer Zeit explodierender Energiepreise, steigender Zinsen und nicht zuletzt einer drohenden Rezession prognostizieren Wirtschaftsexperten ein schwieriges Jahr 2023. Das DUP Unternehmer-Magazin 06/2022 benennt folgende Megatrends:

- **Wasserstoff:** Für die Energieversorgung der Zukunft ist grüner Wasserstoff unabdingbar.
- **Gender Shift:** Unternehmen sollten Diversität als Chance begreifen, insbesondere mit Blick auf den Fachkräftemangel.
- **Blockchain und NFTs:** Das Jahr 2022 war zwar ernüchternd für die NFTs (Non-fungible Tokens), aber Experten glauben, dass sich diese langfristig durchsetzen werden. Man vergleicht die Entwicklung mit dem Internet.
- **künstliche Intelligenz:** KI setzt sich immer mehr durch und ist bereits im Alltag der Unternehmen angekommen. Auch hier wird angesichts des Fachkräftemangels eine Chance gesehen.
- **Cybersicherheit:** Die Attacken auf die Dateninfrastruktur haben enorm zugenommen. Das gilt für Unternehmen und für die Verwaltung. Deswegen werden die Ausgaben für Cybersicherheit weiter steigen.

In einer Studie von Rheingold/Hays (06/2020) haben sich die folgenden neuen Prioritäten für Unternehmen ergeben:

- über eine Deglobalisierung nachdenken
- räumliche Nähe von Lieferanten herstellen, um die Unterbrechung von Lieferketten zu unterbinden
- deutliche Verbesserung der Digitalisierung der HR-Prozesse, insbesondere im Hinblick auf das Homeoffice
- veränderte Besetzungsstrategie (mehr fest angestellte Mitarbeitende)
- Umdenken der Führungskräfte (Akzeptanz von Homeoffice, Eigenmotivation der Mitarbeitenden, Flexibilität sowie Änderung der Führungskultur durch die Kombination von Homeoffice und Präsenz)

Neben diesen gesamtwirtschaftlichen Trends wurden auch für HR Entwicklungen prognostiziert. In einer Agenda für das Jahr 2022 wurden in der Zeitschrift Personalwirtschaft (01/2022) die folgenden Herausforderungen – zum Teil auch aufgrund geänderter rechtlicher Vorgaben – für die Personalarbeit ausgearbeitet:

- **Betriebsrat:** Im Zuge des Betriebsrätemodernisierungsgesetzes muss sich die Personalabteilung auf veränderte Rahmenbedingungen einstellen, z. B. beim Informationsbedarf für die Wahlen.
- **Compensation und Benefits:** In einem veränderten Arbeitsmarkt muss sich der Zuschnitt der Vergütungssysteme ändern. Stärkere Individualisierung innerhalb der Vergütung und Berücksichtigung der Wertigkeit einer Stelle.
- **Skill-based Hiring:** Statt Abschlüsse zu vergleichen, sollte im Vorfeld festgelegt werden, welche Skills bzw. Kompetenzen für die Stelle erforderlich sind. Auf dieser Basis sollte dann entschieden werden.
- **Spaltung der Belegschaft:** Diskussion über Homeoffice oder nicht belasten die Belegschaft – wer darf, wer darf nicht?
- **Risiken und Nachwirkungen:** Es gilt, verstärkt auf mentale Gesundheit zu achten, Angebote zu nutzen (z. B. der Krankenkassen, RV, Unfallversicherung, Berufsgenossenschaften) und ggf. einen Hauptansprechpartner zu definieren.
- **Cloud Security:** Im Sicherheitsnetz vieler Unternehmen klafft eine große Lücke, sodass die Gefahren sowohl von innen als auch von außen kommen können. Hier muss die gesamte Belegschaft sensibilisiert werden.
- **Mitarbeiterbindung:** Durch den steigenden Fachkräftemangel und die Veränderungen der Arbeitslandschaft seit der Pandemie wächst die Kündigungsbereitschaft der Arbeitenden, hier muss gegengesteuert werden.
- **Inflation und Löhne:** Die Lebenshaltungskosten waren 2022 so hoch wie seit vielen Jahren nicht, die Unternehmen müssen kreative Möglichkeiten finden, diesen Zustand nicht nur durch Lohnerhöhungen, sondern auch durch andere Entgeltmaßnahmen (z. B. Zuschüsse zu Kitas, Freizeitausgleich oder Gutscheine) zu begegnen.
- **Fluide Belegschaft:** Durch den grundlegenden Wandel in der Wirtschaft ist die bloße Steigerung der Homeoffice-Möglichkeiten nicht ausreichend, um genügend Flexibilität zu erreichen. Es ist erforderlich, eine große Bandbreite von Festangestellten mit Voll- und Teilzeit, freien Mitarbeitenden, Zeitarbeitenden, Outsourcing-Dienstleistern und Beratungsunternehmen zu beschäftigen.
- **Heute hier, morgen dort:** Bedingt durch die immer flexibleren Arbeitszeit- und -ortmodelle wird das Desk-Sharing-Modell immer häufiger. Der Verzicht auf individuelle Arbeitsplätze verstärkt sich durch Homeoffice, viele externe Termine und flexible Arbeitszeitregelungen Inwieweit das Modell von der Belegschaft akzeptiert wird, muss unternehmensintern geprüft werden.
- **Teilhabe junger Menschen:** Die Vorstellungen junger Menschen von ihrer Zukunft haben sich verändert. Sie wollen Gestaltungsraum und nachhaltiges Wirtschaf-

ten. Inwieweit die Betriebe darauf eingestellt sind und wie weit sie dieser Generation entgegenkommen wollen, muss jetzt entschieden werden.

- **Das andere Büro:** Das sogenannte individuelle Büro hat, wie oben gesagt, durch das Desk-Sharing-Modell seine einzigartige Bedeutung verloren. Die Firmen müssen auch hier kreativ sein, um den Mitarbeitenden die neuen Möglichkeiten schmackhaft zu machen.
- **People und Culture:** Der Begriff »HR« kommt aus einer Zeit, in der es im Wesentlichen um das Steuern des Personals und der Personalkosten ging. Heute ist die Situation anders. Die Bedürfnisse der Mitarbeitenden und der Bewerbenden stehen im Fokus. Menschen in den Mittelpunkt zu rücken und eine entsprechende Unternehmenskultur zu bieten, ist die Aufgabe der Personalverantwortlichen. Da reicht es sicher nicht aus, nur den Begriff zu ändern.
- **Arbeitswelt zwischen Utopie und Dystopie:** Es geht um nichts weniger als um die Zukunft der Arbeit. Die Disruption durch die Pandemie hat diese Debatte angeheizt. Erleben wir gerade einen Durchbruch in die Arbeitswelt 4.0 oder wird durch das Kontrollbedürfnis der Unternehmen und die parallele Automatisierung die menschliche Arbeitskraft an die Seite gedrängt?
- **Deutschland ist nicht genug:** Die Fachkräfte werden immer knapper. Nichts verdeutlicht mehr, dass wir eine sinnvolle Integrationspolitik benötigen, die auch die Suche nach Arbeitskräften im Ausland einschließt.
- **grünes HR-Management:** unendliches Wirtschaftswachstum und endliche Ressourcen passen nicht zusammen. Wie kann HR dazu beitragen, dass Nachhaltigkeit in der Personalarbeit nicht nur Fassade ist?
- **HR-Analytics:** Schon seit Längerem wissen wir, dass durch HR-Analytics Zahlen, die in Beziehung gesetzt werden, einen erheblichen Nutzen für die Personalarbeit bedeuten können. Trotzdem gibt es zu wenige Unternehmen, die mit diesem Instrumentarium arbeiten.
- **Leadership:** Die vergangenen Krisensituationen haben die Arbeit der Führungskräfte verändert und gleichzeitig verdeutlicht, wo die Schwächen liegen. Es geht um Kommunikation, virtuelle Führung und Unternehmenskultur. HR muss hier seinen Beitrag leisten, um die richtigen Führungskräfte auszuwählen und gleichzeitig das nötige Rüstzeug zur Verfügung stellen.
- **Türen öffnen:** Es ist nicht nachzuvollziehen, dass immer noch zu viele Männer in Führungspositionen sitzen, während Frauen zu wenige Chancen bekommen. Nicht nur durch Gesetze, sondern auch durch das Verändern der Unternehmenskultur muss ein Umdenken möglich werden. Qualifizierte Frauen gibt es genug.
- **Die Suche nach der eigenen Rolle:** Es gibt viele offene Fragen hinsichtlich der Rolle von HR – und nicht die eine Lösung. Aber der Weg vom administrativen Dienstleister über Ulrichs Modell des Business-Partners bis hin zum Kulturmanager bietet viele Möglichkeiten und muss in den Unternehmen entschieden werden.
- **Betriebliche Mitbestimmung:** Auch wenn immer wieder behauptet wird, dass in den Betrieben keine Zeit für Auseinandersetzungen da ist, so muss doch ge-

währleistet werden, dass es ein konstruktives Miteinander zwischen den Interessengruppen gibt. Siehe dazu auch den Koalitionsvertrag der Ampel-Regierung hinsichtlich »Respekt, Chancen und soziale Sicherheit in der modernen Arbeitswelt«.
- **Minijobs und Arbeitsverschiebung:** In der Pandemie sind eine halbe Million Minijobs verloren gegangen. Das führt jetzt zu Arbeitskräftemangel in bestimmten Bereichen. Es muss überlegt werden, was dagegen getan werden kann. Die vorhandenen Minijobber werden zurzeit häufiger eingesetzt. Das führt zu Mehrverdienst, der sozialversicherungspflichtig wird.

Ein anderer Ansatz wurde beim Hays-Report 2022 (02/2022) unter dem Titel »Organisationen unter Druck« gewählt. Hier wird unter dem Gesichtspunkt knapper Ressourcen hinterfragt, wie Unternehmen in dieser kritischen Zeit ihr Betriebsergebnis und ihren Umsatz verbessern wollen. Es sind nicht die Finanzen, sondern die Zeit und der Fachkräftemangel, die die größten Probleme darstellen. Hier ein paar Ergebnisse:
- **Zeit:** Die Veränderungsgeschwindigkeit nimmt zu, die Zahl der Projekte steigt an, es gib zu wenig Personal, Informationen werden immer komplexer.
  Maßnahmen dazu: Prozessoptimierung, Rekrutierung zusätzlicher Arbeitskräfte (wenn möglich!), Vereinbarungen zur Erreichbarkeit der Mitarbeitenden, flexible Arbeitszeitmodelle.
- **Fachkräftemangel:** dramatische Situation, fehlende Nachwuchskräfte, erhöhte Kompetenzanforderungen.
  Maßnahmen dazu: Neueinstellungen, effizientere Gestaltung der Prozesse, Investition in MA-Bindung, Personalmarketing.

Was sind andererseits die Beweggründe für Investitionen in dieser Zeit? In der nachfolgenden Reihenfolge wurden erwähnt: Steigerung der Effizienz, Steigerung der Effektivität, veränderte Kundenerwartungen, Arbeitgeberattraktivität, Nachhaltigkeit. In folgende Bereiche wird investiert: Digitalisierung, Prozessoptimierung, Personalentwicklung und Strategieentwicklung.

In einer Langzeitbetrachtung innerhalb des Hays-Reports wurden die folgenden HR-Themen herausgehoben:
- Bindung von Mitarbeitenden (46 %)
- neue Mitarbeitende gewinnen (33 %)
- Arbeitsstrukturen flexibilisieren (30 %)
- Mitarbeitende auf die digitale Transformation vorbereiten (23 %)
- Beschäftigungsfähigkeit Mitarbeitender fördern (22 %)

5.2 Fünf Top-HR-Trends

In einer weiteren Studie hat Haufe in einem Whitepaper (12/2020) die fünf Top-HR-Trends im Mitarbeitendenmanagement herausgearbeitet. Sie ergaben sich aus einer Gegenüberstellung aktueller HR-Trends u. a. von Kienbaum, Hays, DGFP, BCG und Deloitte.

1. Führung im Unternehmen
Führung ist sicher das wichtigste Thema im Personalmanagement. Alle Studien bestätigen einen hohen Entwicklungsbedarf bei Führungskräften. Hier geht es nicht nur um Defizite bei bestehenden Führungskräften, sondern auch um den Wunsch von Unternehmen, jüngere Mitarbeitende frühzeitig in Führungspositionen zu bringen. Die Herausforderung ist sehr groß. Durch den rasanten Wandel und die aktuellen Krisensituationen muss die Förderung individuell und gleichzeitig auf breiter Basis erfolgen.

Die Erwartungen an eine Führungskraft sind vielfältig:
- Etablierung einer Feedbackkultur
- Motivation der Belegschaft
- Schaffen von Entwicklungsmöglichkeiten für Mitarbeitende
- regelmäßige Mitarbeitergespräche
- Freiräume für Mitarbeitende zur Bewältigung ihrer Arbeit

Die Kernkompetenzen einer guten Führungskraft sind in erster Linie Sozialkompetenzen (79 %), dann die methodische Kompetenz (14 %) und zuletzt fachliche Kompetenz (7 %).

Wie gelingt es, die Defizite zu beseitigen?
1. Früh Potenziale erkennen durch entsprechende Sichtungsprogramme und dazugehörige Diagnostik-Tools.
2. Flexible Laufbahnen anbieten, Lern- und Entwicklungskurven können unterschiedlich ausfallen.
3. Förderung im Arbeitsalltag, nicht nur durch Programme und Trainings, sondern auch durch integrierte Förderung im Alltag.
4. Führungskräfte miteinbeziehen, Programme von aktuellen Führungskräften mitgestalten und konzipieren lassen.

2. Talent-Management
Auch das Thema Talent-Management steht an exponierter Stelle. Es geht darum, wichtige Stellen im Unternehmen mit den richtigen Mitarbeitenden zu besetzen. Das können sowohl interne als auch externe Kräfte sein. Deswegen ist es erforderlich, extern die richtigen Nachwuchskräfte zu rekrutieren und intern die infrage kommenden Talente nachhaltig zu sichern. Im Zusammenhang mit der demografischen Entwicklung ist auch die Rede vom »War for Talents«.

Maßnahmen, um dem Thema gerecht zu werden, sind u. a.:

1. **Rekrutierung** (Employer Branding – Schaffung einer attraktiven Arbeitgebermarke –, Active Sourcing, Mitarbeitergewinnung im Ausland und MA-Empfehlungsprogramme »MA suchen MA«)
2. **Entwicklung** (Trainingsmaßnahmen, professionelle Karriereberatung, Auslandsentsendungen und Coaching)
3. **Einsatz** (interne Talent Pools, Nachfolgeplanung, Diagnostiktools und Förderprogramme)

3. Demografischer Wandel

Es geht um die demografischen Veränderungen, die sich jetzt und in Zukunft ergeben. Wir wissen seit den 1970er-Jahren des vorigen Jahrhunderts, dass die Sterberate in Deutschland höher ist als die Geburtenrate. Außerdem steigt die Lebenserwartung und erhöht damit den Anteil älterer Menschen in der Bevölkerung. Durch die steigenden Migrantenzahlen wird dieser Effekt leicht abgefedert. Wie sehen die Auswirkungen aus?

- fehlende Fachkräfte
- Wertewandel der Arbeitnehmenden
- Know-how-Verlust
- Alterung der Belegschaft
- mehr erwerbstätige Frauen
- erhöhte Kosten für Weiterbildung der Belegschaft
- erhöhte Kosten für Rekrutierung

Wie kann darauf reagiert werden?

- **Gesundheitsmanagement:** mehr Investitionen in die Gesundheit, wie z.B. gesündere Kantinenverpflegung, flexible Arbeitszeiten, Rückenkurse, besseres Betriebsklima oder mehr Entwicklungsprogramme für Führungskräfte.
- **Strategische Personalplanung:** Nachfolgeplanung, Konzept zum Einsatz von Talenten; beides ist nur mit einer guten Planung auf der Basis kontinuierlich gepflegter Zahlen möglich.
- **Employer Branding/Personalmarketing:** Schaffen einer authentischen Arbeitgebermarke, strategisches Vorgehen, um motivierte und qualifizierte Mitarbeitende langfristig zu halten, Karrierewebsite, Online-Werbekampagne, Auftritt in sozialen Netzwerken.
- **Frauenförderprogramme:** bewusst Entwicklungsprogramme für Frauen starten, um Karrierewege aufzuzeigen
- **System für Wissenstransfer:** systematischer Wissensaustausch zwischen den Generationen (Vorteil für beide!) anhand von Mentorenprogrammen, Stammtischen oder gemischten Arbeitsgruppen.
- **Flexible Arbeitsmodelle:** durch den Wertewandel bedingt – Flexibilität durch Teilzeit, flexible Arbeitszeiten, Jobsharing, Elternzeit, Sabbaticals, Telearbeit, Homeoffice, Vertrauensarbeitszeit oder Arbeitszeitkonten.

4. Mitarbeiterbindung

Ein weiteres Thema, das verdeutlicht, wie wichtig vorausschauendes Denken in dieser schwierigen Zeit ist, ist die Mitarbeiterbindung. Unternehmen müssen sicherstellen, dass die erforderlichen Mitarbeitenden in der Firma bleiben. Es müssen Möglichkeiten geschaffen werden, die dazu beitragen, wie z. B.

- eine wertschätzende Unternehmenskultur und ein gutes Betriebsklima,
- interessante Aufgaben,
- die Vereinbarkeit von Familie und Beruf,
- Möglichkeiten der Personalentwicklung,
- eine marktgerechte Entlohnung.

5. Change-Management

Das Managen von Veränderungen wird immer mehr zu einer der wesentlichen Aufgaben im Personalmanagement. Es geht darum, Veränderungen umzusetzen, gleichzeitig die Belegschaft abzuholen und ihnen den Weg zu zeigen, der für sie in der Zukunft wichtig ist. Menschen sehen Veränderungen erst einmal kritisch und warten ab, was sie für sie bedeuten. An diesem Punkt zu unterstützen ist unerlässlich.

Wie können Veränderungen gemanagt werden? Dazu im Folgenden eine Grafik:

Veränderungen im Change-Management (Haufe-Whitepaper, Die Top 5 HR-Trends im Mitarbeitermanagement, 12/2020)

5.3 Change-Management und digitale Transformation

Die Hochschule für Wirtschaft und Gesellschaft Ludwigshafen hat in Zusammenarbeit mit Jobactive GmbH (2020) ebenfalls ihren Blick auf die Herausforderungen im Personalmanagement gelenkt und ist nach Befragungen von verantwortlichen Managern und Experten zu dem Ergebnis gekommen, dass das Change-Management und die digitale Transformation zu den wichtigsten Themen gehören. Bei großen Unternehmen stehen daneben das Employer Branding und das Diversity-Management im Fokus. Bei kleinen und mittleren Unternehmen spielt das Diversity-Management eine weniger wichtige Rolle. Dafür sind das Recruiting und die Personalauswahl umso wichtiger.

Hier die Themen im Einzelnen:

- Employer Branding
- Rekrutierung und Personalauswahl
- Talent-Management und Nachfolgeplanung
- Personalentwicklung
- Leadership Development
- **Transformations- und Change-Management**
- **strategische Personalplanung**
- Personalbeurteilung
- Gehalts-und Belohnungssysteme
- **digitale Transformation gestalten**
- Diversity-Management
- Gesundheitsmanagement
- Flexibilisierung von Arbeitsort und -zeit
- Personalabbau und Outplacement

Zum strategischen Personalmanagement zählen insbesondere die fettgedruckten Themen.

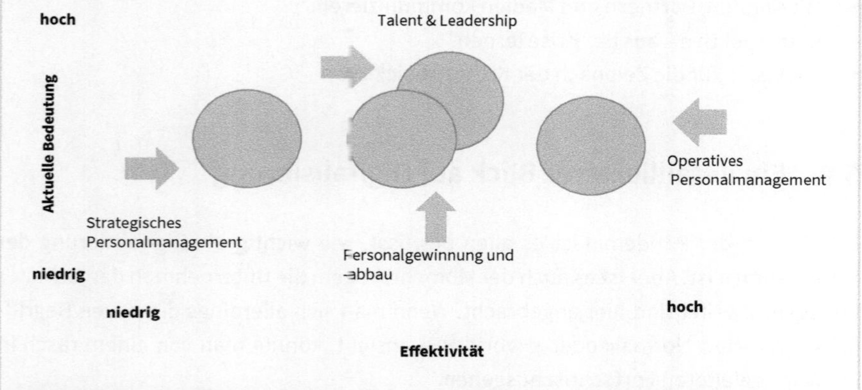

Strategische Personalmanagementthemen in turbulenten Zeiten (HfWG Ludwigshafen/Jobactive GmbH, 2020)

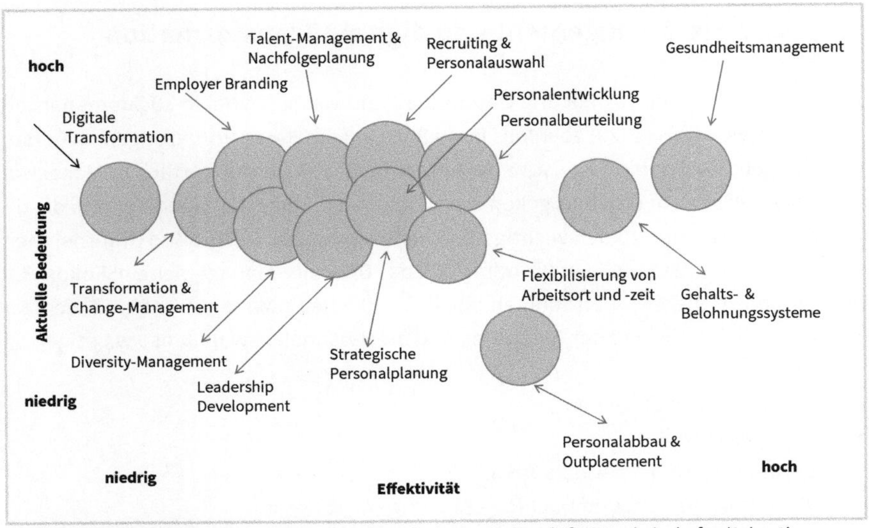

Strategische Personalmanagementthemen in turbulenten Zeiten (HfWG Ludwigshafen/Jobactive GmbH, 2020)

Ein wesentliches Thema im Rahmen des Change Managements ist das der Krisenbewältigung. Hierzu hat das IFM (Institut für Managementberatung, 2020) einen Katalog mit acht Schritten, um die Krise zu meistern, aufgestellt:

- Die Krise akzeptieren.
- Die Rolle als Führungskraft wahrnehmen. Wichtige Kompetenzen dafür sind: Vorbildfunktion, Inspiration, Fähigkeiten und Talente fördern, Kommunikation und Fairness, Ergebnisorientierung und unternehmerische Haltung.
- Einen Krisenplan erstellen.
- Krisensprecher oder Krisensprecherin wählen. Die Grundsätze der Kommunikation sind: aktiv und frühzeitig, sachlich, transparent und wahr, kurz, einfach, unkompliziert und bildhaft sowie einheitlich, koordiniert und kontinuierlich.
- Das eigene Team informieren.
- Mit Kunden, Partnern und Medien kommunizieren.
- Retrospektive – aus der Krise lernen.
- Die Vision für die Zeit nach der Krise entwickeln.

5.4 Ein detaillierterer Blick auf Digitalisierung

Seit Beginn der Pandemie ist es allen bewusst, wie wichtig die Digitalisierung der Unternehmen ist. Aber ist es auch der Moment, in dem die Unternehmen den Schalter umlegen? Zweifel sind hier angebracht. Wenn man sich allerdings die neuen Begrifflichkeiten »New Normal« oder »Hybrid HR« ansieht, könnte man von einem rasch in die Wege geleiteten Fortschritt ausgehen.

Der Start zu Beginn der Pandemie war allerdings sehr holprig. In vielen Unternehmen gab es vor allem technische Schwierigkeiten, mobile oder virtuelle Arbeitsumgebungen zu schaffen. Insbesondere die damit verbundene IT-Sicherheit stellte sich als großes Problem heraus. Aufgrund der erforderlichen Schnelligkeit bei der Umstellung der Arbeitsplätze von stationär auf mobil wurde das Firmennetz um mobile Anschlüsse erweitert. Dabei wurden in vielen Fällen die Sicherheitserfordernisse vernachlässigt. In der Folge kam es daher zu Netzattacken – eine Gefahr, die nicht unterschätzt werden darf. Insgesamt bleibt festzuhalten, dass die Personalverantwortlichen aber einen guten Job gemacht haben.

In »Die digitale HR-Organisation – Wo wir stehen, was wir brauchen« von Appel/Wahler (2018) wird das Verständnis von digitalem Personalmanagement wie folgt erläutert.

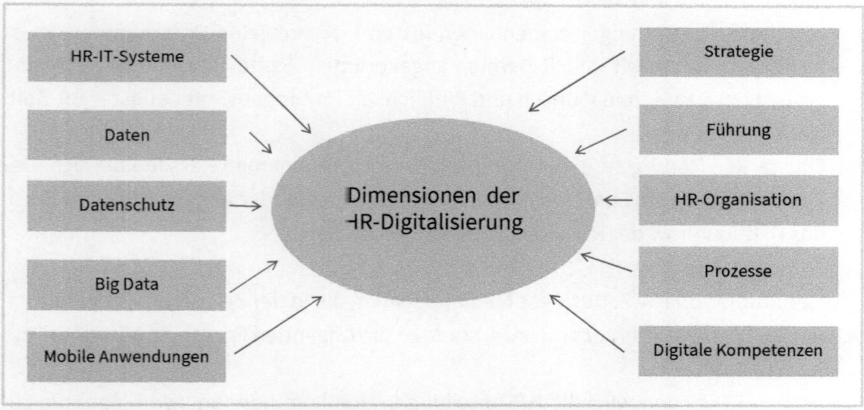

Ganzheitliches Verständnis des digitalen Personalmanagements (Appel/Wahler, 2018)

Des Weiteren wird beschrieben, welche zehn Schritte auf dem Weg zur digitalen HR-Organisation erforderlich sind:

1. Den Diskurs der Digitalisierung im gesellschaftlichen Kontext führen.
2. Sich mit allen Unternehmensfunktionen vernetzen.
3. Eine HR-Digitalisierungsstrategie entwickeln.
4. Eine HR-Digitalisierungskultur etablieren.
5. HR-Mitarbeitende fit machen für die Digitalisierung.
6. Sich von den Methoden und der Technik der IT mitnehmen lassen.
7. Die HR-Organisation überdenken.
8. Die HR-Daten strukturieren.
9. Die HR-Daten im Konsens und zum Unternehmenserfolg nutzen.
10. Personalarbeit bleibt Beziehungsarbeit.

Im HR-Software-Guide der Zeitschrift Personalwirtschaft (01/2023) wird Folgendes festgehalten:

- HR konnte sicherstellen, dass die Mitarbeitenden, die sonst im Büro tätig sind, im Homeoffice weiterarbeiten konnten. Dadurch waren die Unternehmen weiter handlungsfähig. HR hat sein Standing erheblich verbessert.
- Softwareprodukte für Recruiting und Payroll wurden nach wie vor stark nachgefragt. Auch Employee Self Services gewannen an Bedeutung. Aufgrund des Fachkräftemangels ist ein Trend in Richtung Outsourcing unverkennbar.
- Es gibt zunehmend Überlegungen, Zeiterfassung im Homeoffice zum Schutz der Arbeitnehmenden einzuführen. HR sollte hier eine Fürsorgefunktion übernehmen.
- Um den Fachkräftemangel abzufedern, müssen Unternehmen kreative Wege gehen. Beispiele dafür sind eigene Akademien, verstärkte eigene Weiterbildung sowie der Einsatz von Silver Agents.
- HR-Cloud-Anwendungen haben einen festen Platz in vielen Unternehmen. KI ist bisher nur vereinzelt im HR-Bereich angekommen. Es besteht immer noch eine große Lücke zwischen Wunsch und Wirklichkeit im Umgang mit neuester HR-Software-Technologie.
- Ein starker Trend geht in Richtung von Gesamtlösungen im Personalbereich. Der Vorteil ist, dass die Funktionsbereiche besser aufeinander abgestimmt sind. Auch das IT-Know-how der Personaler hat sich verbessert.

In einer Studie von F.A.Z. Business Media/research, die in der Zeitschrift Personalwirtschaft (12/2021) veröffentlicht wurde, standen die folgenden Fragen im Mittelpunkt:

In welchen Bereichen wird die HR-Abteilung in den kommenden zwölf Monaten zusätzliche Kompetenzen aufbauen müssen? Die Antworten sind in absteigender Häufigkeit genannt:

- Digitalisierung und Automatisierung der HR-Prozesse und -Tätigkeiten
- Auf- und Ausbau von Agilität im gesamten Unternehmen
- Change-Management
- mobiles Arbeiten/Remote Work
- Employer Branding
- Mental Health
- Risikomanagement

In einer weiteren Frage ging es darum, inwieweit sich die wachsende Ortsunabhängigkeit des Arbeitsplatzes auf folgende Aspekte auswirkt:

- Arbeitgeberattraktivität zu 90 %
- Kosten zu 43 %
- Mitarbeiterbindung zu 41 %
- Innovationsfähigkeit zu 30 %
- Unternehmenskultur zu 22 %

Ein weiterer Punkt soll nicht unerwähnt bleiben. Die Digitalisierung von HR-Prozessen geht viel zu langsam voran. Das wird in erster Linie von Außenstehenden so wahrgenommen. Der digitale Reifegrad der Personalabteilungen wird von 55% als mittel eingestuft, von 20% sogar als gering bzw. sehr gering.

Bei der Frage nach der Dringlichkeit, also welche HR-Aufgaben zuerst digitalisiert werden müssen, ergab sich, wieder in absteigender Reihenfolge, folgendes Bild:

- Personalcontrolling und Analytics 53%
- Weiterbildung 40%
- strategische Personalplanung 37%
- Onboarding 35%
- Recruiting 25%

Abschließend noch ein HR-Digitalisierungsleitfaden (2021), der von Haufe als Schritt-für-Schritt-Anleitung erstellt wurde:

Schritt 1: Die Bestandsaufnahme der HR-Prozesse

Bei der Bestandsaufnahme der HR-Prozesse empfiehlt es sich, sämtliche in HR anfallenden Tätigkeiten und Aufgaben in Cluster einzuteilen.

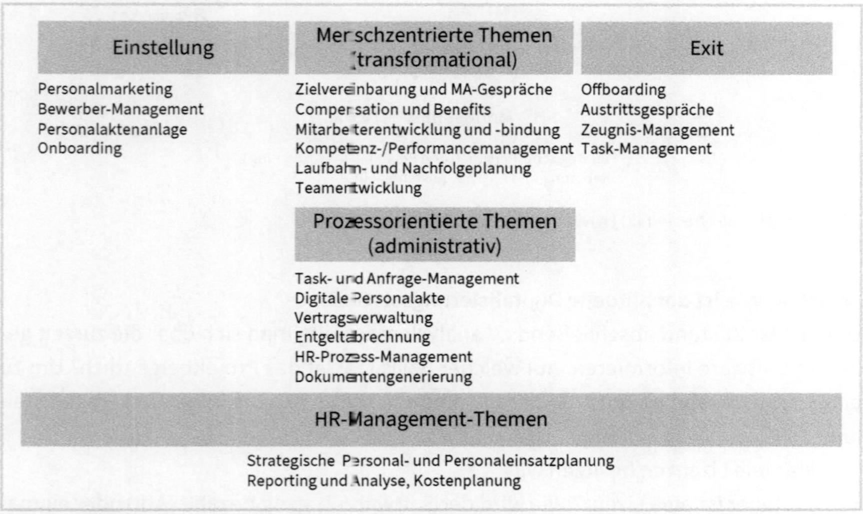

HR-Management-Themen (1) (www.haufe.de/hr-digitalisierung)

Schritt 2: Leitfragen zur Analyse der Pain Points

Nach der Clusterung sollte im zweiten Schritt analysiert werden, in welchen Bereichen der größte Bedarf an Digitalisierung besteht. Hier differenziert man zwischen folgenden Faktoren:

- Zeit/Ressourcen
- Komplexität
- Zufriedenheit

Schritt 3: Wo lohnt sich die Digitalisierung?

Um bei der Frage, wo sich Digitalisierung in der HR lohnt, zu einem Ergebnis zu kommen, ist es sinnvoll, das Pareto-Prinzip anzuwenden. Es geht um die Beziehung zwischen Aufwand und Ergebnis. Das Pareto-Prinzip besagt, dass 80% der Wirkung (Ergebnisse) durch 20% der eingesetzten Faktoren erreicht werden können. Für die verbleibenden 20% der Ergebnisse wird mit 80% die meiste Arbeit benötigt. Das heißt für die Praxis, sich stärker auf die Aufgaben zu konzentrieren, die tatsächlich zum Erfolg beitragen. Auf die verbleibenden 80% bezogen bedeutet das, dass hier mit der Digitalisierung die größten Erfolge erzielt werden können.

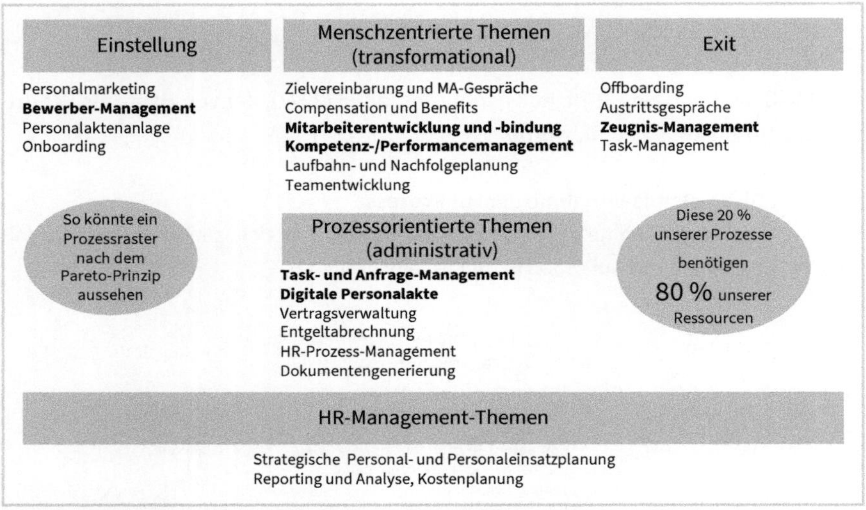

HR-Management-Themen (2) (www.haufe.de/hr-digitalisierung)

Schritt 4: Wie ist der aktuelle Digitalisierungsstatus?

Um den Ist-Zustand abschließend zu analysieren, sollte man sich über die zurzeit genutzte Software informieren. Auf welcher Basis startet das Projekt eigentlich? Um zu einer zufriedenstellenden Antwort zu kommen, sollte man die folgenden Fragen stellen:

- Wie viele Lizenzen besitzen wir?
- Wie teuer ist eine Lizenz? Wie wird der Software-Zugang bezahlt (Abo oder einmalig)? Wie lange ist die Vertragsdauer?
- Entstehen zusätzliche Kosten bei Wartung oder Anpassung? Wie häufig kommt das vor? Benötigt man externe Ressourcen?
- Seit wann nutzen wir die Software?
- Besitzt die Software Schnittstellen zu weiteren Tools? Wenn ja, zu welchen?
- Wie fehleranfällig war die Software in der Vergangenheit?
- Als wie benutzerfreundlich beurteilen die Mitarbeitenden die Software?

In diesem Stadium ist eine enge Zusammenarbeit der HR und der IT-Mitarbeitenden entscheidend. Basierend auf den jetzt gesammelten Informationen sollte das Projektteam nun die folgenden Fragen beantworten können:

- Wie hoch sind die Kosten, um die aktuelle IT-Landschaft zu betreiben – inklusive der Ressourcen für Administration und Wartung?
- Wie zufrieden sind die HR-Mitarbeitenden mit den aktuellen Tools?
- Wie hoch oder niedrig ist der aktuelle digitale Reifegrad des Unternehmens?

Schritt 5: Anforderungen an neue digitale Prozesse definieren

Auch bei diesem Schritt kann man sich an entsprechenden Fragen orientieren:

- Wie schafft man es, dass der neue digitale Workflow zuverlässig funktioniert? Die Prozesse müssen robust sein und die HR-Mitarbeitenden müssen sich jederzeit darauf verlassen können.
- Lässt sich das neue Tool in die Unternehmenswelt einbetten? Eine neue digitale Lösung muss zur Unternehmenskultur passen. Sonst muss das Tool angepasst werden (nicht umgekehrt!). In diesem Zusammenhang sollten unbedingt alte, eingefahrene Arbeitsweisen hinterfragt werden.
- Was passiert, wenn sich HR oder gar das Unternehmen ändert? Hierbei ist es wichtig, dass genügend Flexibilität bei den Software-Lösungen vorhanden ist. Kann man z. B. bei Mitarbeiterabbau die Lizenzen reduzieren? Kann man bei Umstrukturierungen auch neue Bereiche integrieren?
- Wesentlich ist: Kann man mit den neuen digitalen Prozessen die zentralen Herausforderungen des Unternehmens lösen? Wie können sie sich am Anspruch der internen Kundinnen und Kunden ausrichten?

Schritt 6: All in one oder doch Einzellösungen?

Nachdem nun Klarheit herrscht über den erforderlichen Optimierungsbedarf und welche Anforderungen an die neue HR-Lösung gestellt werden, geht es jetzt um die Frage »All in one« oder »Best of Breed«. Das heißt, entweder eine Gesamtlösung oder sich das Beste aus einzelnen IT-Lösungen auswählen. Die Entscheidung kann nur jedes Unternehmen für sich treffen – hier gibt es keine Ideallösung.

Hier die Vor- und Nachteile der beiden Angebote:

	Best of Breed	All in one
Lizenzkosten	von der Anzahl abhängig	zumeist sehr hoch
Abhängigkeit	gering	hoch
Flexibilität	hoch	gering
Implementierung	kurze Dauer bei kleinen Prozessen	lange Dauer

	Best of Breed	All in one
Komplexität	vereinfacht Projektplanung	erfordert viel Abstimmung
Aufwände für IT	hoch bei sehr vielen Tools	gering bis mittel
Aufwände für Legal	hoch bei sehr vielen Tools	gering bis mittel

Vor- und Nachteile von Best of Breed und All in one

Schritt 7: Konkrete Umsetzung

Für eine strukturierte Umsetzung sollten Sie die folgenden Punkte beachten:

- Starten Sie mit einfachen Prozessen, die bereits identifiziert worden sind und deren Aufwand gering ist. Denken Sie an das Pareto-Prinzip!
- Visualisieren Sie einen Idealprozess (Festlegung des Ausgangspunktes, Visualisierung der einzelnen Schritte, Definition der Schritte, die automatisiert werden können, Feststellung, was an dem Prozess besser geworden ist).
- Vergleichen Sie Wunsch- und Ist-Prozess
- Definieren Sie KPIs für den Prozess (z. B. Prozesskennzahlen, zeitliche Kennzahlen, Ergebniskennzahlen oder Spezialkennzahlen)
- Software-Entscheidung, Organisatorisches und Verankerung im Unternehmen (Treffen Sie eine Entscheidung bezüglich des Anbieters nach Kosten, Schnittstellen, Customizing oder gar Standard), danach beziehen Sie Ihre Kollegen und Kolleginnen mit ein.
- Gehen Sie mithilfe des Leitfadens in die konkrete Projektplanung.

DIGITALE EXTRAS

Schritt 8: Stolperfallen und Fehler bei der HR-Digitalisierung

- Unbedingt frühzeitig den Betriebsrat einbeziehen.
- Datenschutz nicht vergessen.
- Bei HR-Mitarbeitenden nicht zu viel IT-Wissen voraussetzen.
- Das Gesamtbild nicht aus den Augen verlieren.
- Die Inanspruchnahme von Ressourcen bei der Vorbereitung nicht unterschätzen.
- Für das Projektteam die nötigen Ressourcen, Kompetenzen und Entscheidungsbefugnisse sicherstellen sowie Rückhalt in der Geschäftsführung nicht vergessen.
- Sicherstellen, dass die internen Kundinnen und Kunden sich dafür begeistern.
- Sich bei der Digitalisierung von den analogen Prozessen lösen.
- Übereinstimmung der Prozesse und Software mit der Unternehmensstrategie gewährleisten.
- Nicht über das Projekt die Zukunft und Entwicklungsrichtung von HR vernachlässigen.
- Keine Digitalisierung nur wegen der Digitalisierung!

6 HR als strategischer Partner

1997 legte Dave Ulrich in seinem Buch »Human Resources Champions« die Basis für eine Weiterentwicklung von HR. Es war der Zeitpunkt, zu dem jeder im Personalbereich Business-Partner werden und jedes Unternehmen seine HR-Organisation auf eine Business-Partner-Organisation umstellen wollte. Viele der Verantwortlichen hatten allerdings das Buch nicht gelesen und interpretierten den Business-Partner als eine besondere und herausragende Position. Ulrich hat die in der nachstehenden Grafik aufgeführten Positionen immer als gleichwertig dargestellt.

	Prozesse	Mitarbeiter – Führungskräfte
Strategie – Zukunft	**Strategischer Partner, Businesspartner** Personal wirkt an der Formulierung und Umsetzung der Geschäftsstrategie mit: • Übersetzung der Unternehmensstrategie in eine Personalstrategie • Unterstützung der Leistungsfähigkeit des Unternehmens • Langfristiges Kompetenz-, Motivations- und Retention-Management • Langfristige qualitative Personalplanung …	**Change Agent – Förderer von Veränderung** Personal unterstützt Führungskräfte bei gezielten Veränderungen der Strukturen, der Kultur oder der Prozesse: • Managt notwendige Kommunikationsprozesse • Betreibt aktiv Kulturarbeit • Gestaltet eine Kerngruppe wichtiger Führungskräfte, um Veränderungen zu sichern • …
»Tag für Tag«-Gegenwart	**Experte für Administration** Personal arbeitet an Service, Qualität und Kosten seiner Prozesse: • Schlanke, administrative Prozesse, wie Gehaltsabrechnung, Zeitwirtschaft … • Automatisierung und Bündelung administrativer Prozesse • Eliminieren von überflüssigen Prozessen …	**Experte für Mitarbeiterinteressen** Personal stellt die benötigten Programme und Instrumente für das Linienmanagement zur Verfügung und entwickelt diese weiter: • Bewertung und Feedback der Arbeitsmoral so wie deren Bestimmungsfaktoren • Verbesserung der Personal- und Arbeitsstrukturen • Transparente Interessenvertretung …

Rollenmodelle der Personalabteilung (nach Althauser, 2004)

Im Personalbereich wurden immer der administrative Experte und der Mitarbeiter-Champion stärker betont. Die in den letzten Jahren verstärkte Ausrichtung im strategischen Bereich und die häufiger auftretenden Veränderungsprojekte, die den Personalbereich im Change-Management erheblich fordern, verdeutlichen, dass alle vier Rollenmodelle eine vergleichbare Bedeutung haben.

Aber ein Rollenwechsel hin zum strategischen Partner ist noch immer nicht vollzogen. Alle Studien zu diesem Thema verdeutlichen die vorhandene Kompetenzlücke bei den Personalern. Darüber hinaus fehlt es auch an Wissen zu den jeweiligen Geschäftsbereichen. Diese erwarten aber von HR, dass die beschriebene Rolle übernommen wird, da dadurch eine Zusammenarbeit in Richtung Profitabilität des Geschäftes erheblich vereinfacht wird. In einer Zusammenstellung, die in der Zeitschrift Personalwirtschaft (02/2018) veröffentlicht wurde, werden die Anforderungen der Fachbereiche mit folgender Priorität genannt:

- Fachkräfte werben – kurzfristig
- neue Wege im Recruiting gehen – mittelfristig
- die Arbeitgebermarke stärken – langfristig
- Potenziale und Perspektiven erschließen – mittelfristig
- Agilität und Flexibilität fördern – mittelfristig
- nachhaltige Erholung gewährleisten – langfristig
- Personalarbeit neu justieren – langfristig

Ein strategischer Partner ist dafür verantwortlich, die jeweilige Geschäftsstrategie in HR-Prioritäten umzusetzen. Damit wird eine HR-Politik und HR-Strategie gefordert, die sich an den strategischen Vorhaben und Zielsetzungen des Unternehmens orientiert und den Wertschöpfungsbeitrag von HR stärkt. Dies wird auch in einem strategischen HR-Modell wie folgt gezeigt:

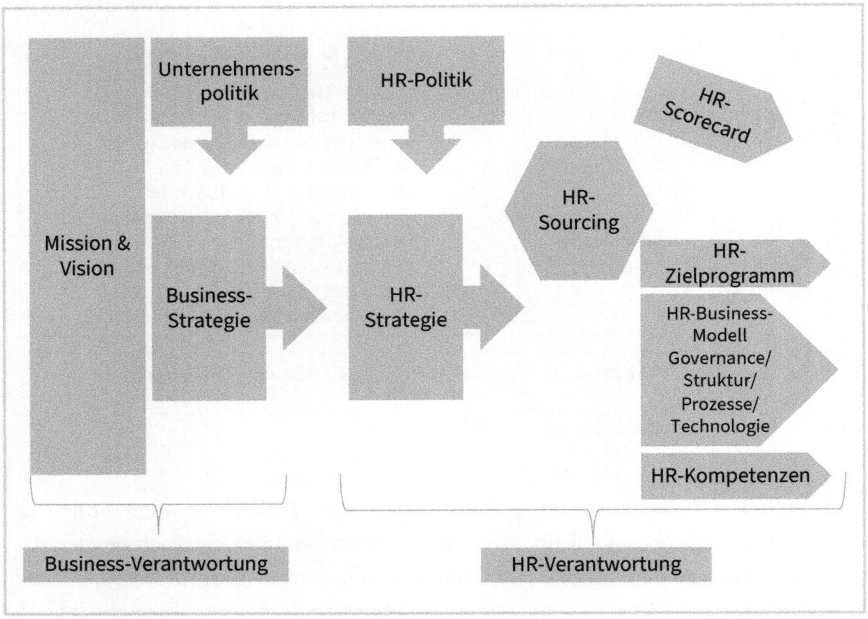

Modell des strategischen Human-Resources-Managements (Avenir Consulting, 2005)

Aber um als strategischer Partner anerkannt zu werden, muss der Personalbereich sich nicht nur den erwähnten Aufgaben stellen, er muss auch von der Geschäftsleitung so anerkannt werden. Thomas Batz hat in »Strategisches Personalmanagement« (2021, S. 28) in Anlehnung an Rosenberger (2017, S. 38) zehn Merkmale des modernen strategischen Personalmanagements aufgeführt:

- basiert auf der Unternehmensstrategie
- hoher praktischer Nutzwert
- systematische Handlungsweise
- Personalstrategie als echtes Leitbild
- wird von Führungskräften und der Personalabteilung gemeinsam etabliert
- Führungskräfte verstehen sich als Personalentwickler
- hoher Wertschöpfungsbeitrag
- gewinnt die gesamte Belegschaft
- setzt auf Networking
- konzentriert auf Schlüsselaufgaben

Inzwischen wir das HR-Business-Partner-Modell von vielen infrage gestellt. Dave Ulrich (Personalmagazin 07/2017) hat in seinen Ausführungen sowohl die ganze HR-Organisation als auch Einzelne als Business-Partner betrachtet. Er macht deutlich, dass die Umsetzung seiner Idee nicht überall in gleichem Maße vollzogen wurde. In Deutschland ist es vielfach daran gescheitert, dass die Verantwortlichen das Modell einfach über die bestehende Organisation gestülpt haben, ohne die wesentlichen Inhalte und das dahinter stehende Denkmodell ansatzweise verstanden zu haben.

6.1 Wichtige HR-Funktionen heute und in der Zukunft

Heute, fast 30 Jahre später, entwickeln sich die Überlegungen dazu weiter, neue Überlegungen kommen hinzu und verbreiten sich. In einer Studie von PwC und der Universität St. Gallen »People-Management 2025« (Bruch et al., 2019) wird ein Ausblick auf die Zukunft des People Managements gegeben. Aufgrund der bereits beschriebenen Entwicklungen benötigt das HR-Management dringend eine auf die Zukunft bezogene Vision als Leitlinie für die Neuausrichtung der Personalarbeit. Dies ist nicht als Möglichkeit zu sehen, sondern als dringende Notwendigkeit. Wenn HR in der Zukunft eine Rolle spielen will, muss sie insbesondere die Bereiche Talent-Management, Big Data, People Analytics, Kulturentwicklung und Transformations- und Change-Management stärken und sich in diesen Feldern verbessern. Gemeinsam mit der DGFP haben die beiden Initiatoren knapp 130 HR-Führungskräfte aus überwiegend mittelständischen Unternehmen sowie 25 Expertinnen und Experten aus Wirtschaft, Gesellschaft und Wissenschaft befragt.

Bei der Betrachtung der Wichtigkeit der Funktionen des HRM heute und 2025 ergeben sich folgende Veränderungen:

- Rekrutierung und Personalauswahl: im Jahr 2025 90 % (heute 89 %, +1 %)
- Daten- und Technologiemanagement: 90 % (heute 72 %, + 18 %)
- Talentmanagement: 89 % (heute 75 %, +14 %)
- Mitarbeiter- und Kompetenzmanagement: 89 % (heute 76 %, +13 %)
- Personalplanung: 86 % (heute 82 %, +4 %)
- Transformations- und Change-Management: 86 % (heute 72 %, +14 %)
- Leadership Development: 84 % (heute 76 %, +8 %)
- Employer Branding: 83 % (heute 71 %, +12 %)
- Kulturentwicklung: 81 % (heute 70 %, +11 %)
- Gesundheitsmanagement: 80 % (heute 72 %, +8 %)

In einem weiteren Schritt wird in der Studie der Weg vom operativen Dienstleister hin zum digitalen Vordenker aufgezeigt. Deshalb werden ebenso die künftigen Kompetenzen des HRM in der Wichtigkeit zwischen heute und 2025 verglichen:

- Networking-Fähigkeiten: im Jahr 2025 91 % (heute 80 %, +11 %)
- digitales Wissen: 86 % (heute 68 %, +18 %)
- strategisches Denken: 86 % (heute 76 %, +10 %)
- Change-Management: 85 % (heute 76 %, +9 %)
- visionäres Denken: 85 % (heute 71 %, +14 %)
- Leadership-Kompetenzen: 84 % (heute 78 %, +6 %)
- Empathie: 84 % (heute 82 %, +2 %)
- Big-Data- und People-Analytics-Kompetenz: 83 % (heute 60 %, +23 %)

Hierbei wird insbesondere der Nachholbedarf bei strategischem Denken und bei den technologischen Kompetenzen deutlich. Abschließend werden folgende Handlungsempfehlungen ausgesprochen:

- HRM braucht ein klares Selbstverständnis, um als strategisch starker Enabler wirken zu können.
- Der Einsatz digitaler Technologien wird der Schlüssel für den Erfolg. HRM muss sie selbst einsetzen, um mehr Freiraum für kreatives Gestalten zu finden. Ebenso muss HRM die eigenen Mitarbeitenden befähigen, diese Technologien anzunehmen und sie zur Steigerung der persönlichen Produktivität zu nutzen.
- In der Arbeitswelt der Zukunft werden die Menschen den Unterschied machen. Deshalb benötigen die Mitarbeitenden mehr Freiraum. Es muss eine Vertrauenskultur geschaffen werden.
- Um die Transformation des Geschäftsmodells zu unterstützen, benötigen die Mitarbeitenden die erforderlichen Kompetenzen (z. B. digitale Kompetenz).
- Geschwindigkeit wird zur entscheidenden Prämisse für die Leistungsfähigkeit von HRM. Deshalb muss sie erhöht werden und die Defizite, die in der Studie offenbar wurden, müssen aufgeholt werden.

6.2 HR als People Company

In einem anderen Ansatz äußert sich Walter Jochmann, Managing Partner der Firma Kienbaum zur Weiterentwicklung des Business-Partner-Modells in der Zeitschrift »Personalmagazin« (11/2021). Er sieht die Zukunft von HR als »People Company«. Ihm geht es um das Selbstverständnis und die Steuerung des HR-Bereichs. Er führt aus, dass es nicht nur darauf ankommt, dass die HR-Produkte eine hohe Qualität haben, sondern auch darum, dass sie sich verkaufen lassen. Deshalb ist ein vernünftiger Kosten-Qualitäts-Mix und ein Time-to-Market-Denken notwendig.

Der Ansatz von Dave Ulrich hat sich in Deutschland zum Drei-Säulen-Modell für die HR-Organisation entwickelt. Das hat zu einem Entwicklungsschritt geführt, der aber jetzt ausgereizt ist und für künftige Aufgabenstellungen nicht mehr ausreicht. Es muss ein weiteres Level erreicht werden. Die Idee ist, HR als »People Company« aufzustellen. Damit kann das Unternehmerische zum Selbstverständnis werden. Hierzu gehören nicht nur eigene Gremien und Steuerungsinstrumente, sondern auch ein Stakeholder-Board und ggf. ein eigener Betriebsratschef. In einer solchen Organisation wäre der Business-Partner der Key-Account-Manager, der seinen Kunden umfassend berät und gemeinsam mit anderen HR-Rollen kompetente Lösungen sucht. Bei den zu erhebenden Kennzahlen ist es wichtig, den Zusammenhang zum Umsatz und Ergebnis des Gesamtunternehmens herzustellen (siehe Kapitel 8).

Diese Konstruktion wäre für Nichtpersonaler ein interessantes Feld. Damit könnte erreicht werden, dass nicht »nur« Personaler im HR-Bereich tätig wären.

Der Business-Partner würde unterstützt werden von einem »Excellence-Center« (bisher Shared-Service-Center), das verantwortlich ist für digitale Produkte rund um die Administration, und daran arbeitet, Prozesse kundenorientiert zu gestalten und neue attraktive Produkte zu entwickeln. Ebenso muss der Change Agent mit neuem Leben erfüllt werden.

Die Firma HR Pioneers hat in Zusammenarbeit mit der Hochschule Pforzheim (Personalmagazin 07/2018) ebenfalls ein neues Modell entwickelt: das »Agile-HR-Edgellence-Modell«. Es handelt sich dabei um ein Netzwerk, das aus Knoten und Kanten (edge) besteht. Die Knoten stehen für Individuen oder Gruppen, die Kanten für die Beziehungen zwischen ihnen. Die sechs Dimensionen des Modells sind:

- **kundenzentrierte HR-Strategien:** HR-Strategie nicht nur für interne Kunden, sondern auch für Endkunden. Darüber hinaus muss auch eine Mitarbeitendenzentrierung erfolgen.
- **crossfunktionale HR-Strukturen:** Schaffung eines neuen Bereichs, der die ganzheitliche Unternehmensentwicklung umfasst – inkl. HR, Business-Partner dezentral im Business. Shared Services bleiben und müssen digitalisiert werden.

- **agile Prozesse:** keine isolierte Prozessbetrachtung, sondern im Zusammenwirken mit allen Bereichen – Auftraggeber kann jeder Bereich sein.
- **außergewöhnliche HR-Tools:** Bereitstellung durch den Bereich, die Bereiche können sich die für sie passenden Tools heraussuchen. Das bedeutet, eine Überarbeitung der alten HR-Tools zur Unterstützung der Endkunden.
- **verteilte Führungssysteme:** keine hierarchische Führung mehr, sondern im zentralen Bereich Führungskräfte, die nicht inhaltlich, sondern am System arbeiten und den Mitarbeitenden Orientierung geben.
- **neue Kulturen:** Zielrichtung ist Transparenz, die neue Kultur ist Bindeglied zwischen der Kunden- und der Mitarbeitendenzentrierung. Alles ist auf die strategischen Ziele ausgerichtet.

6.3 Wie kann sich HR weiterentwickeln?

Auch bei der 22. Kienbaum People Convention 2022 stand die dringende Notwendigkeit einer Weiterentwicklung des HRM im Mittelpunkt. Die Teilnehmenden verdeutlichten, dass nur ein verändertes und in die Zukunft gerichtetes HRM die Rolle übernehmen kann, die im Unternehmen gewünscht und dringend erforderlich ist.

Aber ist das HRM wirklich in der Lage, diese neue Rolle zu übernehmen? In einer Studie der Firma Agenda Informationssysteme GmbH & Co KG (03/2020) wurden die sieben häufigsten Frustfaktoren in der Personalarbeit aufgelistet:

- Wo sind die Personalinfos? Gibt es einheitliche Verzeichnisse?
- Mitarbeiterinfos? Bitte warten! (s. o.)
- Wenn keiner weiß, wer was kann! Gibt es einen Überblick über Skills und Kompetenzen?
- Ausgesprochen aufwendige Auswertungen! Gibt es mehr als Excel-Tabellen oder manuelle Akten?
- Terminstress und Fristenfrust! Sind systematische Erinnerungen vorhanden?
- Urlaubsreif durch Urlaubsantrag? Werden Anträge noch auf dem Papier gestellt?
- DSGVO! Werden die Datenschutzrichtlinien eingehalten? Sind die Daten sicher verwahrt?

In einem Interview mit dem Personalmagazin (11/2020) spricht Jörg Staff, Vorstandsmitglied der Fiducia GAD IT AG von HR als Auslaufmodell. In einem agilen Unternehmen werden seiner Ansicht nach die meisten Personalthemen bereits in den Geschäftsbereichen erledigt. Man sollte stattdessen einen neuen Bereich »Employee Experience« schaffen, der sich um Facility Management, interne IT, Organisation, Organisationsentwicklung, Gesundheitsmanagement und Nachhaltigkeit kümmert.

Beide Beiträge tragen nicht dazu bei, die Wichtigkeit des HRM zu steigern. Ganz im Gegenteil, sie machen die Probleme bezüglich der Bedeutung von HRM sehr transparent. Aber es geht noch weiter …

In einem Artikel in der Zeitschrift »Human Resources« (03.08.2022) anlässlich des bevorstehenden Personalmanagementkongresses wird verdeutlicht, dass HRM durch die Einführung des »Business Continuity Managements« nicht erforderlich ist. Durch die vergangenen Krisen wurden die Unternehmen vor große Herausforderungen (Homeoffice-Pflicht, Lockdown, Hygienevorschriften etc.) gestellt. Diese Neuerungen sollen dabei helfen, den Geschäftsbetrieb aufrechtzuerhalten.

Zum einen geht es um reaktive Maßnahmen im Falle einer Notsituation (Beispiel: Covid), zum anderen um präventive Maßnahmen (um potenzielle Unterbrechungen auszuschließen). Es wird ausgeführt, dass in keinem Unternehmen HR hierbei einbezogen war. Andererseits wäre es eine primäre Aufgabe von HR, mit erforderlichen Schritten (Nutzung von Skill-Management, Identifizierung von Schlüsselpositionen, vorhandener Software, Gesundheitsmanagement) hier vorrangig zu wirken.

Kann man diesen negativen Entwicklungen entgegenwirken, in dem man den Namen ändert? Hierzu einige Beispiele, wie HR in verschiedenen Unternehmen genannt wird:
- People Organisation (SAP)
- Human Relations (Continental)
- People Experience (Axa)
- People & Culture (BP Europa, Comtravo)
- Mensch & Organisation (Jobrad)
- People First (Atruvia)
- Staff Development (Metafinanz)

Nein, das dürfte nicht ausreichen, um die ewigen Nörgler am HRM zufriedenzustellen. Wie bereits erwähnt, muss HRM sich weiterentwickeln, um den Ansprüchen der Unternehmen gerecht zu werden. In einem Artikel der Zeitschrift »Personalwirtschaft« (10/2021) schreibt Klaus D. Mittorp über »HR in der Falle«. Er führt aus, dass das Narrativ »HR habe durch die Krise aus der Rolle des Verwalters herausgefunden und eine massive Aufwertung erhalten« so nicht unbedingt zu halten ist. Er begründet es damit, dass HR versucht hat, jahrelang auf Druck des Controllings den Musterknaben zu spielen in Bezug auf Kostenreduktion, Effizienzsteigerungen und Transformation. Trotzdem sei die Anzahl der HR-Mitarbeitenden gemessen an der Gesamtzahl der Beschäftigten kontinuierlich gestiegen. Mitarbeiterinnen und Mitarbeiter sowie Führungskräfte nehmen HR nicht als unternehmerisch Handelnde wahr. Dass diese Entwicklung noch nicht von den Verantwortlichen geändert wurde, zeigt aus seiner Sicht, dass sie tieferliegende Gründe haben muss. Er macht es an sieben Punkten fest:

- Im HR-Modell von Dave Ulrich wurde in erster Linie der Business-Partner als wichtige Rolle gesehen. Der Servicebereich war lediglich ein Kostenfaktor, seine Qualität wurde vernachlässigt. Die beiden anderen Rollen liefen nur mit.
- Sowohl das Topmanagement als auch die Führungskräfte und Mitarbeitenden haben hohe Erwartungen an den HR-Bereich. Es bestand die Gefahr, es jedem recht machen zu wollen.
- Das HRM denkt nicht wie ein Geschäftsbereich. Das heißt, man muss die Kunden und deren Geschäft kennen.
- Im HRM ist es noch immer verbreitet, die Mitarbeitenden nicht als Menschen, sondern als Produktionsmittel wahrzunehmen.
- Das HRM hat drei Arten von Aufgaben:
  - das Geschäft ermöglichen (Enabler),
  - normative Regelungen etablieren (Governance) und
  - die Einhaltung von Gesetzen und Regeln überwachen (Compliance).

  Diese Aufgaben in eine Struktur zu bringen erfordert Konfliktmechanismen, die bisher nicht vorhanden sind.
- Innovationen werden überwiegend intern finanziert. Da die Budgets aber über Jahre nicht erhöht wurden, wurde der Spielraum immer weiter verengt.
- Insbesondere in Familienunternehmen ist es aufgrund der Stärke der Eigentümer erheblich schwieriger, eine HR-Governance einzuführen.

Mittorp sieht nur die Möglichkeit, aus dieser Falle herauszukommen, wenn das HRM
- den HR-Service qualitativ nach vorne bringt,
- seine Struktur ändert,
- das Diversity-Management ehrlicher macht und
- die HR-Digitalisierung forciert.

6.4 Drei Beispiele aus der Praxis

Zum Abschluss dieses Kapitels soll anhand dreier Unternehmensbeispiele aufgezeigt werden, wie man im HRM die Zukunft gestalten kann.

DATEV
In ihrem Projekt »Fit für die Zukunft« hat sich die Firma **DATEV** das Ziel gesetzt, eine Organisation zu schaffen, die schnell und flexibel passgenaue Lösungen für eine hybride Struktur entwickelt. Hierfür wurden neue Rollen etabliert, wie z. B. Workstream Enabler (für alle Workstreams). Um das Ziel zu erreichen, wurde ein neues Zielbild für die HR-Organisation mit vier wesentlichen Clustern erstellt:
- **HR Skills & Competence** (Mitarbeitendenberatung, Personalcontrolling & Payroll). Die geschaffene Nähe von Recruiting und Ausbildung setzt den Fokus der HR-Strategie auf Gewinnung und Qualifizierung von zukunftsrelevanten Skills.

- **HR-Business-Teams** (Besetzung mit unterschiedlichen Experten, z. B. Recruiting, Ausbildung Business-Partner) bilden die Schnittstelle zu den Fachbereichen.
- **HR-Governance** bündelt die Expertenfunktionen zu Arbeitsrecht und Gehaltsmanagement.
- **HR-Projects** etabliert eine transparente Priorisierung von HR-Themen. Durch temporäre Projektstrukturen werden Freiräume für strategische Themen geschaffen. Durch die Einbeziehung von Kompetenzen aus HR Business, Governance und Competence wird eine ganzheitliche Betrachtung sichergestellt.

Insgesamt ergibt sich eine grundlegende Neudefinition der HR-Rolle. Es werden agile Werte und Prinzipien etabliert. Flexibilität wird nicht nur in den Strukturen, sondern auch bei der Verteilung erforderlicher Kapazitäten benötigt. Diese Umstellung benötigt Zeit sowie die Akzeptanz und Lernfähigkeit der Mitarbeitenden. Die gesamte Transformation wird zu einem kontinuierlichen Prozess.

Deutsche Bahn

Bei der **Deutschen Bahn** wurde im Rahmen der Dachstrategie »Starke Schiene« eine digitale Transformation der HR-Arbeit in die Wege geleitet. Dadurch wird die Qualität der Leistungserbringung bei den Mitarbeitenden verbessert sowie eine höhere Effizienz der HR-Arbeit erreicht. Basis dafür sind die Einführung einer neuen HR-IT, ein standardisiertes kundenzentriertes HR-Produktmodell sowie ein HR-Performance-Management. Durch die gewonnene Transparenz werden Qualitätsziele für HR-Produkte gesetzt sowie die Performance getrackt. Alles zusammen führt zu einem Wandel des HR-Geschäftsmodells mit Fokus auf Wertbeitrag und Performance.

Drei Stolpersteine wurden im Projekt identifiziert. Mit der Digitalisierung wurde die Festlegung der Verantwortung für jedes HR-Produkt zwingend. In Abstimmung mit den einzelnen Gesellschaften wurden Sorgen wegen eingeschränkter Steuerungsmöglichkeiten und Kontrollverlust deutlich. Ebenso wurden Vorbehalte gegenüber der Transparenz geäußert, die durch die Messung der Produktqualität, -wirksamkeit und -effizienz erzielt wird.

Netzbetreiber 50 Hertz

Der **Übertragungsnetzbetreiber 50 Hertz** hat frühzeitig entschieden, seinen HR-Bereich zu transformieren. An folgenden Dimensionen entlang wurde die Veränderung sichtbar:

- **Kultur und Führung:** Es wurde ein HR-Zielbild entwickelt, das moderner, innovativer, effizienter und kundenorientierter Personalarbeit entspricht.
- **Produkte und Services:** Das Leistungsangebot des Personalbereichs wurde neu gedacht und im Sinne eines Produktportfolios aus Kundenperspektive gestaltet.
- **Verantwortung und Struktur:** Ein neues Rollen- und Strukturkonzept wurde entwickelt mit den Bereichen HR Operations, HR Innovation & Optimization sowie HR Strategy & Culture.

- **Prozesse und Methoden:** Die genannten Veränderungen modifizierten auch die Abläufe von Prozessen und die eingesetzten Methoden. So wurden digitale Onboarding-Prozesse entwickelt und eine weitere Automatisierung der HR-Prozesse vorangetrieben.
- **Ressourcen und Fähigkeiten:** Die Arbeit in den neuen Rollen und die weiteren Veränderungen hatten eine erhebliche Auswirkung auf die HR-Mitarbeitenden. Es ging um neue Fähigkeiten und verändertes Wissen.

7 Rechtliche Rahmenbedingungen

Ein erfolgreiches strategisches Personalmanagement ist nur im Rahmen von vorhandenen rechtlichen Schutzmechanismen umzusetzen. Insbesondere durch die immer stärker verbreiteten Informationssysteme sowie die Möglichkeiten, die z.B. durch künstliche Intelligenz und Cloud-Systeme gegeben sind.

Die folgenden gesetzlichen bzw. betrieblichen Rahmenbedingungen müssen berücksichtigt werden:

- Datenschutzgesetze
- Mitbestimmungsgesetze

Persönlichkeitsrechte und allgemeine Verhaltensgrundsätze Die rechtlichen Grundlagen dazu sind hier zu finden:

- Grundgesetz
- Datenschutz-Grundverordnung (DSGVO)
- Bundesdatenschutzgesetz (BDSG)
- Betriebsverfassungsgesetz
- bei betrieblichen Lösungen: die Ausgestaltung einer Betriebsvereinbarung.

Durch die Krisen der vergangenen Jahre, insbesondere die Coronapandemie, hat sich das Erwerbsleben erheblich geändert. So müssen z.B. Veränderungen an Arbeitsverträgen (Homeoffice, Kurzarbeit) künftig stärker berücksichtigt werden. Das Gleiche gilt für die Regelung von Dienstreisen. Hier liegt der Fokus inzwischen überwiegend auf dem Bereich der digitalen Veranstaltungen (Konferenzen, Seminare etc.).

Zusammengefasst wurden bisher die folgenden Erkenntnisse aus der Pandemie gewonnen (siehe Personalwirtschaft – Special 10/2022 und 10/2021):

- Durch die Arbeitsagenturen werden die arbeits- und sozialversicherungsrechtlichen Grundlagen nachträglich geprüft (beschleunigtes Verfahren). Betriebe sollten sich darauf vorbereiten.
- Auch im Homeoffice gelten die Regeln des Arbeitsschutzes, der Telearbeitsplatz unterliegt der Arbeitsstättenordnung.
- Sinnvoll ist eine einvernehmliche Abmachung mit den Arbeitnehmenden, bei den Regelungen zu Gesundheitsmaßnahmen mitzuwirken.
- Im Homeoffice ist die Vereinbarkeit von Familie und Beruf unter dem gegebenen rechtlichen Rahmen nicht realisierbar.
- Das Arbeitszeitgesetz in seiner bisherigen Form benachteiligt diejenigen (vor allem Frauen), die Beruf und Familie verbinden.
- Der Wunsch des Arbeitenden nach einer Homeoffice-Tätigkeit solle nicht über der Entscheidung des Arbeitgebers stehen, der die Betriebsabläufe organisiert.

- Es ist die Aufgabe der Führungskräfte und der Personaler, dafür Sorge zu tragen, dass es zu keinerlei Spaltungstendenzen unter den Mitarbeitenden (z. B. Homeoffice ja oder nein) kommt.
- Aufgrund des Betriebsrätemodernisierungsgesetzes müssen internationale Unternehmen davon ausgehen, dass sich Einigungsprozesse verzögern.

7.1 Betriebsrätemodernisierungsgesetz

Das im Jahr 2021 beschlossene Gesetz zur Betriebsrätemodernisierung enthält die folgenden Änderungen:

- Leichtere Gründung eines Betriebsrats; bei Betrieben mit 51 bis 100 Wahlberechtigten ist das vereinfachte Verfahren verpflichtend.
- Initiatoren von Betriebsratswahlen stehen unter einem besonderen Kündigungsschutz.
- Die Altersgrenze für Auszubildende bei Jugend-/Auszubildendenvertretungen entfällt.
- Der Betriebsrat erhält mehr Rechte bei der Berufsausbildung.
- Bei der Einführung bzw. Anwendung von künstlicher Intelligenz (KI) können die Arbeitnehmervertreter einen Sachverständigen hinzuziehen.
- Die Rechte des Betriebsrats gelten sowohl bei der Planung von KI-gestützten Arbeitsverfahren als auch bei der Planung von Auswahlrichtlinien, wenn diese mit Unterstützung von KI erstellt wurden.
- Die Ausgestaltung mobiler Arbeit ist mitbestimmungspflichtig.
- Der Betriebsrat hat bei der Verarbeitung personenbezogener Daten die Vorschriften des Datenschutzes zu beachten (Verantwortung liegt beim Arbeitgeber).
- Betriebsratssitzungen können künftig auch in Form von Telefon- oder Videokonferenzen abgehalten werden.

7.2 Aktuelle Urteile

In der neueren Gesetzgebung ist das EuGH-Urteil aus 2019 zur Arbeitszeiterfassung wieder in den Fokus gerückt. In einem Grundsatzurteil hat das Bundesarbeitsgericht in Erfurt klargestellt, dass die Arbeitgeber nicht nur, wie in der Vergangenheit, Überstunden und Sonntagsarbeit ihrer Mitarbeitenden erfassen müssen, sondern die gesamte Arbeitszeit. Kritiker sehen dadurch insbesondere neue Arbeitsweisen bedroht.

Weitere neue Regelungen zum Homeoffice, zur Arbeitszeit, zur Befristung und zu anderem waren Gesprächsstoff bei einem Round-Table-Gespräch (Personalwirtschaft, Sonderheft 10/2022). Zusammenfassend bleibt Folgendes festzuhalten:

- Die Änderungen des Arbeitszeit-Nachweisgesetzes sind für jede Organisation relevant, weil Arbeitsverträge und die schriftliche Darlegung der Arbeitsbedingungen grundlegend überarbeitet werden müssen.
- Die Ambitionen des Gesetzgebers bei der Flexibilisierung der Arbeitszeit sind massiv hinter den Erwartungen der Wirtschaft zurückgeblieben.
- Mit dem Auskunftsanspruch nach Art. 15 DSGVO setzen entlassene Mitarbeitende in Kündigungsschutzklagen Arbeitgeber unter Druck. Künftig gilt: Wer eine Auskunft verlangt, muss den Antrag spezifizieren und eine Konkretisierung vornehmen.
- Arbeitgeber, die Homeoffice anbieten, müssen sich verstärkt um den Schutz der Geschäftsgeheimnisse kümmern. Idealerweise sollte kein einziger Datensatz auf dem Laptop liegen. Verschlüsselung, Schreibschutz und Fernlöschung sollten selbstverständlich sein.

Hier noch einige Urteile, die in 2022 ergangen sind (siehe Personalmagazin 02/2023):

- Überlassungshöchstdauer im Rahmen von Zeitarbeit von 48 Monaten per Tarifvertrag ist zulässig.
- Eine Versetzung außerhalb Deutschlands ist zulässig.
- Freistellungstage sind bei Krankheit nachzugewähren.
- Schlussformulierung eines Arbeitszeugnisses – es besteht kein Anspruch auf Dankes- oder Wunschformel.
- Es gilt ein Sonderkündigungsschutz für Datenschutzbeauftragte.
- Die Schwerbehindertenvertretung bleibt bei Absinken der Wahlberechtigten bis Ende der Amtszeit im Amt.
- Eine Betriebsvereinbarung ist unwirksam, wenn ein Betriebsratsbeschluss fehlt.

Im **Grundgesetz** gibt es keine Regelung zum strategischen Personalmanagement. Auch der Datenschutz wird nicht geregelt. Es gibt also kein Grundrecht auf Datenschutz. Art. 2 Abs. 1 Satz 1 GG beinhaltet das Recht auf »informationelle Selbstbestimmung«: »Jeder hat das Recht auf die freie Entfaltung seiner Persönlichkeit, soweit es nicht die Rechte anderer verletzt …«

7.3 Die Datenschutz-Grundverordnung (DSGVO)

Seit dem 25. Mai 2018 gilt in der Europäischen Union ein einheitliches Datenschutzgesetz – es ist in der Datenschutz-Grundverordnung verankert. Ihre inhaltlichen Anforderungen ähneln vielfach dem derzeit geltenden Recht. Nach einer zweijährigen Übergangszeit sind sie seit dem 25. Mai 2018 durch die Rechtsform einer europäischen Verordnung unmittelbar in allen europäischen Mitgliedstaaten gültig. Sie muss durch die nationalen Gesetzgeber nicht mehr umgesetzt werden. Nur dort, wo es die Verordnung zulässt, können ergänzende Regelungen getroffen werden.

Die DSGVO gilt für die teils oder ganz automatisierte Verarbeitung personenbezogener Daten. Die Definition lautet: »Personenbezogene Daten sind alle Informationen, die sich auf eine identifizierte oder identifizierbare natürliche Person beziehen. Als identifizierbar wird eine natürliche Person angesehen, die direkt oder indirekt, insbesondere mittels einer Kennung wie einem Namen, zu einer Kennnummer, zu Standortdaten, zu einer Online-Kennung oder zu einem oder mehreren besonderen Merkmalen, die Ausdruck der physischen, physiologischen, genetischen, psychischen, wirtschaftlichen, kulturellen oder sozialen Identität dieser natürlichen Person sind, identifiziert werden kann« (Art. 4, Nr. 1 DSGVO).

Beispiele sind Name, Wohnort, Steuernummer oder Religionszugehörigkeit. Es gelten folgende Grundsätze für die Verarbeitung personenbezogener Daten:

Verbot mit Erlaubnisvorbehalt

Im Datenschutzrecht gilt das sog. Prinzip des »Verbots mit Erlaubnisvorbehalt«. Das bedeutet, dass niemand mit personenbezogenen Daten von anderen umgehen, d. h. Daten erheben, speichern oder weitergeben darf, wenn er nicht über eine ausdrückliche Einwilligung der betroffenen Person verfügt oder sich auf eine Rechtsgrundlage berufen kann, die ihm erlaubt oder sogar anordnet, mit den Daten umzugehen. Wenn man danach Daten verarbeitet, muss sichergestellt sein, dass dabei insbesondere die Zweckbindung, Richtigkeit und Erforderlichkeit beachtet werden.

Rechtmäßigkeit

Die Verarbeitung personenbezogener Daten ist nach Art. 6, Abs. 1 DSGVO nur rechtmäßig, wenn die betroffene Person eine Einwilligung erteilt hat, die Verarbeitung für die Erfüllung eines Vertrags oder einer rechtlichen Verpflichtung erforderlich ist oder, was in der Praxis die größte Bedeutung haben wird, die Verarbeitung zur Wahrung der berechtigten Interessen des Verantwortlichen oder eines Dritten erforderlich ist und nicht die Interessen der betroffenen Person überwiegen. In jedem Fall sollte im Vorhinein geprüft werden, ob es eine Rechtsgrundlage gibt, auf die man sich ggf. berufen kann.

a) **Einwilligung**

   Eine Einwilligung ist nur wirksam, wenn
   - sie freiwillig abgegeben wird,
   - für einen bestimmten Fall abgegeben wird,
   - der betroffenen Person klar und deutlich gesagt wird, für welchen Zweck die Daten verarbeitet werden sollen,
   - die betroffene Person darüber unterrichtet wurde, dass sie die Einwilligung jederzeit widerrufen kann,
   - die Einwilligung durch eine eindeutig bestätigende Handlung erfolgt ist (schriftlich oder durch Ankreuzen).

b) **Vertragserfüllung**
Personenbezogene Daten, die zur Erfüllung eines Vertrags notwendig sind, dürfen verarbeitet werden. Beim Autokauf z. B. darf der Käufer Namen, Kontaktdaten oder Bankverbindung erhalten, der Verkäufer ebenfalls.

c) **Wahrung berechtigter Interessen der Verantwortlichen**
Diese ist die am schwierigsten nachzuweisende Rechtsgrundlage, trotzdem stützen sich die meisten Datenverarbeitungen darauf. Bei dieser Rechtsgrundlage kann man ohne die nachfolgenden Grundsätze die Daten nicht so verarbeiten, wie man will.

1. **Zweckbindung**
Eine Verarbeitung personenbezogener Daten, egal ob auf der Basis einer Einwilligung, eines Vertrags oder einer Interessenabwägung, darf nur für die vorher konkret festgelegten Zwecke erfolgen.
2. **Richtigkeit der Daten**
Eine Selbstverständlichkeit ist die ebenfalls in der DSGVO enthaltene Regelung, dass die verarbeiteten Daten sachlich richtig und erforderlichenfalls auf dem neuesten Stand sein müssen. Es ist deshalb sinnvoll, diese regelmäßig zu überprüfen.
3. **Erforderlichkeit der Speicherung**
Verantwortliche dürfen nur die personenbezogenen Daten erheben und speichern, die sie benötigen, um den genannten zulässigen Zweck zu erreichen. Das heißt auch, dass Daten, die nicht mehr benötigt werden, zu löschen oder zumindest so zu ändern sind, dass jeglicher Personenbezug wegfällt – Aufbewahrungsfristen sind natürlich einzuhalten.
4. **Rechenschaftspflicht**
Mit der Rechenschaftspflicht hat die DSGVO eine große Herausforderung für Verantwortliche geschaffen. Das bedeutet, sie müssen nicht nur die oben genannten Grundsätze einhalten, sondern darüber hinaus deren Einhaltung auch nachweisen können (z. B. gegenüber Aufsichtsbehörden). Dieser Pflicht können kleine Unternehmen dadurch nachkommen, dass sie alle Einzelheiten in einem Verarbeitungsverzeichnis festhalten, auch die Grundlage für die Verarbeitung.

7.4 Das Bundesdatenschutzgesetz (BDSG)

Die Basis für die DSGVO sind die Datenschutzgesetze der europäischen Länder – wie das Bundesdatenschutzgesetz (BDSG) in Deutschland. Alle Grundbegriffe und die meisten Regelungen waren hier bereits festgelegt.

Der zentrale Regelungszweck ist der Schutz des Einzelnen und damit die Sicherstellung, dass durch den Umgang mit personenbezogenen Daten keine Beeinträchtigung des individuellen Persönlichkeitsrechts entsteht. Es geht um die Zweckbindung, das berechtigte Interesse und die Zulässigkeit, wenn kein schutzbedürftiges Interesse der Betroffenen vorliegt. Als Verarbeitung von Daten gelten folgende Tätigkeiten:

- Speichern
- Verändern
- Übermitteln
- Sperren
- Löschen

Die Mitarbeiterinnen und Mitarbeiter eines Unternehmens haben folgende Rechte:

- Benachrichtigung (bei Erhebung)
- Auskunft (über die über sie gespeicherten Daten)
- Berichtigung der Daten (bei Unrichtigkeit)
- Sperrung (wenn nicht festzustellen ist, ob die gespeicherten Daten richtig oder unrichtig sind)
- Löschung (bei unzulässiger Speicherung – bei unverhältnismäßigem Aufwand ggf. Sperrung)

Ein Unternehmen muss zum Zweck des Datenschutzes folgende Kontrollen sicherstellen:

- Zugangskontrolle
- Datenträgerkontrolle
- Speicherkontrolle
- Benutzerkontrolle
- Zugriffskontrolle
- Übermittlungskontrolle
- Eingabekontrolle
- Organisations- und Auftragskontrolle

Darüber hinaus muss ein Betrieb ab einer Größe von zwanzig Mitarbeitern einen Datenschutzbeauftragten benennen.

Zur Verdeutlichung hier die wesentlichen Änderungen der DSGVO im Vergleich zum bisher geltenden nationalen Recht (BDSG):

- Stärkung der Verbraucherrechte (Verbot mit Erlaubnisvorbehalt)
- risikobasierter Ansatz
- Datenschutzmanagement (Datenschutz als Prozess)
- strengere Regulierung der datenverarbeitenden Stellen
- Marktortprinzip (nicht der Firmensitz ist ausschlaggebend, sondern der Ort der Leistungserbringung)
- Geldbuße von bis zu 20 Millionen Euro bei Verstößen gegen die Regelung

7.5 Das Betriebsverfassungsgesetz/betriebliche Lösungen (Betriebsvereinbarungen)

Durch das Betriebsverfassungsgesetz (BetrVG) ist in Unternehmen die Mitwirkung der Arbeitnehmerseite geregelt. In sozialen Fragen ist die Mitbestimmung in den §§ 87 ff. BetrVG festgelegt. Weitere Schwerpunkte sind die §§ 92 ff. BetrVG, die sich auf personelle Angelegenheiten beziehen, und die §§ 90 ff. BetrVG, die die Gestaltung der Arbeitsplätze, die Arbeitsabläufe und das Arbeitsumfeld zum Inhalt haben. Darüber hinaus greifen die §§ 102 ff. BetrVG in denen es um die Beteiligung an wirtschaftlichen Angelegenheiten geht. Insbesondere in sozialen Fragen (§§ 87 ff. BetrVG) ist die Mitbestimmung am stärksten ausgeprägt. Beabsichtigte betriebliche Maßnahmen bedürfen stets der ausdrücklichen Zustimmung der Arbeitnehmerseite. Beispiele dafür sind:

- Ordnung des Betriebs
- Beginn und Ende der täglichen Arbeitszeit
- Mehrarbeit
- Kurzarbeit
- technische Überwachungsanlagen
- betriebliche Lohngestaltung

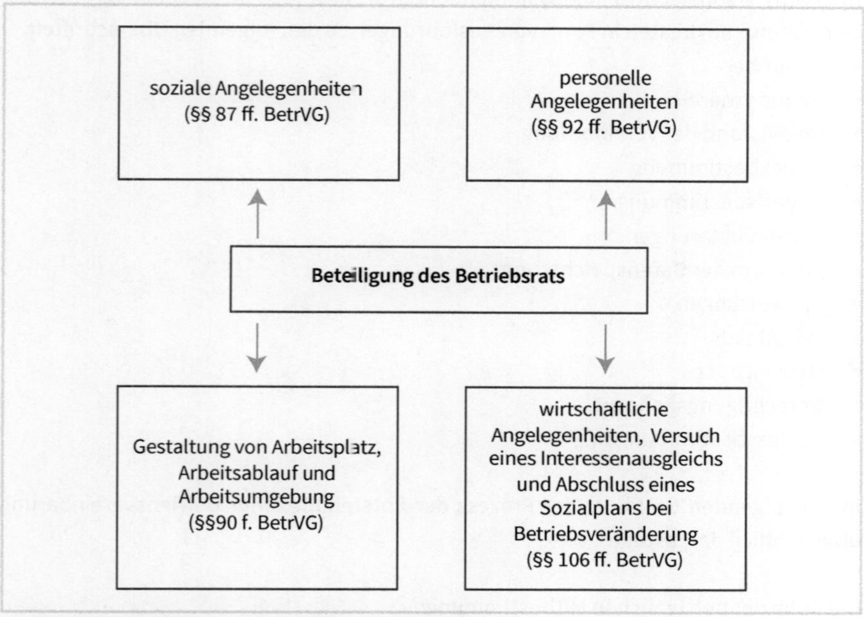

Beteiligung des Betriebsrats (DGFP, 2013, S. 58, Abb. 13)

Die Einführung und Umsetzung eines Personalmanagement-Systems wird davon zumindest offensichtlich nicht erfasst. Bezüglich eines elektronischen Informationssystems für das Personalcontrolling greift wiederum die Mitbestimmung. Aufgrund der Rechtsprechung des BAG ist jedoch die Einführung einer elektronischen Datenverarbeitung zum Zweck des Personalcontrollings ohne die ausdrückliche Zustimmung, das heißt ohne eine ausdrückliche Vereinbarung mit der Arbeitnehmervertretung, nicht zulässig.

Hierbei wurde der § 87 Abs. 1 BetrVG so ausgelegt, dass nicht nur Daten, mit denen die Unternehmen das Ziel einer Leistungs- und Verhaltenskontrolle verfolgen, mitbestimmungspflichtig sind, sondern auch ob die entsprechende Technik es objektiv zulässt.

Aufgrund der Komplexität, die sich bei der Einführung von IT-Systemen ergibt, ist es erfahrungsgemäß sinnvoll, die Arbeitnehmervertretungen schon sehr frühzeitig – möglichst bereits in der Planungsphase – in den Prozess einzubinden. Dadurch können beide Seiten ihre Beweggründe verdeutlichen und entsprechende Regelungsanpassungen in die Wege leiten. Dieser Prozess kann zwar aufwendig sein, ist aber in jedem Fall einfacher, als Differenzen zu einem späteren Zeitpunkt in einem Einigungsstellenverfahren zu klären.

Die in vielen Unternehmen bereits vorhandenen betrieblichen Regelungen zur Nutzung von Personalcontrolling-Systemen sollten die nachfolgend aufgeführten Themen beinhalten – am besten in Form von Ausführungen zu den folgenden Überschriften:
- Präambel
- Geltungsbereich
- Gegenstand der Vereinbarung
- Zweckbestimmung
- Begriffsbestimmungen
- Systemänderungen
- Zeitraum der Datenspeicherung
- Auswertungen
- Downloads
- Datenschutz
- Berechtigungskonzept
- Schlussbestimmungen

In der folgenden Grafik ist der Prozess der Entstehung einer Betriebsvereinbarung übersichtlich dargestellt.

Die Rolle der betrieblichen Mitbestimmung:
- **Die rechtliche Seite:** Es gibt in Deutschland kein einziges Urteil, das eine Auseinandersetzung zwischen Unternehmen und Betriebsrat mit dem Inhalt Personalcontrolling, Kennzahlen Humanressourcen-Controlling oder Balanced Scorecard beinhaltet.

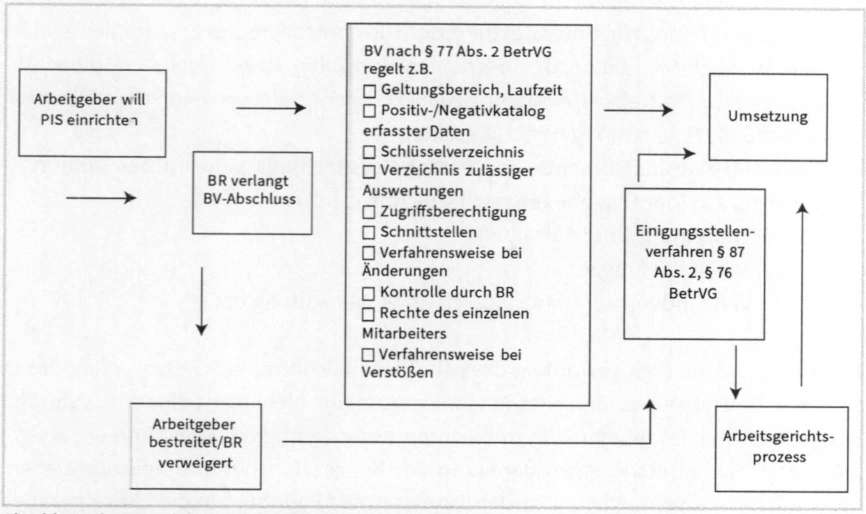

Abschluss einer Betriebsvereinbarung (Jansen, 2008)

- **Aus § 87 BetrVG I und II ergibt sich ein zwingendes Mitbestimmungsrecht zur Einführung von Personalcontrolling:** Will man Personalcontrolling ohne Information und Beteiligung des Betriebsrats einführen, so dürfen keine personenbezogenen Daten, speziell weder Verhaltens- noch Leistungsdaten, berücksichtigt werden.
- **HR-Controlling ist generell mitbestimmungspflichtig:** Ohne Einbindung und Zustimmung des Betriebsrats kann wenig »legal« unternommen werden. Der Betriebsrat sollte so früh wie möglich in die Überlegungen einbezogen werden mit dem Ziel, eine Betriebsvereinbarung zur Erfassung, Speicherung und Verarbeitung von personenbezogenen Daten zu schließen.

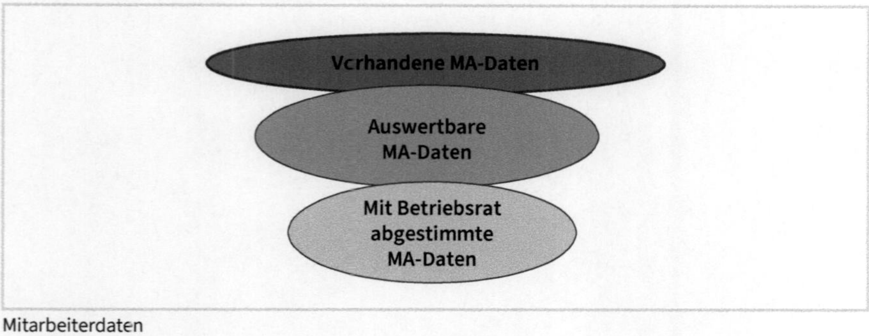

Mitarbeiterdaten

Die Rolle der betrieblichen Mitbestimmung:

- **HR-Controlling ist abhängig von der IT-Architektur:** In Abhängigkeit von der Art des Unternehmens, Strategie, Größe, Internationalisierung usw. muss ein ange-

messenes IT-Tool zur Unterstützung der HR-Controllingprozesse implementiert werden. Auch hier gilt es, den Betriebsrat frühzeitig einzubeziehen und den Abschluss einer Betriebsvereinbarung zum Erfassen, Speichern und Verarbeiten von personenbezogenen Daten vorzubereiten.
- **Auch einzelne Instrumente des Personalcontrollings sind mitbestimmungspflichtig, z. B. der Fragebogen nach § 94 Abs. 1 BetrVG:**
  - die Einführung einer Befragung
  - der Inhalt der Fragen
  - die Verwendung der Daten (Speicherung, Verwaltung etc.)

Hoffentlich ist deutlich geworden, dass ein Personalcontrolling-System, ohne das in größeren Betrieben ein sinnvolles Personalcontrolling nicht darstellbar ist, aufgrund der gesetzlichen Gegebenheiten mitbestimmungspflichtig ist. Es ist immer ratsam, die Arbeitnehmervertretungen bereits in der Konzeptionsphase miteinzubeziehen. Nicht nur, um zu vermeiden, dass der Prozess in der Endphase in die Länge gezogen bzw. auch erheblich teurer wird, sondern auch, um von vornherein eine vertrauensvolle Zusammenarbeit sicherzustellen.

Tipp

Eine äußerst hilfreiche Checkliste zu den rechtlichen Aspekten finden Sie in »Erste Hilfe zur Datenschutz-Grundverordnung für Unternehmen und Vereine. Das Sofortmaßnahmen-Paket« (erschienen bei C. H. Beck 2017) auf S. 11.

8 Strategisches Personalcontrolling

8.1 Bedeutung

In den vergangenen Jahren ist es immer deutlicher geworden, dass Unternehmen ohne ein hervorragend geführtes strategisches Personalmanagement nicht den Erfolg verbuchen können, den sie sich vorstellen und wünschen. Der Personalbereich wird trotz zahlreicher gegenteiliger Behauptungen mehr denn je zum gefragten Partner der Unternehmensleitung.

Die Herausforderungen, vor denen die Unternehmen heute stehen, sind vielfältig und komplex. Es geht um die bekannten Herausforderungen, wie z. B. Industrie 4.0, künstliche Intelligenz, fehlende Fachkräfte und ein starker globaler Wettbewerb.

In den letzten beiden Krisenjahren wurden darüber hinaus die Prioritäten neu festgelegt. So gibt es folgende Überlegungen (gemäß einer Studie von Rheingold/Hays, 2020):

- eine Deglobalisierung
- das Herstellen von räumlicher Nähe von Lieferanten, um die Lieferkettenproblematik zu unterbinden
- eine deutliche Verbesserung der Digitalisierung von HR-Prozessen, insbesondere im Hinblick auf das Homeoffice
- eine Veränderung der Besetzungsstrategie in Richtung von mehr festangestellten Mitarbeitern
- ein Umdenken von Führungskräften (Akzeptanz von Homeoffice, Eigenmotivation von Mitarbeitenden, Flexibilität sowie eine Veränderung der Führungskultur durch eine Kombination von Präsenzarbeit und Homeoffice)

Die Unterstützung durch das strategische Personalmanagement bedingt allerdings ein ebenso gut funktionierendes strategisches Personalcontrolling.

Mark Twain sagte einmal »Seit wir die Orientierung verloren haben, rudern wir mit doppelter Anstrengung«. Genau hier setzt das Personalcontrolling an. Das Personalmanagement benötigt Informationen und Hinweise, die sich aus dem Personalcontrolling ergeben.

Dies soll in den folgenden Abschnitten gezeigt werden.

8.2 Definition »Personalcontrolling«

Zunächst muss der Begriff »Controlling« erläutert werden. Er leitet sich aus dem englischen Begriff »to control« ab. Gemeint ist damit: steuern, planen und informieren. Dementsprechend wird das Controlling als ein System der Planung, Steuerung, Kontrolle und der Informationsaufbereitung gesehen und somit als Funktion innerhalb von Führungssystemen verstanden.

Die Definition des Begriffs »Personalcontrolling« hat sich in den letzten Jahren nicht wesentlich verändert. Es gibt allerdings viele Interpretationen. Hier soll nur eine der wesentlichen aufgeführt werden:

»Personalcontrolling heißt, verantwortlich zu sein für das optimale Verhältnis von Personalaufwand (im Sinne von Preis, Menge, Zeit und Qualität) zu Personalleistung (im Sinne von Preis, Menge, Zeit und Qualität) unter Berücksichtigung derzeitiger und künftiger wirtschaftlicher Entwicklungen im Unternehmen«. Diese Definition wurde formuliert von einem Arbeitskreis des DGFP und veröffentlicht in »Personalcontrolling in der Praxis« (2001). Darüber hinaus gibt es einen prägnanten Satz von Prof. Wunderer: »Personalcontrolling stellt die menschliche Arbeit als zentrale Quelle der Wertschöpfung in den Leistungsprozessen in den Mittelpunkt«.

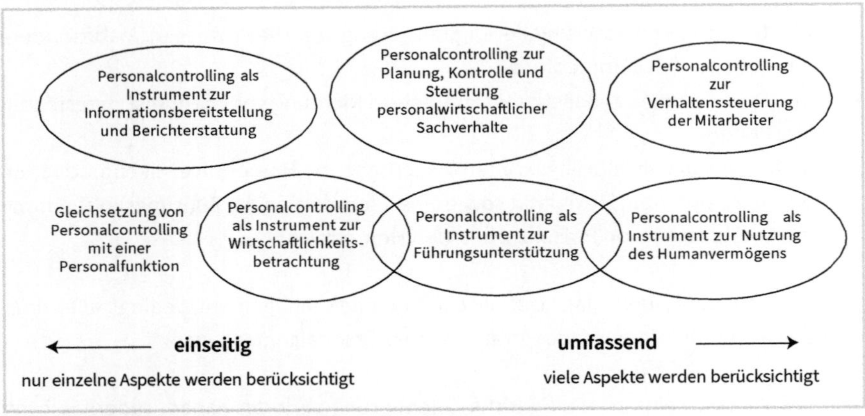

Spektrum des Begriffs »Personalcontrolling« (Gerlach/Knorr, o. J.)

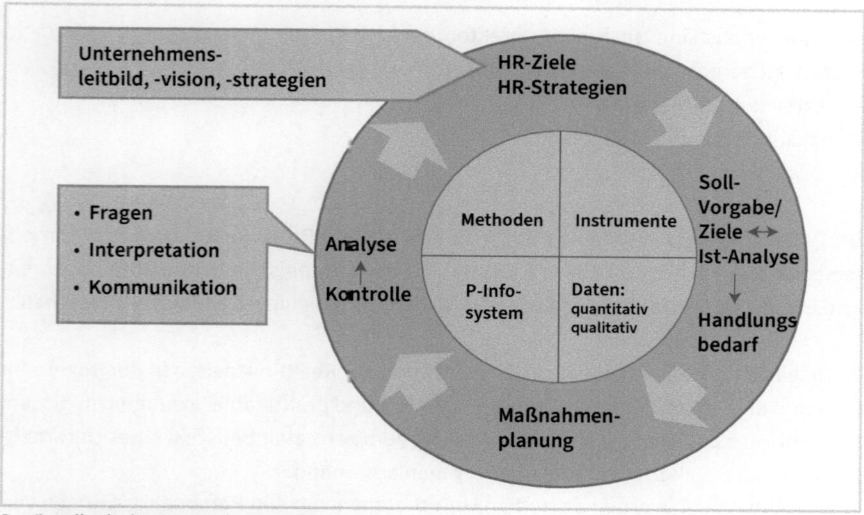

Der Regelkreis des Personalcontrollings

8.3 Personalkosten

Personalkosten sind in vielen Unternehmen der entscheidende Kostenfaktor. Ihr Anteil an den Gesamtkosten entscheidet sich je nach Art des Gewerbes. Sie werden ausgelöst durch den Einsatz des Faktors Arbeit.

Arbeit hat daher einen Preis in Form von Entlohnung, die aus betrieblicher Sicht Kosten darstellt. Der entscheidende Faktor für die Zuordnung zu den Personalkosten ist die arbeitsrechtliche Funktion als Arbeitnehmer im Unternehmen. Andere vermeintliche Personalkosten wie z. B. Kosten für Leiharbeitskräfte oder Handelsvertreter sind Sachkosten.

Eine weitere Unterscheidung gibt es zwischen Personalaufwand und Personalkosten. Die Differenzierung ist wie folgt:

- Personalaufwand
  - Löhne und Gehälter
  - Sozialabgaben
  - Aufwendungen für Altersversorgung
- Personalkosten
  - Entgelt (Lohn, Gehalt, sonstiges Gehalt)
  - Personalnebenkosten aufgrund von Gesetzen und Tarifregelungen
  - Personalnebenkosten aufgrund von freiwilligen Leistungen

Darüber hinaus sind auch die indirekten Personalkosten (personalinduzierte Sachkosten) zu berücksichtigen:

- externe Mitarbeitende
- Qualifizierungskosten
- Rekrutierungskosten

Die Bedeutung der Personalkosten für die strategische Positionierung eines Unternehmens ist unbestritten. Insofern müssen sich das strategische Personalmanagement und insbesondere das strategische Personalcontrolling dieser Thematik annehmen.

Wenn ein Unternehmen in eine Krise gerät, sind die Reaktionszeiten in der Regel sehr kurz und die Geschäftsleitung erwartet schnelle und praktikable Lösungen. In diesem Moment wird das Personalkostencontrolling zum zentralen Baustein eines Unternehmens. Es setzt sich u. a. mit folgenden Fragen auseinander:

- Welche Kosten werden derzeit im Unternehmen von den Personalressourcen verursacht?
- Welche Personalkosten sind für die Existenz und Leistungserbringung des Unternehmens unerlässlich?
- Welche Personalkosten werden in der laufenden Planungsperiode entstehen?
- Wie entwickeln sich die Personalkosten in der Planungsperiode sowie im Planungsvergleich und welche Einflüsse sind dafür verantwortlich?
- Wie hoch ist der Anteil der Personalkosten an den Gesamtkosten des Unternehmens?
- Wie ist das Verhältnis der Personalkosten zum Umsatz bzw. zur Wertschöpfung eines Unternehmens?

Um adäquate Ergebnisse zu erreichen, muss das Personalcontrolling die Einflussfaktoren auf die Personalkosten kennen. Hierbei wird unterschieden zwischen externen und internen Faktoren.

Unter externen Faktoren versteht man

- sozialrechtliche Vorgaben (Beitragssätze der Sozialversicherung),
- tarifvertragliche Bindungen und
- gesetzliche Regelungen (Kündigungsschutzgesetz, Betriebsverfassungsgesetz, Altersteilzeitgesetz sowie die Schutzgesetze für Mütter, Jugend und Schwerbehinderte).

Zu den internen Faktoren zählen

- Betriebsvereinbarungen,
- einzelvertragliche Regelungen und
- freiwillige Sozialleistungen.

Das Entscheidende ist also, wie das Personalkostencontrolling im Rahmen dieser Faktoren steuernd eingreifen kann.

Die folgende Situation ist allen Personalverantwortlichen bekannt:

Beispiel

Ihr Unternehmen hat ein wirtschaftliches Problem, das durch einen Umsatzeinbruch entstanden ist und zu einem Liquiditätsengpass geführt hat. Die Geschäftsleitung erwartet von Ihnen umgehend Vorschläge, mit denen die Kosten kurzfristig gesenkt werden können. Aufgrund der Höhe der Kosten kommen schwerpunktmäßig nur die Personalkosten infrage.

Vorbedingung ist allerdings, dass kein Personal entlassen werden soll. Die Geschäftsleitung geht davon aus, dass sich der Umsatz mittelfristig wieder stabilisiert und langfristig sogar gesteigert werden kann. Dafür braucht man in Zukunft alle Mitarbeiter.

Was ist jetzt zu tun? Wo gibt es Möglichkeiten anzusetzen? Das Ziel ist bekannt, jetzt müssen die Stellschrauben gefunden werden, mit denen es erreicht werden kann. Wichtig dabei ist, dass die Mitarbeitenden nicht demotiviert werden und das Unternehmen nicht freiwillig verlassen.

Die nachfolgende Übersicht soll deutlich machen, welche Maßnahmen es gibt, um welche Kostenart es geht, wer sie beeinflussen kann und welche Chance bzw. welches Risiko bei einer Durchführung besteht.

Kostenart und Verantwortung	Maßnahme	Chance/Risiko
individuelle Gehaltserhöhungen (Vorgesetzter, Unternehmen)	Streichung	• sofortige Wirkung • Demotivation
freiwillige soziale Leistungen (Unternehmen)	Streichung	• sofortige Wirkung • Demotivation
externe Arbeitnehmer (Unternehmen, Vorgesetzter)	Auslaufen der Verträge	• kurzfristige Wirkung • geringes Risiko
Mehrarbeit (Vorgesetzter, Betrieb)	• Reduzierung • Streichung	• kurzfristige Wirkung • ggf. Engpässe
Kapazitätsaufstockung (Unternehmen, Vorgesetzter)	Verzicht	• sofortige Wirkung • Arbeitsverdichtung • Engpassrisiko • demografische Probleme
Altersteilzeit (Vorgesetzter, Unternehmen, Gesetzgeber)	Streichung	• demografische Chance • Motivationsrisiko
personalinduzierte Sachkosten (Headhunting, Marketing, Qualifizierung) (Unternehmen)	• Streichung • Reduzierung	• Marktrisiko • Engpassrisiko • Kapazitätsprobleme

Kostenart und Verantwortung	Maßnahme	Chance/Risiko
Einstellungen (Unternehmen)	Stopp	• sofortige Wirkung • Marktrisiko
Auszubildende (Unternehmen)	keine Übernahme	• kurz- bis mittelfristige Wirkung • großes Marktrisiko
variable Gehälter (Unternehmen)	Reduzierung	• kurzfristige Wirkung • erhebliche Demotivation
Nachwuchskosten (Unternehmen)	Reduzierung	• mittel- bis langfristige Wirkung • demografische Risiken • Marktrisiko • eventuell Kapazitätsprobleme
Altersversorgung (Unternehmen)	• Umstrukturierung • Reduzierung	• Kündigung bestehender Verträge • Betriebsfrieden • Arbeitsmarkt • Demotivation
fixe Einmalzahlung (jährlich) (Unternehmen)	Umwandlung	• variable Leistungszahlung • Demotivation
Sozialversicherungssätze sowie Beitragsbemessungsgrenze (Gesetzgeber)	Erhöhung	• Mitwirkung und Beeinflussung durch Verbände • gesellschaftspolitische Auswirkungen
steuerliche Festsetzungen (Gesetzgeber)	Erhöhung	• Mitwirkung und Beeinflussung durch Verbände • gesellschaftspolitische Auswirkungen
Pensionsrückstellungen (Gesetzgeber)		• steuerliche Gestaltung

Die letzten drei Maßnahmen liegen nicht in der Hand des Unternehmens und deren Beeinflussung ist nur mit erheblichem Aufwand über die Mitwirkung in Verbänden möglich. Auch wenn hier diverse Möglichkeiten aufgezeigt wurden, um einer erforderlichen Personalkostenreduzierung gerecht zu werden, zeigt die Erfahrung, dass lediglich 5 bis 7% der Personalkosten ohne Kapazitätsreduzierung und ohne Kündigung von Tarifverträgen oder Betriebsvereinbarungen reduziert werden können. Über 90% der Personalkosten sind als fixe Größe zu betrachten.

Aktuelle Untersuchungen bestätigen die beschriebene Vorgehensweise. So hat das IBE (Institut für Beschäftigung und Employability) in Ludwigshafen (2020) verantwortliche Führungskräfte befragt, welche Maßnahmen in Krisensituationen bevorzugt werden:

- flexible Arbeitszeitmodelle
- Kurzarbeit
- Abbau von Überstunden und Mehrarbeit
- Arbeitszeitmodelle mit Arbeitszeitkonten

Die Ostbayerische Technische Hochschule (OTH) in Regensburg hat 2020 eine ähnliche Umfrage gestartet. Danach sehen die Prioritäten wie folgt aus:

- Abbau von Überstunden
- Einstellungsstopp
- Regelung zum Abbau von Erholungsurlaub
- keine Verlängerung von befristeten Verträgen und Kündigung von Arbeitnehmerüberlassungen
- Kürzung von Weiterbildungsmaßnahmen

8.4 Kennzahlenorientiertes Personalcontrolling

Eine wesentliche Rolle in der Umsetzung des Personalcontrollings spielen die Kennzahlen. Durch die Möglichkeit, mit ihnen in konzentrierter Form quantifizierbare Sachverhalte transparent darzustellen, bilden sie die Basis der Personalcontrolling-Tätigkeit. Kennzahlen filtern aus der Masse der Daten die Informationen, die das Unternehmen für seine Entscheidungsfindung benötigt. Aber sie filtern nicht nur, sondern sie fassen zusammen, verdichten und machen so die Informationen handhabbar. Sie sind damit für die Personalarbeit unverzichtbar.

Die wegweisende Kennzahlendefinition stammt von Schulte (2001), siehe Abbildung.

Die wesentlichen Fragen, die man mit Kennzahlen beantworten kann, sind laut Hoffmann (2013):

- Trägt unser Personalmanagement zum Erreichen der Unternehmensziele bei?
- Wo stehen wir im Branchenvergleich?
- Welche Risiken und Fehlentwicklungen sind erkennbar?
- Wird der aktuelle und zukünftige Personalbedarf gedeckt?
- Welche Erfolge haben unsere Maßnahmen zur Mitarbeiterbindung?
- Welche Erfolge haben wir bei der Qualifizierung unserer Mitarbeitenden?

Ein weiterer Begriff in diesem Zusammenhang sind die sogenannten »Key Performance Indicators« (KPI). Das sind Schlüsselkennzahlen, die die unternehmerische Leistung widerspiegeln. Sie helfen dem Unternehmen, wichtige Ziele zu steuern und zu erreichen. Unabhängig davon, ob man von Kennzahlen oder KPIs spricht – sie sind

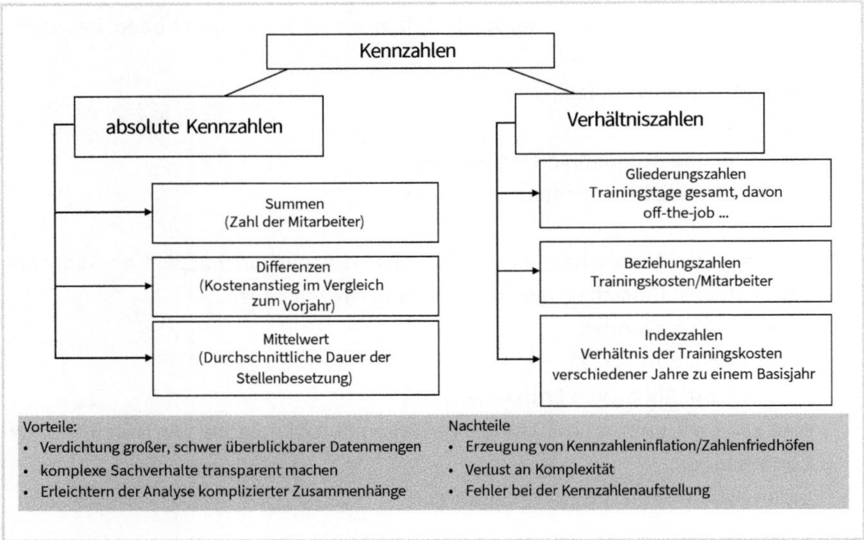

Kennzahlen – was versteht man darunter? (Schulte, 2011)

kein Selbstzweck, sondern Stellhebel, um den verantworteten Bereich richtig auszurichten. Die wichtigsten Anforderungen sind:

- klar und transparent
- Akzeptanz bei den Betroffenen
- vergleichbar
- in Zahlen abzubilden
- Bezugnahme auf die gesetzten Ziele
- aussagekräftig
- eindeutig

Aber nicht nur diese Anforderungen sind wesentlich. Es muss sich auch um steuerungsrelevante Kennzahlen handeln. In diversen Untersuchungen wurde festgestellt, dass vielfach Kennzahlen erhoben werden, die nicht zum Unternehmenserfolg beitragen. Beispiele dafür sind der Anteil der Betriebsräte oder der freigestellten Betriebsräte, Anteil weiblicher Mitarbeitender in einem bestimmten Bereich oder Arbeitnehmender mit Schwerbehinderung.

Der entscheidende Ansatz für die richtigen Kennzahlen in einem Unternehmen sind die Unternehmensziele und die daraus abgeleiteten Personalziele. Dort, wo man die Schwerpunkte der Personalarbeit setzt, müssen steuerungsrelevante Kennzahlen gebildet werden. In einer Personalcontrolling-Studie von 2015 von Frau Prof. Dr. Silke

Wickel-Kirsch (Hochschule RheinMain) wurden die folgenden Top-15-Kennzahlen seitens der Beteiligten in absteigender Rangfolge genannt:

- Anzahl der Mitarbeitenden in FTE/VZK (Gesamt/Bereich)
- Krankenquote
- Durchschnittsalter der Belegschaft
- Fluktuationsquote
- durchschnittliche Betriebszugehörigkeit
- Quote weiblicher Mitarbeiter
- direkte Personalkosten p. a. pro FTE/VZK (Vergütung, Löhne, Gehälter)
- Quote weiblicher Führungskräfte
- Eigenkündigungsquote (echte Fluktuation)
- Personalstrukturzahlen (Arbeitende/Angestellte, Alter, Qualifikation etc.)
- Kosten für Weiterbildung bzw. für Personalentwicklung pro FTE/VZK
- Altersstruktur der Belegschaft (nach Altersklassen)
- Personalkostenquote (Personalkosten/Gesamtkosten des Unternehmens in Prozent)
- Personalnebenkosten (Sozialleistungen p. a.) pro FTE/VZK
- durchschnittlicher Anstieg der Gehälter im Vergleich zum Vorjahr

Das sind nur Momentaufnahmen zum Zeitpunkt der Erhebung, die den Unternehmen damals wichtig waren. In der heutigen Zeit spielt das Recruiting eine immer größere Rolle. Umso wichtiger ist es, Kennzahlen (KPIs) als Entscheidungshilfe einzusetzen. Das passiert inzwischen in vielen Unternehmen. Eine Umfrage dazu und Informationen zu den wichtigsten Kennzahlen werden im Kapitel 10.3 behandelt.

Um im eigenen Unternehmen zu den richtigen Kennzahlen zu kommen, sollte man die folgenden Prozessschritte wählen:

- Kennzahlenauswahl
- Feststellung des Informationsbedarfs
- Vorauswahl möglicher relevanter Kennzahlen
- Bewertung der Kennzahlen (Aufwand, Nutzen)
- Auswahl der relevanten Kennzahlen

Neben diesen Schritten sind die Datenverfügbarkeit, die Datenaktualität und die Datenqualität nicht zu vernachlässigende Faktoren. So wichtig Kennzahlen sind, es gibt auch hier sowohl Vor- als auch Nachteile.

Vorteile

- Verdichtung großer Datenmengen
- Transparenz komplexer Sachverhalte
- Erleichterung der Analyse komplexer Zusammenhänge
- Vergleichbarkeit (Regionen, Bereiche, andere Unternehmen)
- betriebswirtschaftliche Sicht

- Überblick über den Personalbestand
- Überprüfung der Wirkung personalwirtschaftlicher Maßnahmen
- vorausschauende Unternehmenssteuerung

Nachteile
- Erzeugung von Zahlenfriedhöfen
- Scheingenauigkeit (wie wird eine Kennzahl definiert?)
- Verlust von Komplexität (Einflussfaktoren fallen weg)
- Fehler bei der Kennzahlenerstellung
- Sicherstellung von präziser und zeitnaher Dateneingabe

Abschließend noch ein Firmenbeispiel: Der Henkel-Konzern hat im Zuge der Digitalisierung und Globalisierung in seinen Personalabteilungen immer umfangreichere Datenmengen zu bewältigen und komplexe Personalentscheidungen zu treffen. Dadurch wächst die Bedeutung von Big-Data-Analysen insbesondere in Großunternehmen.

Bei Henkel wurde deswegen ein Team »Global Workforce Analytics« im Rahmen der Initiative »Data-Driven HR« gebildet. Zu den Aufgaben zählen sogenannte Daten-Dashboards, interaktive Nutzeroberflächen sowie Erfassung aller im Konzern verfügbaren HR-Daten und Berichte, die dann in Echtzeit analysiert und anhand von Grafiken und Kurvendiagrammen veranschaulicht werden.

Zusammengefasst wurden im Projekt die folgenden Stolpersteine identifiziert:
- Involvierung und Weiterqualifizierung der Mitarbeitenden sind unabdingbar.
- Der Bekanntheitsgrad des Tools sollte gesteigert und die Funktionen erklärt werden (durch virtuelle Roadshows).
- KPIs müssen klar und unmissverständlich definiert werden.
- Die Datenlage ist aufgrund von länderspezifischen Gesetzgebungen und Regularien unterschiedlich.

Andererseits wurde festgehalten, welche Entwicklungen dieses Projekt gebracht hat:
- Steigerung der Datenqualität
- messbarer Beitrag von HR zum Konzernergebnis
- Effizienz und Transparenz

Wichtig

Es ist entscheidend, dass Daten präzise und möglichst zum Zeitpunkt der Entstehung erfasst werden. Achten Sie darauf, dass die Datensysteme in Ihrem Unternehmen kontinuierlich und zeitnah gepflegt werden!

8.5 Wertschöpfungsansätze

Wenn man sich die Veröffentlichungen zum Thema »wertorientiertes Personalmanagement (WOP)« ansieht, wird deutlich, dass es noch erhebliche Defizite in der Diskussion zum Wertbeitrag des Personalmanagements gibt.

Wissenschaftliche Beiträge beschäftigen sich vorwiegend mit verschiedenen Personalpraktiken und thematisieren die Problematik bei der Messung von Ursache-Wirkungs-Zusammenhängen. Sie geben Hinweise zur Gestaltung von HR-Systemen, aber es fehlen Überlegungen zu einem WOP-Ansatz.

In den Veröffentlichungen von Unternehmensberatungen findet man vielfach den Zusammenhang zwischen einer positiven Unternehmensentwicklung und der Qualität eines wertorientierten Personalmanagements. Sie zeigen interessante Systematiken auf, die aber immer an das Portfolio des jeweiligen Beratungsunternehmens gekoppelt sind.

Eine Definition des Begriffs ist im DGFP-Buch »Wertorientiertes Personalmanagement – ein Beitrag zum Unternehmenserfolg« aus dem Jahr 2004 enthalten. Hier heißt es: »WOP steht für eine personalpolitische Strategie, die eine quantitative Ausrichtung der strategischen Erfolgsfaktoren, der strategischen Erfolgsprozesse und der Werttreiber des Personalmanagements am messbaren ökonomischen Unternehmenserfolg beinhaltet und eine davon ausgehende Steuerung strategisch relevanter Personalaktivitäten umfasst.«

Diese Definition enthält Annahmen, die den Hintergrund des konzeptionellen Zusammenhangs bilden:

- Das Personalmanagement umfasst die Gesamtheit aller Ziele, Strategien, Instrumente und Aktivitäten, die sich auf die Angehörigen eines Unternehmens und die Bewältigung der sich mit Menschen im betrieblichen Leistungserstellungsprozess ergebenden Herausforderungen beziehen.
- Das strategische Personalmanagement ist dadurch gekennzeichnet, dass sich die Personalmanagementaktivitäten an der Unternehmensstrategie orientieren und die verantwortlichen Personalmanager und -managerinnen an deren Formulierung und Umsetzung mitwirken.
- Werte werden dabei ausschließlich als ökonomisch-betriebswirtschaftliche Größen verstanden, die quantitativ einen ökonomischen Nutzen zum Ausdruck bringen.
- Der Unternehmenswert, an dem sich der Beitrag des Personalmanagements bemisst, lässt sich auf verschiedene Weise bestimmen. In den meisten Unternehmen wird EVA (Economic Value Added) genutzt. Das heißt, man versucht, den Gewinnbeitrag des Geschäfts zu bewerten.

Wenn ein quantitatives WOP-Modell verwendet werden soll, sollte Folgendes berücksichtigt werden:

- Werttreiber können zu einem Erfolgsprozessindex zusammengefasst werden, wenn sie vergleichbar und verrechenbar formuliert sind. Ein Beispiel ist beim Erfolgsprozess »Personalbedarfsplanung« die Auszubildendenquote.
- Erfolgsprozessindizes eines strategischen Erfolgsfaktors wiederum bilden einen Erfolgsfaktorindex.
- Erfolgsfaktorindizes lassen sich wiederum zu einem Erfolgsbeitragsindex des Personalmanagements aggregieren. Dieser Index zeigt auf, welchen Beitrag das Personalmanagement zur Unternehmensentwicklung leistet.
- Erfolgsfaktorindizes und der Erfolgsbeitrag des Personalmanagements lassen sich dann im Zeitverlauf ins Verhältnis zur Entwicklung des ökonomischen Werts des Unternehmens setzen.

Dazu ein Beispiel:

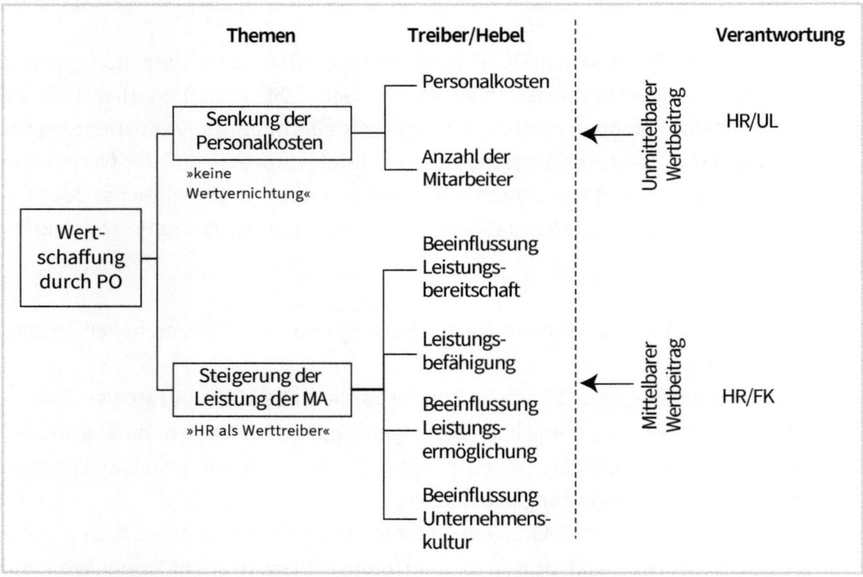

Modellansatz/Treiberbaum zur Messung des Humankapital-Beitrags der Personalorganisation

Hier noch weitere Beispiele, die für ein Wertschöpfungsmanagement stehen:

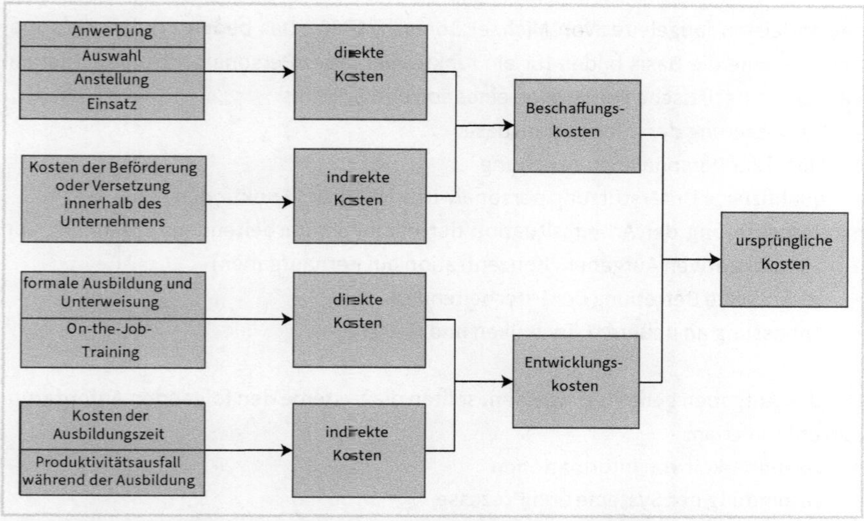

Anschaffungskosten für Mitarbeiter – Modell für die Messung der Anschaffungskosten der Humanressourcen (Flamholtz, 1974, S. 37, 63)

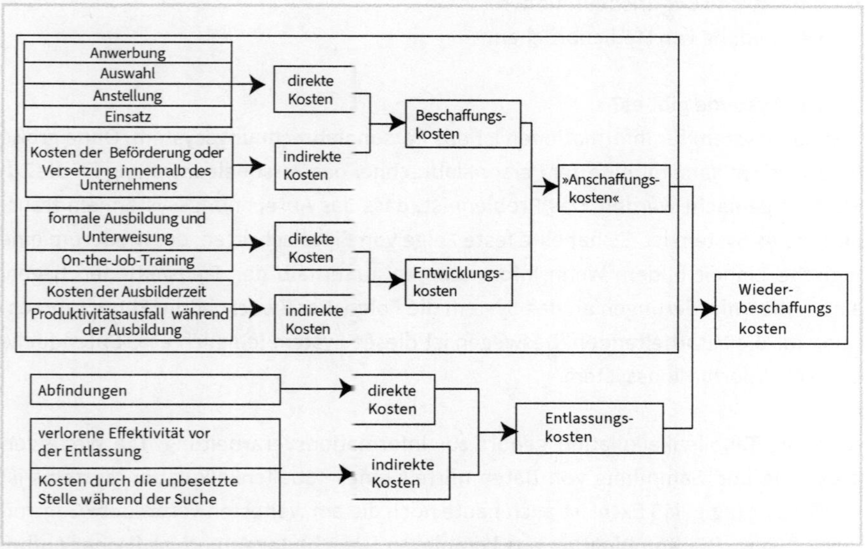

Wertschöpfungsmanagement: erste Ansätze zur Nutzenseite (Wunderer/Jaritz, 1999, S. 160)

8.6 Personalinformationssysteme

Personalinformationssysteme sollen eine geordnete Erfassung, Speicherung, Transformation und Ausgabe von für die Personalarbeit relevanten Informationen gewährleisten (abgeleitet von Michael Domsch, 1980). Das bedeutet, dass Informationssysteme die Basis bilden für ein funktionierendes Personalcontrolling. Hier ein paar charakteristische Funktionen eines solchen Systems:

- Verbesserung der Informationsbasis
- Mittel zur Personalkostensenkung
- qualifizierte Unterstützung personalwirtschaftlicher Funktionen
- Verbesserung der Arbeitssituation der Personalmitarbeitenden (Entlastung von administrativen Aufgaben, Konzentration auf Kernaufgaben)
- verbesserte Betreuung der Mitarbeitenden
- Anpassung an neuere IT-Techniken und IT-Trends

Um den Aufgaben gerecht zu werden, sollten die Systeme den folgenden Anforderungen entsprechen:

- Verfügbarkeit von Informationen
- Verbindung der Systeme und Prozesse
- kurze Prozesszeiten
- einheitlicher Datenbestand (keine Doppelerfassung)
- Aktualität der jeweiligen Personaldaten
- einheitliche Begriffsdefinitionen
- Vermeidung von Medienbrüchen

Welche Systeme gibt es?

Das Basissystem für Informationen ist das Personalabrechnungssystem. Ohne große Investitionen kann mithilfe der Personalabrechner das Personalcontrolling für die Zukunft fit gemacht werden. Das Problem ist, dass das Abrechnungssystem ein transaktionales System ist. Es hat eine feste Folge von Einzelschritten, die wiederum eine logische Einheit bilden. Wenn Informationen außerhalb der Transaktionen liegen, sind hohe Anforderungen an das System die Folge. Der Zweck ist die Entgeltabrechnung für die Mitarbeitenden. Deswegen ist dieses System lediglich eine Datenquelle und kein Informationssystem.

Auch die Tabellenkalkulation gehört zur Informationsverarbeitung. Die Weiterverarbeitung und Sammlung von Daten mittels eines Tabellenkalkulationssystems ist durchaus gängig. MS Excel ist auch heute noch die am weitesten verbreitete Controllingsoftware. Die Kombination aus komplexen Berechnungen und grafischer Aufbereitung ist ein mächtiges Werkzeug. Aber auch hier gibt es Grenzen. Die Nutzung von Datentabellen führt bei steigender Datenanzahl und Komplexität zu immer größerem Aufwand. Das Problem ist, dass immer Daten redundant vorhanden sind. Das bedeutet, dass die gleichen Informationen an unterschiedlichen Stellen abgelegt sind. Da sie nicht verknüpft sind, werden selbst kleine Veränderungen in der Struktur oder der Historie der Daten zu großen Herausforderungen für das Qualitätsmanagement. Auch die von Softwareanbietern angepriesenen Makros helfen auf Dauer nicht weiter, um die Komplexität zu vereinfachen.

Bei der Forderung nach der Verknüpfung von Datenbanken denkt man sehr schnell an »relationale Datenbanken«. Der Vorteil ist, dass hierbei die Verknüpfungen zwischen den einzelnen Datenbanken gespeichert werden. Mit wenig Aufwand und überschaubarem IT-Einsatz kann sich das Personalcontrolling eigene Datenstrukturen aufbauen. Dieses System hat gegenüber den anderen beiden Lösungen – Excel und Makros – klare Vorteile. Aber bei noch effizienteren und komplexeren Anforderungen stoßen auch relationale Datenbanken an ihre Grenzen.

Weitere Trends sind das HR-Portal, das E-Recruiting, die elektronische Personalakte und die Anwendung der Employee Self Services.

Die nachfolgenden Punkte sollte man bei der Einführung eines Personalinformationssystems berücksichtigen:

- **Einführungsprobleme:** Mitarbeitende legen Wert auf die Wahrung ihrer Privatsphäre. Die erhöhte Kontrolle durch Anwendungen führt zu Verunsicherungen, das Management sieht Ansätze zur Rationalisierung.
- **Starre Besetzungspolitik:** Bei einseitiger Betrachtung von Anforderungsprofilen besteht die Gefahr, dass nicht unbedingt der beste Bewerber die Stelle erhält. Soft Skills wie Flexibilität, Lerngeschwindigkeit und soziale Kompetenz können im Bewerbungsgespräch oft nicht berücksichtigt werden.
- **Datenschwemme:** Je mehr Speicherplatz vorhanden ist, desto weniger denkt man an eine Auswahl bei der Speicherung. Es besteht die Gefahr, dass wichtige Daten übersehen werden und die Datenqualität vernachlässigt wird.
- **One-size-fits-all-Mentalität:** Bei zunehmender Standardisierung können die Kundenbedürfnisse nicht so wie erforderlich berücksichtigt werden.
- **Ressourcen bleiben ungenutzt:** Eine der Zielsetzungen der Informationssysteme war die Entlastung der Personaler von administrativen Tätigkeiten. Es sollten darüber hinaus auch andere Prozesse optimiert werden.
- **Employee Self Service ohne Nachhaltigkeit:** Die neuen Prozesse sind so gestaltet, dass die Mitarbeitenden ihre Daten (Urlaub, Adresse, Schulungen etc.) selbst eingeben. Die Frage ist, ob dies in jedem Fall sinnvoll ist.

Eine weitere Sichtweise zeichnet die Charakteristika derartiger Personalinformationssysteme auf. Man unterscheidet zwischen

- mathematischen Kennzahlensystemen,
- Kausalstrukturen und klaren Verbindungen zur Unternehmensstrategie,
- logisch zusammengestellten Kennzahlensystemen für prozess- und faktororientierte Fragestellungen sowie
- einzelnen Kennzahlen, fallweise zusammengestellt (prozess- und faktororientiert).

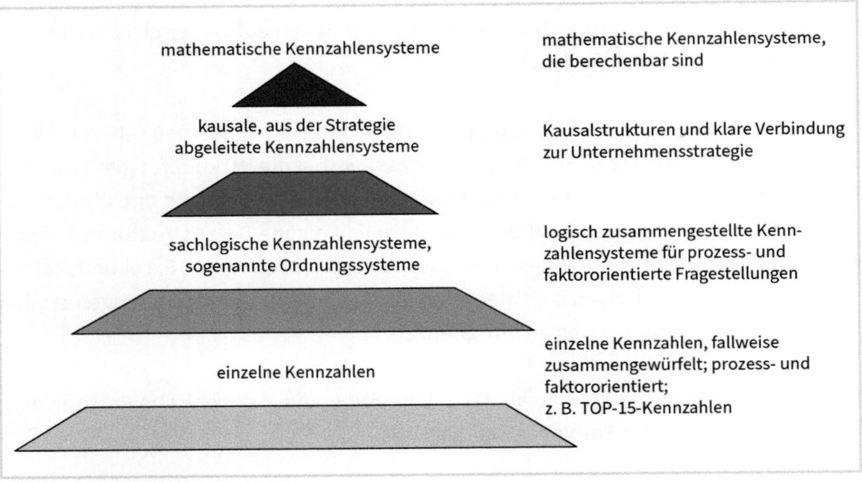

Struktur der Berichtssysteme

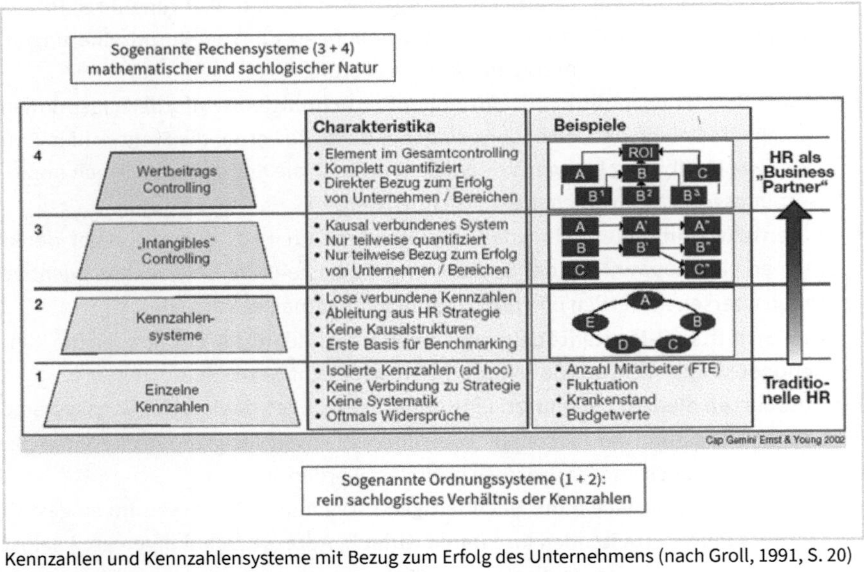

Kennzahlen und Kennzahlensysteme mit Bezug zum Erfolg des Unternehmens (nach Groll, 1991, S. 20)

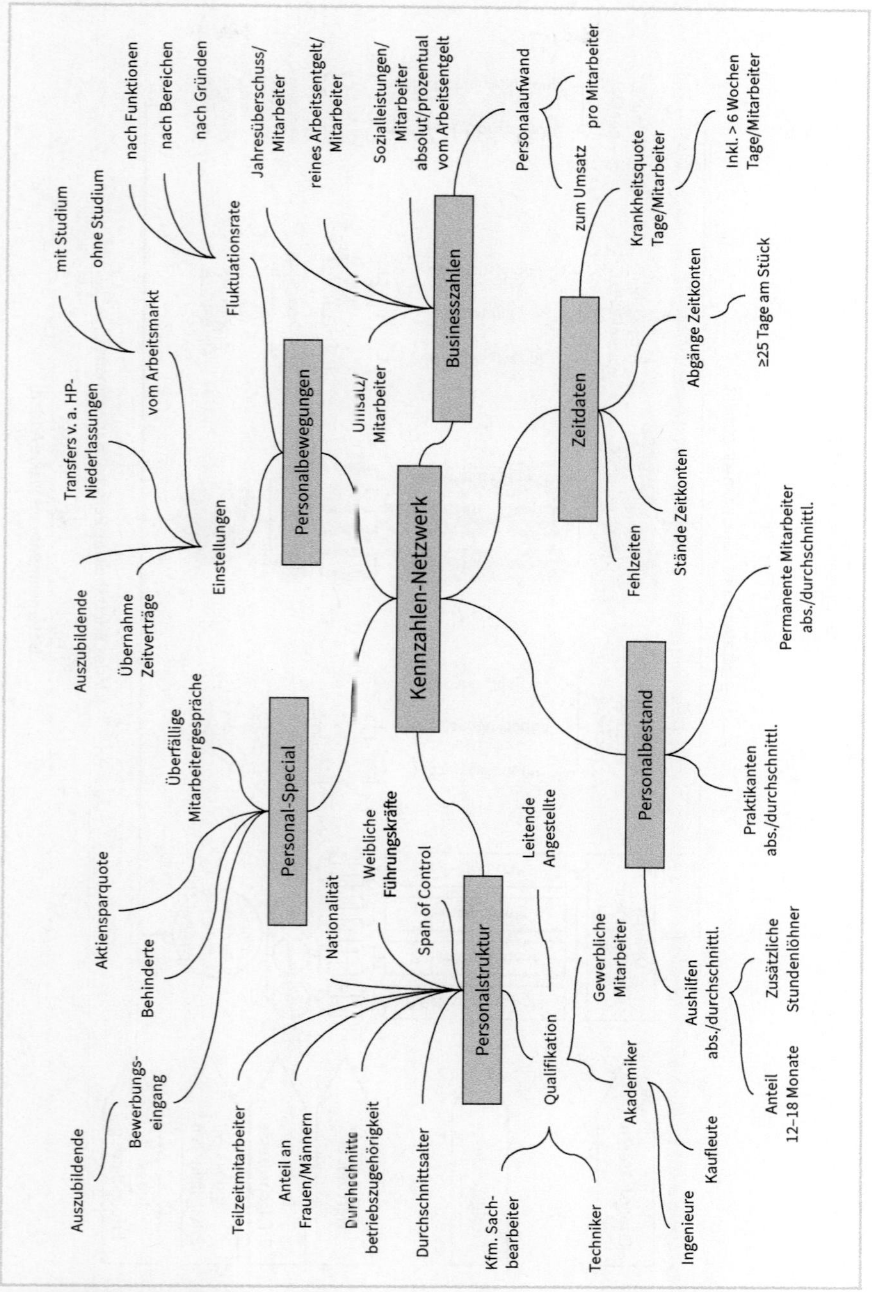

Kennzahlennetzwerk von HP

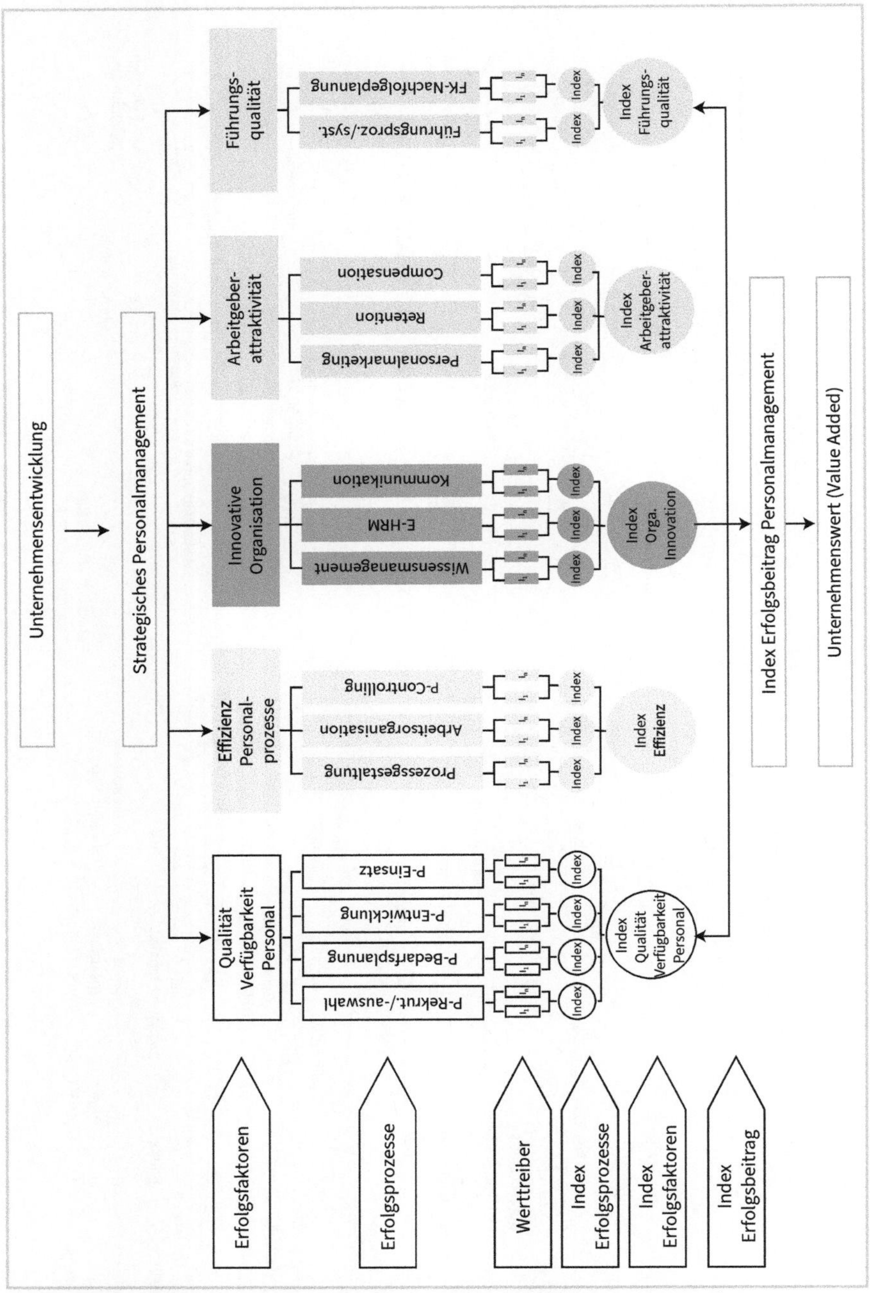

DGFP-Modellvorschlag »wertorientiertes Personalmanagement« (Armutat, 2004, S. 37)

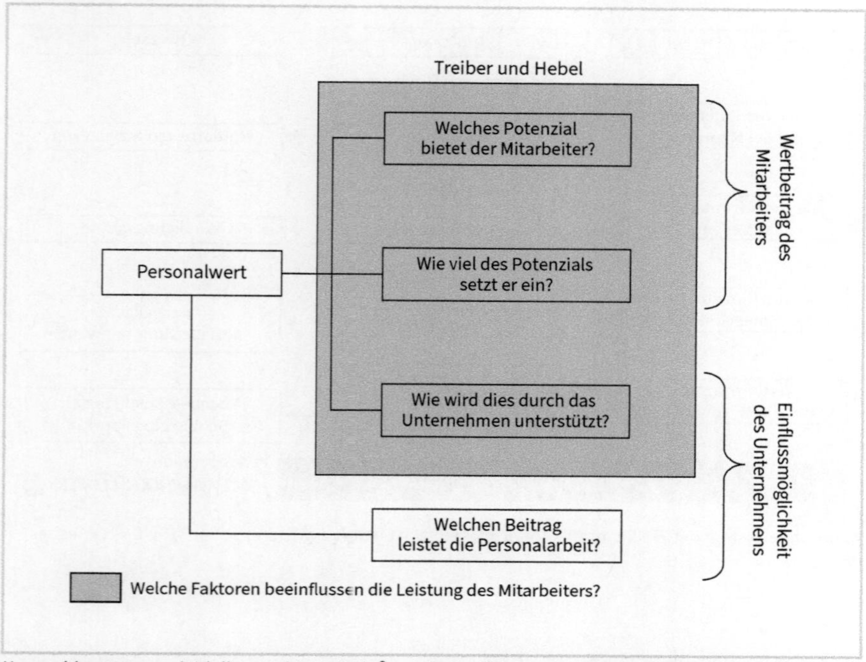

Kennzahlensystem mit Zielkennzahl-Modell E^3 – einfach effektiv evaluieren – Teil 1 (PwC/FH Wiesbaden, o. J.)

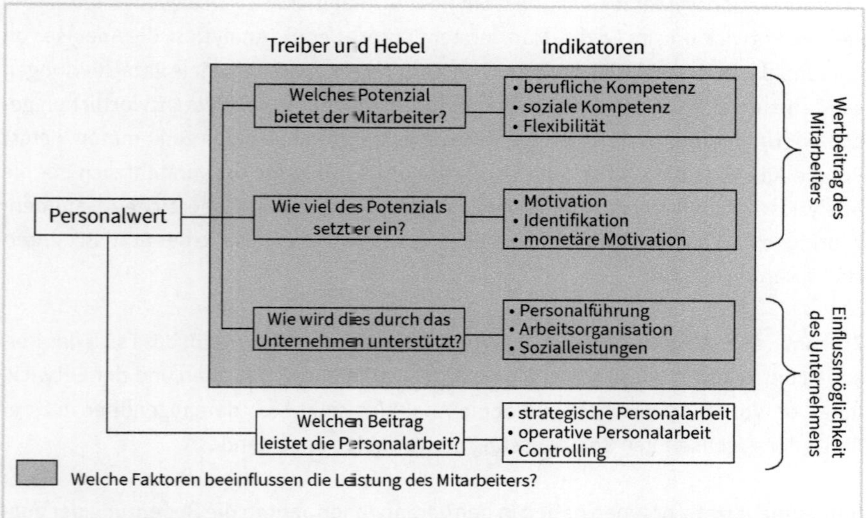

Kennzahlensystem mit Zielkennzahl-Modell E^3 – einfach effektiv evaluieren – Teil 2 (PwC/FH Wiesbaden, o. J.)

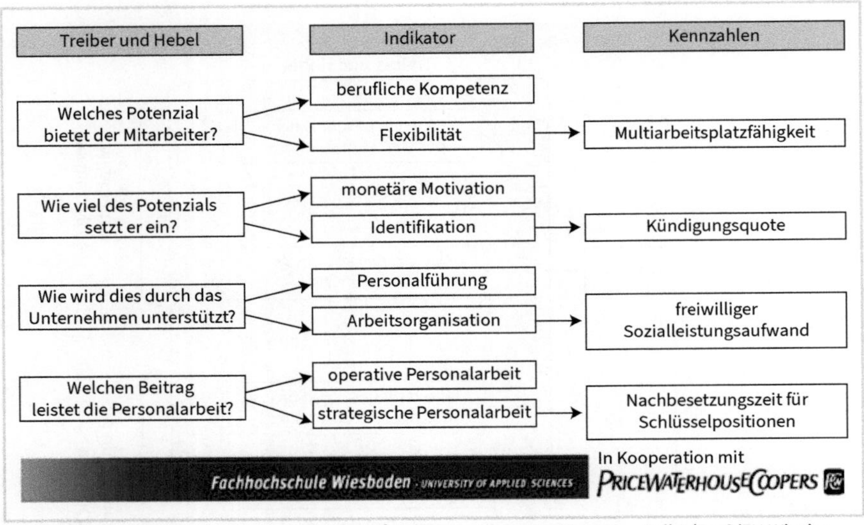

Kennzahlensystem mit Zielkennzahl-Modell E³ – einfach effektiv evaluieren – Teil 3 (PwC/FH Wiesbaden, o. J.)

8.7 People Analytics

Daten hat es im HR-Bereich schon immer gegeben. Im letzten Kapitel wurde das Thema Informationssysteme behandelt. Mit People Analytics steht in diesem Kapitel eine weitere Entwicklung im Fokus. Man versteht unter »People Analytics« die Analyse von Personaldaten in Verbindung mit anderen Unternehmensdaten. Viele Entscheidungen werden auf der Basis der persönlichen Erfahrungen der jeweils Verantwortlichen getroffen. Um hierbei zu objektiven und datengestützten Lösungen zu kommen, liefert People Analytics die sachlichen Informationen. Darüber hinaus versteht sich People Analytics als Schnittstelle, um die verschiedenen Unternehmensbereiche zusammenzubringen und aus den Daten Hypothesen abzuleiten, die mithilfe der Statistik untersucht werden können.

Personalcontrolling und People Analytics unterscheiden sich darin, dass sich das Personalcontrolling im klassischen Sinn mit der Darstellung von Daten und der Entwicklung von Variablen beschäftigt. People Analytics setzt sich demgegenüber mit der Frage der gegenseitigen Beeinflussung der Variablen auseinander.

Immer mehr Unternehmen haben in den vergangenen Jahren die Bedeutung der analytischen Auswertungen für die strategische Weiterentwicklung erkannt.

Personalcontrolling	People Analytics
• Sekundäranalytisch, d. h. die Daten werden nicht primär für das Personalcontrolling erfasst. • Im Fokus stehen Kennzahlen (Key-Performance-Indikatoren). • Grundlage ist ein festgelegtes Kennzahlensystem. • rückwärtsgewandter Ansatz	• Daten unterschiedlicher betriebsinterner wie -externer Quellen werden kombiniert. • Im Fokus stehen (im besten Falle kausale) Zusammenhänge. • Grundlage ist eine Hypothese bzw. Forschungsfrage. • prädiktiver Ansatz

IW-Report 35/2019 in Anlehnung an Reindl/Krügl 2017, S. 35 ff.

Der Begriff »People Analytics« umfasst ein breites Anwendungsfeld. In der Praxis kommen drei Grundformen vor:

- **Descriptive Analytics:** Es geht um die Frage: Was (ist) passiert? Es werden Daten für das Reporting (ad hoc oder periodisch) aufbereitet. Als Ergebnis kommen Problembereiche oder Geschäftsopportunitäten heraus.
- **Predictive Analytics:** Hier wird versucht, mittels Daten und mathematischen Verfahren Muster (Trends, Zusammenhänge, Cluster oder Präferenzen) für eine Prognose zu erkennen. Die Frage ist hier: Was wird passieren und warum? Werkzeuge dafür sind Data Mining oder Prognoserechnungen. Ziel ist hier, Prognosen oder Erklärungen zu erhalten.
- **Prescriptive Analytics:** Mathematische Methoden werden genutzt, um Handlungsalternativen aufzuzeigen. Ziele, Anforderungen und Rahmenbedingungen werden vorgegeben sowie Daten und Expertenwissen genutzt. Das Ergebnis sind entweder Handlungsalternativen oder Informationen, die das Vorgehen des Handelnden unterstützen.

Einsatzbereiche

Aufgrund des breiten Anwendungsfeldes kann People Analytics in vielen Bereichen eingesetzt werden:

- **Recruiting:** Sowohl der künftige Personalbedarf als auch die besten Recruiting-Kanäle können ermittelt werden. Außerdem kann die Quote der passenden Bewerbenden pro Stellenanzeige errechnet werden und analysiert werden, welche Skills notwendig sind. Daneben ist die Ermittlung der Voraussetzungen für motivierte Mitarbeitende möglich.
- **Personalentwicklung:** Die Bestimmung von Skill-Gaps hinsichtlich des kurzfristigen und künftigen Bedarfs sind bei der Ausrichtung der Unternehmensziele essenziell. Nur bei Vorhandensein entsprechender Qualifikationen können Ziele erreicht werden.
- **Personaleinsatz:** Der Personalbedarf kann genau bestimmt, die Einsatzplanung und gerechte Dienstpläne können gezielt erstellt werden. Durch eine entsprechende Analyse kann das Engagement der Mitarbeitenden erhöht werden.

- **Altersstruktur:** Mithilfe einer Altersstrukturanalyse lassen sich mit Unterstützung von Personal- und Unternehmensdaten Szenarien entwickeln, die das Unternehmen in die Lage versetzen, wichtige Fragen bezüglich der Zukunft zu beantworten.
  - Welche Bereiche sind überaltert?
  - Welche Wissensträger gehen in den Ruhestand?
  - Wie kann ein Wissenstransfer organisiert werden?
  - Was bedeuten diese Aussagen für die künftige Rekrutierungsstrategie?

Darüber hinaus können z. B. Themen wie Mitarbeitendenzufriedenheit, Eigenschaften von guten Führungskräften oder Transparenz in der Zusammenarbeit analysiert werden.

Ziele

Das wichtigste Ziel von People Analytics ist sicherlich die Erhöhung der Arbeitsproduktivität und damit einhergehend die Sicherung der Wettbewerbsfähigkeit. Daneben greifen noch andere Ziele:

- eine strategische, vorausschauende Personalplanung
- Verbesserung von Entscheidungen im HR-Bereich
- Messen der Wirkung der HR-Maßnahmen auf Unternehmensziele
- Veränderung der defensiven Rolle des Personalmanagements
- Erstellen von Prognosen
- frühzeitiges Reagieren auf kritische Entwicklungen im Unternehmen
- Senkung der Fluktuationsrate
- Erhöhung der Transparenz
- Steigerung der Effizienz von Maßnahmen im Personalmanagement
- Kostenvorteile durch optimierte Prozesse
- Optimierung der Employee Experience
- Einbeziehung von Daten anderer Bereiche

Akzeptanz

Ein anderer wichtiger Faktor, wenn man sich mit People Analytics beschäftigt, ist die Frage nach der Akzeptanz durch die Verantwortlichen und die Mitarbeitenden. Die Frage ist, inwieweit sich das analytisch geprägte Denken und Handeln im Personalmanagement durchgesetzt hat. In diversen Studien wird die Relevanz dieses Themas immer wieder herausgestellt. In einer Studie der Firma Deloitte (2017) sagen 71% der befragten Führungskräfte (HR und nicht-HR), dass People Analytics ein wichtiger Trend sei. Auch in einer weiteren Studie von KPMG (2015) rechnen 70% der befragten Führungskräfte damit, dass People Analytics in den kommenden Jahren verstärkt bei Personalentscheidungen eingesetzt wird. Trotz dieser positiven Aussagen ist die Anzahl der Unternehmen, die es bereits einsetzen, sehr überschaubar. Die wesentlichen Gründe sind:

- Geeignete Daten fehlen (fehlende, inkonsistente oder mangelhafte Datenpflege, inkompatible Systeme).

- Vorhandene systematische Kennzahlensysteme haben lediglich eine Reportingfunktion und helfen nur bedingt bei Vorhersagen zu den Auswirkungen von Personalmaßnahmen.
- Personalmitarbeitende sind bei der Einbindung von Daten in Entscheidungsprozesse skeptisch.
- Notwendige analytische Fähigkeiten sind im Personalbereich traditionell unterrepräsentiert. Lediglich im Personalcontrolling sind sie vorhanden.
- In Deutschland werden Auswertungen mit personenbezogenen Daten vor dem Hintergrund des Datenschutzes kritisch betrachtet und müssen mit dem Betriebsrat abgestimmt werden. Das bedeutet, dass lediglich Auswertungen zu unkritischen Fragestellungen angefertigt werden. Durch die DSGVO hat sich daran nichts geändert.

Kernprobleme
In der bereits zitierten Studie von Deloitte wurde eine kritische Lücke zwischen der strategischen Bedeutung von People Analytics und den vorhandenen Kompetenzen in den Unternehmen festgestellt. Diese Lücke wurde in Form von fünf Kernproblemen zusammengefasst:

- **Zahlenscheu überwinden:** In vielen Personalabteilungen ist eine geringe Zahlenaffinität vorhanden. Man ist es zwar gewohnt, an KPIs gemessen zu werden, aber Fragen nach den Treibern können selten beantwortet werden. Durch Analytics und künstliche Intelligenz wird es deutlich erleichtert und auf Programmieren kann verzichtet werden.
- **Vorurteilen entgegentreten:** Durch Äußerungen wie »Wir haben es doch mit Menschen und nicht mit Zahlen zu tun! Die erforderlichen Daten sind doch gar nicht vorhanden!« werden positive Versuche abgeblockt. Aber die technische Entwicklung ermöglicht es, auch »softe« Themen zu analysieren.
- **Befürchtungen ansprechen:** Durch die entstehende Transparenz werden Mitarbeitende verunsichert; sie haben Angst, überflüssig zu sein. Aber es geht hier um eine intelligente Verbindung zwischen dem Mitarbeitenden und der Maschine. Die Analysen werden weiterhin vom Menschen kommen. Darüber hinaus hat er mehr Zeit für strategische Themen.
- **Falsche Hoffnungen korrigieren:** Während die einen skeptisch sind, sehen andere darin »die allumfassende Zukunft«. Wer die Auffassung vertritt, dass Algorithmen ohne Lernen aus der Vergangenheit auskommen, irrt sich. Analysen werden anhand von umfangreichen vergangenheitsbezogenen Daten erstellt und erst daraus können Trends abgeleitet werden.
- **Daten und Digitalisierung ganzheitlich betrachten:** In der Praxis laufen Analytics-Projekte unabhängig von Digitalisierungsprojekten. Dies sollte geändert werden. Nur in gegenseitiger Abstimmung und in ganzheitlicher Betrachtung können die Vorteile beider Vorgehensweisen ihre volle Dynamik entfalten.

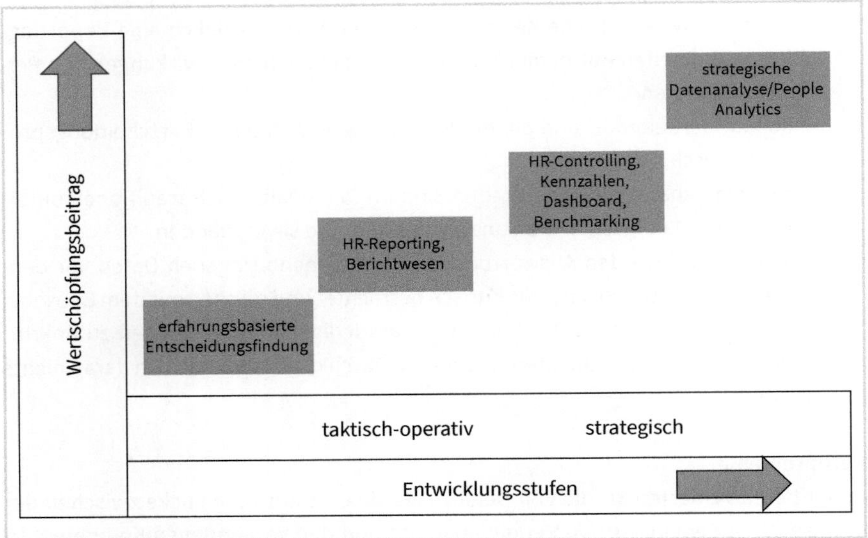

Entwicklung der Datenorientierung in HR (IW-Report 35/2019 in Anlehnung an Reindl/Krügl, 2017, S. 194)

Ablauf eines People-Analytics-Projekts

In einer Veröffentlichung von Haufe-Services wurden die fünf wichtigsten Schritte, um ein People-Analytics-Projekt umzusetzen, dargestellt:

1. **Ziel formulieren**
   Ohne konkrete Ziele sind Erfolge nicht messbar. Ausgangspunkt eines solchen Projekts müssen daher Fragen sein, für die Antworten gefunden werden müssen. Beispiel: Sie haben im Unternehmen eine hohe Fluktuationsrate. Die Frage ist also: Aus welchen Gründen verlassen Mitarbeitende das Unternehmen? Diese Frage kann mit unternehmensspezifischen KPIs verknüpft werden. Wie ist z. B. die Quote an Kündigungen in den ersten sechs Monaten?
2. **Daten erheben und sammeln**
   Grundsatz: Sammeln Sie nur relevante Daten, die zur Fragestellung passen. Dadurch wird nicht nur die Analyse erleichtert, Sie unterliegen auch nicht der Gefahr, sich in riesigen Datenmengen zu verlieren. Vorab sollte ein Plan erstellt werden, welche Daten relevant sind. Dann: Welche Daten sind bereits vorhanden und welche müssen noch, z. B. durch Befragungen, beschafft werden? Ebenso wichtig wie die Datenverfügbarkeit ist die Datenaufbereitung. In welcher Form liegen die Daten vor? Kann HR auf sie zugreifen? Um belastbare Analysen durchführen zu können, benötigen Sie in jedem Fall einheitlich aufbereitete Daten.
3. **Daten analysieren**
   Wichtig ist, die richtige Analysemethode zu wählen. Einfache Analysen des Status quo werden mit einer deskriptiven Analyse erreicht. Bei einer explorativen Analyse kann man Kausalzusammenhänge aufzeigen. Für fortgeschrittene People-

Analytics-Projekte, bei denen Hypothesen für künftige Entwicklungen aufzeigt werden, sollte die prädiktive Methode gewählt werden.

4. **Erkenntnisse gewinnen**
   Im besten Fall hat bereits die Clusterung der Ergebnisse erste Erkenntnisse gebracht. Diese Erkenntnisse müssen nun vertieft werden. Wo sind Zusammenhänge erkennbar? Manchmal ergeben sich überraschende Ergebnisse. So kann eine hohe Fluktuation damit zusammenhängen, dass der Onboarding-Prozess nicht zufriedenstellend ist. Ansteigende Fehlzeiten können mit zu hoher Arbeitsbelastung zusammenhängen. Wichtig ist, sich immer wieder die ursprüngliche Fragestellung vor Augen zu führen.
5. **Handlungsempfehlungen umsetzen**
   Kein Nutzen ohne die entsprechende Maßnahme: Damit es nicht allein bei der Datenanalyse und Auswertung bleibt, kommt abschließend der wichtigste Teil: die Umsetzung. Aus Erkenntnissen sollen Handlungsempfehlungen und ganz konkrete Maßnahmen abgeleitet werden. Diese werden dann in einen Maßnahmenkatalog übertragen und mit Zeiten und Verantwortlichkeiten unterlegt. Außerdem werden die Aufgaben priorisiert. Durch einen regelmäßigen Abgleich mit aktuellen Zahlen können Erfolge sichtbar gemacht werden.

Rechtliche Rahmenbedingungen

Im Kapitel 7 wurde bereits auf die rechtlichen Rahmenbedingungen des strategischen Personalmanagements hingewiesen. An dieser Stelle soll nur noch auf rechtliche Besonderheiten bei People Analytics hingewiesen werden. Da auch hierbei personenbezogene und damit sensible Daten verwendet werden, unterliegen sie in Deutschland dem Schutz der DGSVO und dem Mitbestimmungsrecht des Betriebsrates.

In »People Analytics in der Praxis« (Reindl/Krügl, 2017) findet man folgende Praxishinweise: Um langwierige Verhandlungen mit dem Betriebsrat zu vermeiden, sollten in einer Betriebsvereinbarung folgende Rahmenbedingungen einfließen:

- **allgemeine Angaben:** Vertragsparteien, Dauer, Geltungsbereich.
- **Daten:** Um welche Daten geht es konkret? Welche Datenquellen werden verwendet? Welche Anonymisierungstechniken werden angewandt?
- **Datenerhebung:** Wann und wie oft?
- **Datenverarbeitung:** Aus welchen Quellen stammen die Daten? In welchem System werden sie verarbeitet bzw. gespeichert?
- **Verarbeitungszweck:** Welches Ziel wird angestrebt? Was passiert mit den Auswertungsdaten?
- **Transparenz und Information:** Wer wird in welcher Form wann und in welcher Häufigkeit über People-Analytics-Vorhaben, -Ziele, -Methoden, -Ergebnisse und abgeleitete Maßnahmen informiert?

- **technologische Festlegungen:** eingesetzte Analysesysteme und -technologien, Nutzung von Algorithmen, zuverlässige Datenverarbeitungsformate.
- **Datenschutz und -sicherheit:** Einhaltung von datenschutzrechtlichen Grundlagen, Prüfung, ob eine Analyse zulässig ist, Festlegung der Zugriffsberechtigungen, Festlegung der für die Verarbeitung Verantwortlichen, Verpflichtung auf das Datengeheimnis, Datenschutzdokumentation, Prozessfestlegung, Einsatz eines Datenschutzbeauftragten sowie Freiwilligkeit der Einwilligung bzw. gesetzliche Erlaubnis zur Datenverarbeitung.

Wenn Daten bei Mitarbeitenden direkt erhoben werden, sollte hinsichtlich der Informationspflichten Folgendes berücksichtigt werden:

- Um welche Daten geht es?
- Wer/Welche Abteilung ist für die Datenverarbeitung verantwortlich?
- Zu welchem Zweck werden die Daten erhoben bzw. auf welcher Rechtsgrundlage beruht die Datenerhebung?
- Was sind die Kontaktdaten des Datenschutzbeauftragten?
- Welche möglichen Konsequenzen könnten sich für die Mitarbeitenden ergeben?
- Welche berechtigten Interessen seitens des Unternehmens stehen hinter der Datenerhebung?
- Wer ist der Empfänger der Daten (intern/extern)?
- Weitere Informationen, die je nach Ermessen notwendig sind, um eine faire und transparente Verarbeitung zu gewährleisten:
  - Dauer der Speicherung
  - Rechte der Betroffenen
  - Widerrufbarkeit der Einwilligung
  - Verweis auf die bestehende Verpflichtung zur Bereitstellung personenbezogener Daten (sofern diese besteht)
  - bei Anwendung automatisierter Entscheidungsfindung und Profiling Information über die Tragweite und angestrebten Auswirkungen des Verfahrens sowie die dazugehörende Logik oder den Algorithmus

Wenn personenbezogene Daten nicht direkt bei den Mitarbeitenden erhoben werden, bestehen im Wesentlichen die gleichen Informationspflichten bezüglich der Daten und ob es sich dabei um eine öffentlich zugängliche Quelle handelt. Die Information muss in transparenter, verständlicher, genauer und leicht zugänglicher Form zur Verfügung gestellt werden (schriftlich oder elektronisch).

8.8 Human-Capital-Management

Über kein anderes Thema wurde in den vergangenen Jahren mehr diskutiert und keines ist umstrittener als das Human-Capital-Management. Nur in großen Unternehmen und Konzernen finden sich Konzepte, die sich mit der Berechnung des sog. Humanvermögens beschäftigen.

Im Jahr 2004 war das Thema unter dem Begriff »Humankapital« sogar das Unwort des Jahres. Dabei ging es den Juroren darum, deutlich zu machen, dass der Mensch kein Kapital ist, sondern dass er Würde besitzt und nicht mit einem Preis zu belegen ist.

Der Gedanke des Human-Capital-Management (HCM) ist aber ein ganz anderer. Es soll deutlich gemacht werden, dass der Mensch und damit die Mitarbeitenden und ihre Leistungen einen entscheidenden Anteil am Wert eines Unternehmens haben. Damit sollte dem Ansatz, dass Mitarbeitende nur Kosten verursachen, widersprochen werden. Um dies weiter zu verdeutlichen, sollen zunächst zwei Begriffe erläutert werden:

- Unter »**Humankapital**« versteht man den Wert, den die Mitarbeitenden durch ihre Kenntnisse, Fähigkeiten und Fertigkeiten für ein Unternehmen verkörpern.
- Unter »**Humanvermögen**« eines Unternehmens versteht man folgerichtig den Wert aller einem Unternehmen zur Verfügung stehenden personellen Ressourcen, mit denen ein Arbeitsvertrag besteht.

Diskussionen über das Thema HCM begannen bereits ca. 1970, als das Schlagwort »Humanisierung der Arbeitswelt« Eingang in die Medien fand. Zehn Jahre später wurde verstärkt über die Wirtschaftlichkeit des Betriebsgeschehens diskutiert. Das Personalcontrolling verbreitete sich und es stellten sich Fragen nach Effizienz und Effektivität.

In den 1990er-Jahren führte Papmehl (1990) aus, dass das erneute Interesse an diesem Thema mit der wachsenden Bedeutung des Faktors »menschliche Arbeitskraft« und den steigenden Qualifikationsanforderungen in den Unternehmen zusammenhängt. Er nannte drei Ursachen dafür:

- den technischen Wandel,
- die Zunahme von Personal- und Zusatzkosten sowie
- die veränderte Rolle von Arbeit und Kapital.

Zu der Zeit sprach man auch häufiger vom Konzept »Intellectual Capital«. Immaterielle Werte wurden als Treiber des betrieblichen Erfolgs identifiziert und anerkannt.

2007 stellte Rainer Marr folgende Thesen auf, die bei einer Diskussion helfen können:

- Die Wettbewerbsfähigkeit und der Wert eines Unternehmens lassen sich weder »von innen« noch »von außen« ausreichend beurteilen, wenn man den Wert des Personals nicht kennt.
- Der Wert des Personals übersteigt in den meisten Unternehmen den Wert des Kapitalinvestments erheblich und diese Tendenz nimmt zu.
- Der Wert des Personals wird repräsentiert durch den Nutzen, den die Mitarbeitenden ihrem Unternehmen verschaffen.

- Die Handlungsfähigkeit lässt sich durch ein überzeugendes Konzept der Messung des Humankapitals deutlich erweitern, weil es die Entscheidung potenzieller Investoren beeinflusst und künftig bei der Vergabe von Krediten sowohl die Höhe des Personalwerts als auch das Personalrisiko von entscheidender Bedeutung sein werden (Basel II).
- Die Gefahr des Scheiterns von Unternehmenszusammenschlüssen sinkt, wenn die Synergien und Kosten hinsichtlich des Personalwerts berücksichtigt werden (Human Resources Due Diligence).

Um den Wert des Humankapitals zu bewerten, gibt es am Markt unterschiedliche Modelle. Es gibt keine einheitliche Vorgehensweise. Trotz der geringen Resonanz hinsichtlich der Umsetzung in Unternehmen sollen im Folgenden einige wesentliche Modelle vorgestellt werden:

- **Markt-orientierte Modelle**
  Humankapital ist hier das Verhältnis von Marktwert und Buchwert des Unternehmens, z. B. die Marktwert-Buchwert-Differenz, die noch immer zur Berechnung intangibler Werte herangezogen wird. Nachteilig ist, dass ein Globalwert berechnet wird, der nicht ausschließlich auf das Humankapital zurückgeführt werden kann.
- **Accounting-orientierte Modelle**
  Das Humankapital wird auf der Basis des Personalaufwands eines Unternehmens bewertet, teilweise wird es ins Verhältnis zu Output-Faktoren gesetzt. Beispielhaft dafür ist der Entgelt-Barwert-Ansatz, der den Personalaufwand mit einem Faktor verrechnet, in den Gehaltssteigerungen, Langfristzinssätze und die durchschnittliche Betriebszugehörigkeit einfließen. Da ausschließlich Input-Größen eingesetzt werden, kann nur wenig flexibel auf Unternehmensveränderungen reagiert werden.
- **Indikatoren-basierte Modelle**
  Das Humankapital wird als Indexwert ausgewiesen. Er errechnet sich durch die Berücksichtigung quantitativer und qualitativer Indikatoren. Beispiele dafür sind das Modell des Human Capital Clubs sowie der Wucknitz-Ansatz.
- **Kombinationsmodelle**
  Hier werden die Komponenten der Grundmodelle kombiniert. Wie z. B. der Human-Potential-Index und die Saarbrücker Formel.
- **Value-Added-Modelle**
  Aus der Differenz von monetären Output- und Input-Größen wird auf den Wert des Humankapitals geschlossen. Das Workonomics-Modell von BCG, bei dem der Übergewinn pro Mitarbeiter berechnet wird, indem der Value-Added pro Mitarbeitenden um die Personalkosten pro Mitarbeitenden reduziert wird, ist ein solches Modell.
- **ertragsorientierte Modelle**
  Das Humankapital wird mit einer Return-on-Investment-Logik berechnet, wie z. B. der ROI on Human Capital Invest. Der Ertrag wird um den Aufwand ohne Löhne

und Gehälter reduziert und dann ins Verhältnis zu den Löhnen und Gehältern gesetzt.

- **Human-Potential-Index**
  Das Indikatorenmodell soll nach Aussage der Autoren Rückschlüsse auf den Erfolg der Unternehmen – bedingt durch gutes Personalmanagement – zulassen. Über eine unternehmenserfolgsbezogene Trennschärfenanalyse mithilfe eines Extremgruppenvergleichs werden Indikatoren isoliert, die die besonders erfolgreichen von den weniger erfolgreichen Unternehmen unterscheiden. Das Ergebnis ist ein umfangreicher Fragebogen, der im Rahmen einer Selbsteinschätzung von Personalmanagern zu einem gewichteten Indexwert führt, der für das Humankapital eines Unternehmens stehen soll. Die Diskussionen über dieses Modell laufen seit Langem und die Ergebnisse des Modells gelten als umstritten.

Bis heute hat sich an der Bedeutung der HR-Themen als Basis für Investmententscheidungen nichts geändert. Durch die ISO-Norm 30414 zum Human Capital Reporting (HCR) haben Personalarbeit und Personalstrategie eine höhere Relevanz in den Geschäftsberichten.

2021 hat die HKP-Group unter Mitwirkung von DGFP, DIRK und der Academy of Labour eine Studie zum HCM-Reporting der DAX-30-Unternehmen durchgeführt. Dabei wurden die aktuellen Geschäfts-, Nachhaltigkeits- und Personalberichte analysiert und in einer eigens erstellten Taxonomie den Erwartungen der Investoren gegenübergestellt. Leider ist das Ergebnis sehr ernüchternd. Das HCM-Reporting der führenden börsennotierten Unternehmen ist zerfasert mit Blick auf die gewählten Berichtsformen, heterogen in der Themenauswahl und hoch divers in Qualität und Quantität der Darstellung. Die Themenschwerpunkte waren:

- **Social**
  - Diversität und Chancengleichheit
  - Ausbildung, Qualifizierung und Engagement
  - Labour Relations und Vereinigungsfreiheit
  - Beschäftigung und Arbeitsverhältnisse
  - Arbeitssicherheit und Gesundheitsschutz
  - Compensation, Incentives und Benefits
  - Corporate Social Responsibility
  - Menschenrechte und Lieferketten
- **Governance**
  - Risk Management
  - Compliance und Business Ethics
  - Data Security
  - Zusammensetzung und -arbeit der Organe
  - HCM-Strategie

Einige der Themen sollen hier detaillierter beleuchtet werden.

HCM-Strategie

Es gibt keine gesamthafte Perspektive der HCM-Strategie. Die Berichterstattung ist ausführlich, vor allem in Nachhaltigkeitsberichten. Betont wird die Bedeutung der Mitarbeitenden als Ressource für den Unternehmenserfolg. Die meisten Unternehmen beschreiben die Grundsätze und Prioritäten ihrer HCM-Strategie mit den daraus entstehenden Wettbewerbsvorteilen. Meistens werden Schwerpunkte hervorgehoben wie z.B. die Gewinnung von Talenten, die Führungskräfteentwicklung oder die Unternehmenskultur.

Diversität und Chancengleichheit

Diversität und Chancengleichheit sind zentrale Themen in den Geschäftsberichten. Es wird verdeutlicht, dass Diversität im Sinne von Geschlechtervielfalt als relevant angesehen wird. Aber auch, dass Aspekte wie Ethnie, Nationalität, sexuelle Orientierung, Behinderung, Religion und Ähnliches eine Rolle spielen. Andere Aspekte wie die demografische Verteilung der Belegschaft oder Ländervergleiche kommen zu kurz. Viele Unternehmen fokussieren ihre Kennzahlen auf den Gender-Aspekt. Einige Firmen haben Diversitätsziele definiert und auch festgelegt.

Labour Relations und Vereinigungsfreiheit

Labour Relations und Vereinigungsfreiheit geraten über das HCM immer stärker in den Fokus der Investoren. Was früher als Hindernis galt, wird heute als Stärke wahrgenommen. Ein organisiertes Miteinander führt zu geringeren Risiken beim Arbeits- und Datenschutz oder bei Menschenrechten. In den Unternehmensberichten taucht das Thema nur selten auf. Es wird lediglich erwähnt, dass es ein Recht auf Vereinigungsfreiheit bzw. auf den Beitritt zu einer Gewerkschaft gibt.

Compensation, Incentives und Benefits

Die Vergütung und Nebenleistungen werden von allen Firmen thematisiert. Vorrangig sind die Ausgestaltung der Systeme und die mit ihnen anvisierten Ziele. Des Weiteren wird über die regulierten Systeme der Vorstands- und Aufsichtsratsvergütung, Mitarbeiterbeteiligungsprogramme, die betriebliche Altersversorgung und Initiativen für eine faire, geschlechtergerechte Vergütung berichtet. Letzteres aber nicht in allen Firmen. Nur zwei Unternehmen sehen den Gender Pay Gap als Kennzahl vor. Auch über Tarifstrukturen und die Vergütung von AT-Mitarbeitenden wird selten berichtet. Neben der Altersversorgung wird über andere Benefits kaum geschrieben.

Data Security

Die Berichterstattung erfolgt in erster Linie im Nachhaltigkeitsbericht. Es werden in der Regel nur allgemeine oder pauschale Aussagen getroffen. Nur selten ist ein Rückschluss auf den Stellenwert im Unternehmen möglich. Insgesamt sind nur wenige Kennzahlen dazu veröffentlicht.

Aus- und Weiterbildung, Qualifizierung sowie Engagement

Die Themen Aus- und Weiterbildung, Qualifizierung sowie Engagement werden ausreichend beleuchtet. Bildung wird häufig im Kontext von Transformation und Digitalisierung als strategisch bedeutend betont. Man berichtet über digitale Kompetenzen und Lernangebote. Man betont deren Bedeutung für die eigene Zukunftsfähigkeit. Weiterhin werden Ausbildungsberufe und Ausbildungsplätze herausgehoben. Auch über Mitarbeiterengagement und Mitarbeiterzufriedenheit sowie Befragungen wird vielfach berichtet.

Festzuhalten bleibt, dass der Druck der Investoren hinsichtlich des HCM hoch bleibt und dass das Auswirkungen auf die Berichterstattung und auf das Reporting nach sich ziehen wird. Im Moment ist das Angebot noch nicht ausreichend. Angesichts dieser Relevanz wird die Berichterstattung zu HR-spezifischen Themen (Kenngrößen und Sachverhalten) zu einem zentralen Aufgabengebiet der Personalverantwortlichen. Das bedeutet auch, dass HR zukünftig eine stärkere Rolle im Investorendialog spielen wird.

8.9 Controlling der Personalarbeit

Wenn man über das Controlling in der eigenen Abteilung spricht, sollte man zwei Komponenten berücksichtigen: die Qualität der Arbeit, der Prozesse und der Instrumente sowie die Ressourcen, die dafür zur Verfügung stehen bzw. erforderlich sind. Das heißt, es stellt sich einerseits die Frage, wie viel Geld die Personalarbeit kosten darf, und andererseits, wie zufrieden die internen Kunden mit den Leistungen der Abteilung sind und wie viel Kosten sie bereit sind zu tragen.

Qualität

Bei der Frage nach der Qualität muss geprüft werden, inwieweit die Personalarbeit professionell ist, ob ihre Strukturen effizient sind, ob die Instrumente den Anforderungen der Kunden entsprechen und ob die Mitarbeitenden bezüglich ihrer Qualifizierung und Motivation dem gerecht werden. Für die Überprüfung der Qualität gibt es verschiedene Instrumente, die angewendet werden können:

- Benchmarking
- Mitarbeiterbefragungen
- Prozessanalysen
- Soll-/Ist-/Plan-Vergleiche
- Befragungen ausgewählter Kunden
- SWOT-Analyse
- Balanced Scorecard

Die wichtigsten davon werden in Kapitel 11 ausführlicher behandelt.

Um den Qualitätsanforderungen gerecht zu werden, müssen also die Leistungen mit den Erwartungen der Kunden übereinstimmen.

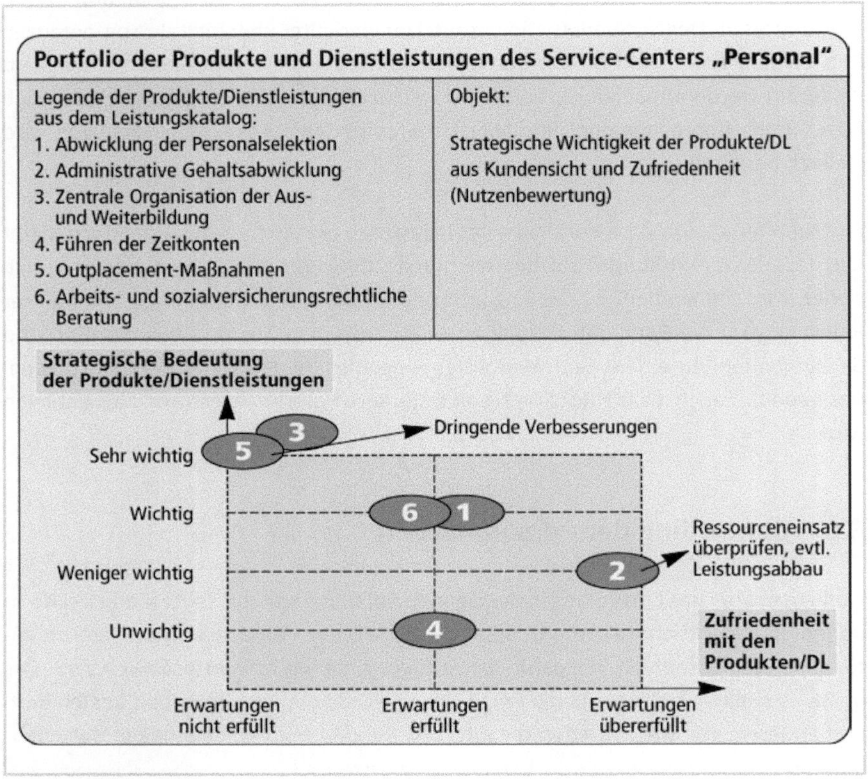

Portfolio des Servicecenters Personal

Die durch die Krisenjahre veränderte Arbeitswelt hat verdeutlicht, dass HR durchaus die Erwartungen erfüllt hat. Aber die Anforderungen an HR sind gewachsen und werden immer vielfältiger. Es geht um die Verbesserung der Prozesse (Digitalisierung, Outsourcing, Insourcing), einen dazu erforderlichen Kompetenzaufbau sowie einen verstärkten Einsatz in der Organisationsentwicklung (bedingt durch die neuen Anforderungen). Man kann davon ausgehen, dass nicht nur in diesem Bereich erhöhter Kompetenzbedarf besteht, sondern darüber hinaus auch in anderen Bereichen (z.B. Gesundheitsmanagement, Employer Branding). Ein wichtiger Punkt dabei ist, dass das erforderliche Budget nicht in diesem Ausmaß mitwächst.

Die Frage, in welchen Bereichen HR sich in den kommenden Monaten zusätzliche Kompetenzen aufbauen muss, beantworten die Befragten in der Studie »Hybrid HR« der Zeitschrift »Personalwirtschaft« (01/2022) , die gemeinsam mit dem Research-Team im F.A.Z.-Fachverlag sowie den Partnern Empleox, milch & zucker und PageGroup erarbeitet wurde, wie folgt:

- Digitalisierung und Automatisierung der HR-Prozesse und -Tätigkeiten (67 %)
- Auf- und Ausbau von Agilität im gesamten Unternehmen (49 %)
- Change-Management (43 %)
- Mobiles Arbeiten/Remote Work (42 %)
- Employer Branding (35 %)
- Mental Health (z. B. Stressprävention) (34 %)
- Risikomanagement (9 %)

Bei den Fragen zur Agilität, mobilem Arbeiten und Mental Health sind die Zahlen in Unternehmen mit mehr als 5.000 Mitarbeitenden höher. Sie liegen bei 59 % (Agilität), 60 % (mobiles Arbeiten) und 45 % (Mental Health).

Bei den entsprechenden Fragen zu den Ressourcen antworteten 55 %, dass ihr Budget unverändert sei. Bei 15% sei es sogar spürbar verringert, während 17 % von einer Steigerung sprachen.

Bei den Mitarbeitendenzahlen sah es ähnlich aus: 67 % unverändert, 14 % spürbare Verringerung und 15 % Steigerung.

Wenn man andererseits hinterfragt, welche HR-Services von den jeweiligen Personalabteilungen erbracht werden, kommt man zu Ergebnissen, die nicht zufriedenstellen können. In einer Studie von Haufe (Haufe HR-Services-Experience-Studie 2021) traten die folgenden Ergebnisse zutage:

- 71 % Personalakten führen und bereitstellen
- 69 % Stellen ausschreiben und Bewerbungen organisieren
- 68 % Formalitäten regeln (Mutterschutz, Arbeitszeiten, Homeoffice etc.)
- 68 % Arbeits- und Fehlzeiten verwalten
- 65 % Löhne, Gehälter und Gratifikationen usw. abrechnen und anpassen
- 64 % Einstellungsprozesse umsetzen und Mitarbeitende bei der Einstellung begleiten

Das sind alles administrative Prozesse. Bei den transformationalen Prozessen sieht es dagegen anders aus:

- 46 % Weiterbildungen anstoßen, organisieren und betreuen
- 45 % künftige Anforderungen für jede Stelle in Abstimmung mit den Fachabteilungen festlegen
- 34 % Talent-Management-Prozesse organisieren und unterstützen
- 30 % Engagement der Mitarbeitenden ermitteln und fördern

Dieses Ergebnis bedeutet, dass der Schwerpunkt noch immer im administrativen Bereich liegt und der transformationale noch im Argen liegt.

Auch die Zufriedenheit der internen Kunden ist nicht überwältigend. Um einige Beispiele herauszuziehen:
- 67 % Gehalt etc.
- 64 % Arbeitszeit etc.
- 56 % spezielle Anfragen von Mitarbeitenden beantworten
- 49 % Stellenausschreibungen
- 43 % Versetzungen begleiten

Da kann man nicht von großer Zufriedenheit sprechen. Was ist zu tun? Laut der Studie gibt es drei erfolgskritische Felder:
- HR-Prozesse weiter digitalisieren und transparenter gestalten
- mehr transformationale Services anbieten
- sich stärker an internen Kundengruppen orientieren

Als Fazit bleibt festzuhalten, dass sich die Zufriedenheit im Mittelfeld bewegt, solange HR sich nur mit administrativen Prozessen beschäftigt. Es ist erforderlich, dass sich HR stärker in den menschenzentrierten, individuellen, transformationalen Leistungen engagiert. Nur davon kann das Unternehmen als Ganzes profitieren.

Wenn HR bereit ist, diesen Weg zu gehen, sind es vier Bereiche, in denen die Gestaltung proaktiv angegangen werden muss (Jörg Ritter, Human Resources Manager vom 20.02.2023):

1. Organisation
Es beginnt mit der Frage, welchen Zweck die Organisation hat. Wichtig ist, die Unternehmensstrategie mitzugestalten, die Talentplanung zu integrieren sowie eine sachbezogene und offene Zusammenarbeit mit den Mitarbeitenden-Gremien zu schaffen. Darin lägen die ersten Wertbeiträge von HR. Ein weiterer Schwerpunkt ist die Identifikation neuer Geschäfts- und Organisationsmodelle. Dazu kommt die Ausgestaltung neuer struktureller und inhaltlicher Arbeitsmodelle.

2. Arbeit
In den letzten Jahren ist immer deutlicher geworden, dass die Arbeit nicht von einzelnen Personen und auch nicht einzelnen Organisationen erledigt werden kann. Deshalb ist es wichtig, über Organisationsgrenzen hinaus Teamarbeit zu organisieren. Der Trend zu Projektarbeit und sich verändernden Arbeitsbereichen wird deutlicher. Der Berichtsweg wird weniger hierarchie- und mehr projektbezogen. Deswegen muss HR stärkere Aktivitäten in Richtung Organisational Design und Teameffektivität starten und die Führungskräfte zu mehr People-Management entwickeln.

3. Mitarbeitende

Es geht darum, die Mitarbeitenden für neue bzw. sich ändernde Positionen zu befähigen. Gleichzeitig ist es notwendig, die Führungskräfte dahin zu bringen, dass sie lernen, dass Fachkompetenz nicht mehr die einzige Expertise für sie ist. Wichtiger werden Kompetenzen mit sozialem und motivatorischem Hintergrund. Darüber hinaus muss dem verbreiteten Silodenken entgegengetreten werden. Karrierepfade sollten bereichsübergreifend sein. Das gilt ebenso für die Nachfolgeregelung. HR sollte sich in all diesen Notwendigkeiten als Treiber positionieren.

5. HR-Plattform

Basis für die Erledigung der vorher geschilderten Aufgaben ist eine HR-Plattform. Damit können die Personalprozesse effizient ausgeführt werden. Das geht nur, wenn das Design und die Ausführung effizient und effektiv gestaltet sind. Dazu gehört eine datenbasierte Verbesserung der Produkte und Dienstleistungen. Auf der Basis von People Analytics werden auch datengetriebene Vorschläge und Einschätzungen geliefert. Auch hier muss eine entsprechende Expertise aufgebaut werden.

Zusammengefasst bedeutet dieser Ansatz, dass in den Führungspositionen neue Erfahrungs- und Kompetenzprofile erforderlich sind. Wenn sich die Rahmenbedingungen für die organisationalen Wertschöpfungsprozesse ändern, ist das Business-Verständnis der HR-Manager die Grundvoraussetzung, um personalwirtschaftliche Aktivitäten ergebnisorientiert umsetzen zu können.

8.10 Effizienz der Personalarbeit

Moderne Personalarbeit muss ihren Wertbeitrag zur Sicherung der Wettbewerbsfähigkeit und zur Steigerung der Wirtschaftlichkeit eines Unternehmens erbringen. Dies gilt für alle Bereiche des Personalressorts, für jeden Prozess und für jedes Instrument. Es geht nicht um Einsparerfolge, sondern um die Verbesserung der Effektivität und Effizienz der Personalarbeit. Ziel ist ein optimales Kosten-Nutzen-Verhältnis zwischen dem Ressourceneinsatz und dem erreichten Ergebnis der Personalarbeit.

Effiziente Personalarbeit liegt vor, wenn die vorgegebenen Ziele bzw. Aufgaben

- von ausreichend vorhandenen Mitarbeitenden
- mit der erforderlichen Qualifikation
- zum richtigen Zeitpunkt
- am richtigen Ort

erfüllt werden können.

Optimierung der Effizienz der Personalarbeit (DGFP, 2001, S. 51)

Um eine effiziente Personalarbeit zu erreichen, ist es dringend erforderlich, die bereits angesprochene Digitalisierung zügig voranzutreiben. In der BPM-Berufsbildstudie »People & Organization 2020« wurde auf die Frage »In welchen Bereichen von HR verwenden Sie bereits digitale Tools?« wie folgt geantwortet (in absteigender Reihenfolge):

- digitale Lernformate
- Datenanalyse
- Prozessautomatisierung
- Gamification

Die daraus entstehenden Vorteile sind laut dem Leitfaden »HR-Digitalisierung« von Haufe-Services (2021) deutlich zu erkennen:

- Zeit sparen
- Kosten senken
- Zufriedenheit erhöhen
- Effizienz erhöhen
- Aufwände reduzieren

Das Entscheidende dabei ist, dass man sich vor Beginn der Digitalisierung einzelner Prozesse einen Überblick über die Kernprozesse verschafft und daraufhin eine Priorisierung vornimmt.

Einer der Ersten, der auf das Thema »Wertschöpfungscenter Personal« aufmerksam machte und es in zahlreichen Publikationen erläuterte, war Rolf Wunderer in den frühen 2000er-Jahren. Seine These war, dass der Personalbereich durch die oben beschriebenen Maßnahmen eine gesteigerte betriebliche Wertschöpfung erbringt und sich zu einem »Dienstleistungszentrum« entwickelt.

Hier ein Beispiel für einen Wertschöpfungsprozess im Bereich Weiterbildung:

1. Erfassung aktueller Bildungsbedürfnisse
2. Entwicklung neuer Bildungsprodukte
3. Ggf. Einkauf neuer Bildungsleistungen
4. Leistungserstellung in Form von kundenspezifischen Kursen
5. Verwaltung der Personalentwicklungsdaten, der Seminarplanung und Seminardurchführung
6. Abnahmeverhandlungen, Kommunikation des Leistungsangebots

Bei einer Konkretisierung ist es sinnvoll, zunächst eine Stärken-Schwächen-Analyse hinsichtlich der Leistungen des Personalressorts vorzunehmen. Hier ein Beispiel:

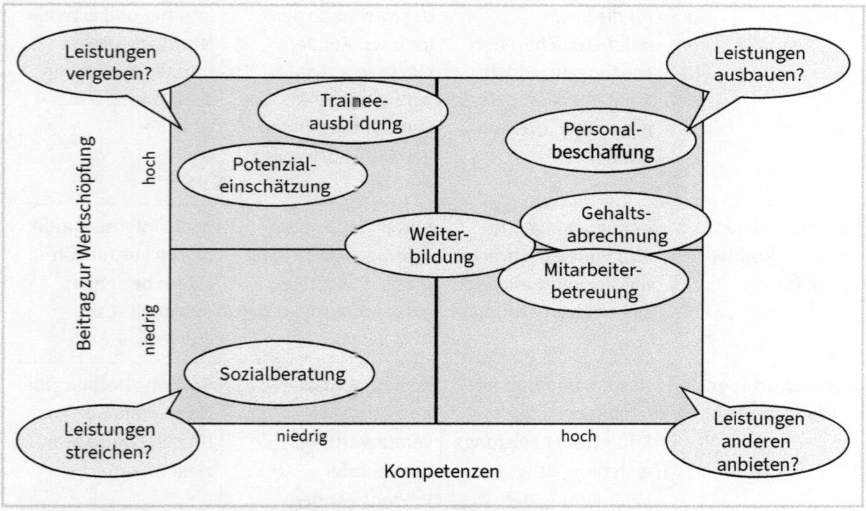

Stärken-Schwächen-Analyse für Leistungen des Personalbereichs

Es wird deutlich, dass zu entscheiden ist, ob Leistungen ausgebaut, auch anderen Unternehmen angeboten, gestrichen oder extern vergeben werden sollten. In Kapitel 11.1 wird noch vertieft auf die SWOT-Analyse eingegangen.

Auf zwei weitere Punkte soll hier noch hingewiesen werden, die für die Verbesserung der Effektivität und Effizienz von Bedeutung sind. Da ist zunächst die Frage nach der Konzeption. Bei einer Centerkonzeption unterscheidet man drei Ausgestaltungen:

- Profitcenter
- Servicecenter (Revenue Center)
- Costcenter

Durch die Wahl werden auch Entscheidungen über die Ziele der jeweiligen Personalabteilung getroffen.

Centerkonzept	Kunden	Ziele	Preise
Profitcenter	externe Kunden	Gewinn maximieren	marktorientiert
Servicecenter (Revenue Center)	interne Kunden	Ergebnis ausgleichen	marktorientiert, wo möglich
Costcenter	interne Kunden	Kosten minimieren	kostenorientiert

Die Centerkonzeption entscheidet über wesentliche Ziele der Personalabteilung

	Costcenter	Servicecenter	Profitcenter
Autonomiegrad der Personalfunktion (Lieferant)	gering: zwingende »Herstellpflicht« für die unternehmenssichernden Leistungen; jedoch Richtlinienkompetenz gegenüber internen Kunden	mittel: Angebot orientiert sich an der Nachfrage der internen Kunden; externer Verkauf wird ausgeschlossen; Verrechnungspreise gemäß Transferpreismodell	hoch: Angebot orientiert sich an interner und externer Nachfrage; Preise müssen marktfähig sein; Marktpartnerwahl frei
Autonomiegrad interner Kunden (Abnehmer)	gering: zwingende Abnahmevorschriften für die unternehmenssichernden Leistungen	mittel: Zugang zu externem Markt kann durch Vorschriften eingeschränkt werden	hoch: Interne Kunden dürfen Leistungen extern beziehen; eventuell »Last Call-Prinzip«
Verantwortungsumfang der Leitung	Kosten- und Budgetverantwortung; Effizienz der Leistungserstellung bzw. Minimierung der Kosten; Vereinbarung eines Outputs	Kosten-, Umsatz- und Qualitätsverantwortung; vereinbarter Prozentsatz der Bereichskosten/des Mengengerüsts muss erfüllt werden	Gewinn-/Deckungsbeitragsverantwortung; Umsatz- und Absatzziele
Erfolgsevaluation	Benchmarking mit gleichen Kostenstellen oder anderen Unternehmen	Umsatz bzw. Grad der Kostendeckung; Benchmarking mit Markt	Gewinn; Benchmarking mit Konkurrenzunternehmen

Die Personalabteilung wird an unterschiedlichen Erfolgskriterien gemessen

Der zweite Punkt ist die Erstellung eines Leistungskatalogs oder einer Leistungsvereinbarung, die als Basis für die Verrechnung der anfallenden Kosten genutzt werden kann. Hierzu ein Beispiel für den Bereich Lohn- oder Gehaltsabrechnung.

Ansprechpartner Leistungsempfänger	Herr/Frau … Tel.: xxx
Inhalt der Leistung	monatliche Durchführung der Lohn- und Gehaltsabrechnung
Geplante Leistungsmengen	600 Abrechnungen pro Monat
Messmethode	monatliche Ermittlung der Leistungsmengen durch Leistungserbringer und Übermittlung an Abteilung »Gehaltsabrechnung« bis zum 15. eines Monats
Preis	€ xx,- je real abgerechnetem Mitarbeiter entspricht € xxx pro Monat
Qualitätskriterien	• Gutschrift des Lohns/Gehalts auf MA-Konto spätestens am 25. jedes Monats • Anzahl Nachberechnungen < 5 %
Sanktionen	keine finanziellen Sanktionen bei Schlechtleistung
Zulieferungen durch Nutzer	• Meldung von Personalveränderungen (Neueinstellungen, Versetzungen, Personalausstellungen) spätestens bis zum 10. jedes Monats durch die Abteilung • Meldung von Gehaltsveränderungen spätestens zum 15. eines Monats durch die Abteilung
Verrechnungsvorgehen	monatliche Verrechnung von Kostenstelle »Gehaltsabrechnung« zulasten der Kostenstelle ___________ auf der Basis der monatlich gemeldeten Mengen
Mengenabweichungen	bei Verringerung des Personalbestandes um mehr als 10 % neue Preisabsprache

Um die Verrechnungspreise zu bestimmen, gibt es unterschiedliche Methoden. Die Wahl der Methode hängt auch von der Centerkonzeption ab, für die man sich entschieden hat:

- marktorientierte Verrechnungspreise:
  - Wertbeitragsrechnung
  - Verrechnungspreise durch Verhandlungen
  - Voraussetzung: vollkommener Markt
- kundenorientierte Verrechnungspreise:
  - vollkostenorientierte Preise
  - Vollkosten plus Gewinnzuschlag
  - grenzkostenorientierte Preise
  - variable Preise plus Zuschlag
  - Prozesskostensätze

Die Vor- und Nachteile der jeweiligen Lösung sehen wie folgt aus:

- Marktpreise:
  - Vorteile:
    - Erfordernis, eigene Kosten zu verdienen
    - keine Belastung des Unternehmens
    - Überschüsse für neue Märkte
    - Gewinnorientierung statt Overhead-Denken
  - Nachteile:
    - keine Nachfrage am Markt nach einigen Leistungen
    - Nach-außen-Geben strategischer Vorteile
    - Verdacht der »Spionage«
    - gegenläufige Interessen zum Gesamtunternehmen
- Kostenschlüsselung:
  - Vorteile:
    - Weitergabe zu Selbstkosten
    - Mitfinanzierung von »Forschung«
    - leichtere Durchsetzbarkeit von strategischen Entscheidungen
  - Nachteile:
    - Unzufriedenheit durch Abnahmezwang
    - Verlust durch zu hohe Preise
    - schlechte Qualität der Leistungen
    - wenig Transparenz für die Kunden

Eine weitere Variante der Verrechnung der Leistungen ist die sogenannte Vollkostenallokation. Hierbei werden alle Verwaltungsaufwendungen der Overhead-Bereiche (inkl. Personal) vollständig auf die operativen Bereiche verteilt. Ziel ist es, zu einer gerechten Zuordnung zu den Leistungsempfängern zu kommen. Parallel dazu erhält man damit eine finanzielle Darstellung des Ressourcenverbrauchs der einzelnen Geschäftsfelder. Die Verteilung der Kosten erfolgt einmal im Jahr im Rahmen der Finanzplanung zwischen den Leistungserbringern und den Leistungsempfängern. Sinnvollerweise wird dafür ein »Vollkosten-Workshop« veranstaltet. Hierbei haben beide Seiten die Möglichkeit, ihre Interessen und ihre finanziellen Ressourcen darzulegen und zu einer für beide Seiten zufriedenstellenden Vereinbarung zu kommen.

Unabhängig von den genannten Möglichkeiten der Leistungsverrechnung ist es für den Personalbereich immer schwer, genügend Ressourcen zu erhalten und damit die Qualität entsprechend zu sichern.

Die bekannteste Vergleichsquote ist die Betreuungsquote. Sie ist vielfach ein Maßstab, inwieweit die Personalabteilung ausreichend besetzt ist. Aber sie steht immer wieder im Fokus von Untersuchungen, wenn es um Kostenersparnis geht. Bereits vor über zehn Jahren wurde in einer Capgemini-Untersuchung Folgendes festgestellt: Es gibt drei Arten von Personalabteilungen:

- »fette« Personalbereiche – ein HR-Mitarbeiter ist für 59 Headcounts oder weniger zuständig,
- »mollige« Personalbereiche – ein HR-Mitarbeiter ist für 60 (sehr mollig) bis 99 (leicht mollig) Mitarbeitende zuständig,
- »schlanke« Personalbereiche – ein HR-Mitarbeiter ist für 100 oder mehr Mitarbeitende zuständig.

Im Annual Human Resources Report von Bloomberg BNA (2015) liegt der Median der HR-Ratio bei 1,1 VZK (FTE) HR-Mitarbeitenden pro 100 Headcounts. Zu berücksichtigen ist, dass diese Umfrage bei amerikanischen Firmen durchgeführt wurde und das Thema Gehaltsabrechnung inkl. Sozialversicherungen nicht so komplex wie in Deutschland ist. Bezüglich der Größen liegt die HR-Ratio bei kleinen Firmen ab 100 Mitarbeitenden bei 1,26 und bei großen Unternehmen ab 7.500 MA bei 0,42. Der Durchschnitt der Jahre zuvor lag zwischen 1 : 78 und 1 : 85.

Die Hays Group (2019) differenziert wie folgt:

- Personalerhaltung (Verwaltung, Betreuung) – HR-Ratio 0,5 pro 100 MA
- Personalerhaltung und Personalentwicklung – HR-Ratio 0,8 pro 100 MA
- HR-Management (inkl. Strategie) – HR-Ratio 1,8 bis 2,5 pro 100 MA

Die Haufe-Akademie (06/2013) geht von einer Quote von 1 : 89 für den Leistungsumfang von Gehaltsabrechnung, Stammdatenverwaltung, Betreuung und Entwicklung sowie Recruiting aus.

Leider wurden in der letzten Zeit keine neuen Zahlen ermittelt. Das veranlasste die HR-Beratung HR Works Personalwerk gemeinsam mit mittelständischen Unternehmen ein Benchmarking-Konzept zu entwickeln (Personalmagazin 07/2021). Es beruht auf einem Input-Output-Konzept, das betrachtet, wie Personalarbeit operativ zustande kommt. Es ist aufgeteilt in:

- Aufwand eines Unternehmens für Personalarbeit (Input)
- Aufgaben der Personalarbeit (Prozesse)
- Ergebnisse der Personalarbeit (Output)

Der Aufwand eines Unternehmens für Personalarbeit setzt sich aus Personalkosten (Kapazitäten) und Sachkosten (Software, externe Unterstützung, Rechtsberatung etc.) zusammen. Dieser Aufwand ermöglicht es, die Aufgaben der Personalarbeit (Personalbetreuung, Personalentwicklung, Services etc.) zu erledigen. Diese Personalarbeit bringt einen Output, also Ergebnisse. Diese können durch absolute Zahlen oder durch Quoten ermittelt werden.

Aufwand der Personalarbeit (Input)	Aufgaben der Personalarbeit (Prozesse)	Ergebnisse der Personalarbeit (Output)
Kosten • Personalkosten • Sachkosten Kapazitäten • Arbeitskapazitäten • Outsourcing-Kapazitäten	Personalbetreuung/HR Business Partner Personalentwicklung/ Training und Development Abrechnung und Services	Kennzahlen (Anzahl Stellenbesetzungen, Rekrutierungskosten pro Stelle, Fluktuationsquote) Mitarbeitenden-Zufriedenheit

Input-Output-Konzept der operativen Personalarbeit (HR-Beratung HR Works Personalwerk) (Personalmagazin 07/2021)

Im Idealfall kann die gesamte Personalarbeit auf diese Weise gemessen werden. Dazu müssen für alle drei Abschnitte Zahlen generiert werden. Beim Aufwand ist das unproblematisch (Kosten und Kapazitäten), bei den Aufgaben ebenfalls (Beschreibung der Prozesse und Zeitaufwand). Schwieriger wird es bei den Ergebnissen. Hier greifen zwar Quoten, aber die haben meistens eine nur begrenzte Aussagekraft. So ist der Rekrutierungsaufwand für einen IT-Spezialisten in einer Großstadt nicht mit dem in einem ländlichen Gebiet vergleichbar. Ebenso ist die Zahl der Stellenbesetzungen bei einem wachsenden Unternehmen nicht vergleichbar mit der eines schrumpfenden. Daher wurde entschieden, das Konzept zunächst nur auf den Aufwand und die Aufgaben zu konzentrieren.

Beim Aufwand wurden fünf Kennzahlen vorgegeben:

- Betreuungsquote (Mitarbeitende pro HR-MA)
- HR-Entgeltkosten pro betreutem MA
- Technikkosten pro betreutem MA
- Outsourcing-Kosten pro betreutem MA
- weitere Kosten pro betreutem MA

Die Aufgaben der Personalarbeit wurden in die drei Bereiche HR Business Partner, Personalentwicklung und Services eingeteilt. Es wurden Erfassungscharts mit detaillierten Aufgabenbeschreibungen vorgegeben. Man konnte zusätzlich eine Unterteilung in lokal, national und international vornehmen. Die Zahlen wurden vergleichbar gemacht, indem man sie jeweils auf 1.000 MA bezog. Die Studie wurde mit fünf mittelständischen Unternehmen durchgeführt. Die Ergebnisse zeigten deutliche Unterschiede sowohl bei den HR-Gesamtkosten pro betreutem MA als auch bei der Betreuungsquote auf. Die Kosten liegen zwischen 1.000 Euro und 2.000 Euro, die Betreuungsquote zwischen 50 und 90 betreuten Mitarbeitenden. Bei den Technikkosten sind die Unterschiede noch höher, sie reichen von 10 bis 110 Euro jährlich pro Mitarbeitenden.

Die daraus entstandenen Empfehlungen sind:

- HR-Entgeltkosten pro betreutem MA um oder unter 1.000 Euro sind in Ordnung. Bei höheren Kosten sollte nach den Ursachen geforscht werden.
- Eine Betreuungsquote von 80 bzw. 90 MA pro HR (VZK/FTE) ist »Best Class«.
- Bei einer darunter liegenden Quote besteht Handlungsbedarf.
- Technikkosten von über 60 Euro jährlich pro MA sollten überprüft werden.

9 Strategische Personalplanung

»Planen heißt nicht, die Zukunft vorherzusagen,
sondern auf die Zukunft vorbereitet zu sein.«
Perikles, griechischer Staatsmann der Antike

9.1 Definition und Grundlagen der Personalplanung

Die Personalplanung ist einer der wichtigsten Prozesse in der Personalarbeit. Allein schon deswegen, weil alle Unternehmensbereiche Kapazitäten mit entsprechender Qualifikation zu einem bestimmten Zeitpunkt an einem festgelegten Ort benötigen. Nur dann ist es möglich, die jeweiligen Ziele (Ertrag, Umsatz etc.) zu erreichen. Wenn eine personelle Unterdeckung oder zu viel Personal vorhanden sind, sind diese Ziele gefährdet.

Der Prozess versucht, die erforderlichen Maßnahmen zur Erreichung der Ziele (Qualität, Quantität, Zeit und Ort) vorwegzunehmen. Es geht um Fragen wie:

- Haben wir Mitarbeitende mit der gewünschten Qualifikation?
- Wenn nicht, wie lang dauert die Ausbildung?
- Oder können wir Mitarbeitende mit der gewünschten Qualifikation am Markt einkaufen?
- Was kosten sie am Markt?
- Können sie am gewünschten Ort überhaupt rekrutiert werden?

Diese und ähnliche Fragen stellen sich bei vielen Investitionsprojekten in den Unternehmen.

Die Personalplanung ist immer im Zusammenhang mit der gesamten Planung eines Unternehmens zu sehen. Man spricht hier von der Personalplanung als derivativer Funktion. Wenn man sich die Planungsstruktur eines Unternehmens ansieht, zeigt sich schnell, dass die Personalplanung im Mittelpunkt steht.

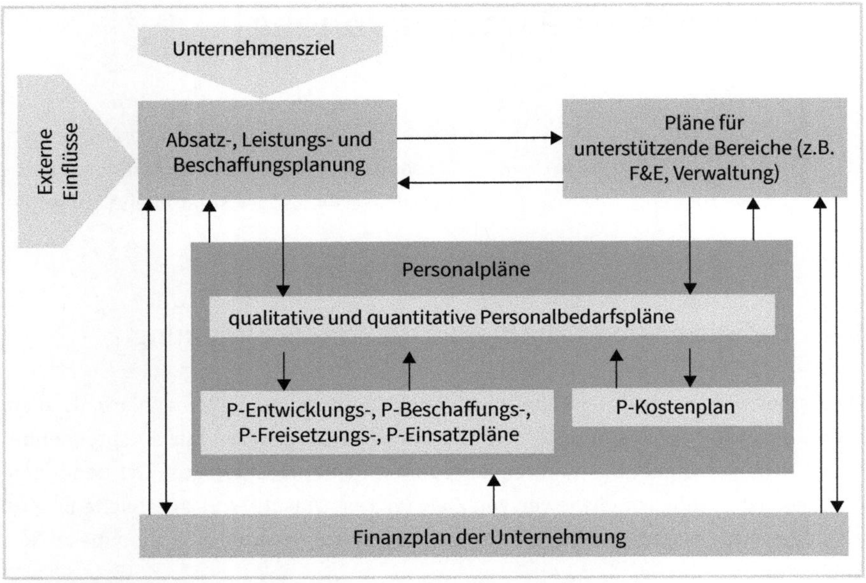

Personalplanung als Teil der Unternehmensplanung (nach Mag, 1998, S. 222)

Im Betriebsverfassungsgesetz ist eindeutig festgelegt, dass das Unternehmen den Betriebsrat über die Personalplanung, insbesondere über den gegenwärtigen und zukünftigen Personalbedarf einschließlich der geplanten Beschäftigung von Personen, die nicht in einem Arbeitsverhältnis mit dem Unternehmen stehen, sowie über Maßnahmen der Berufsbildung anhand von Unterlagen rechtzeitig und umfassend zu unterrichten hat (§ 92 Abs. 1 BetrVG).

Darüber hinaus kann der Betriebsrat eigene Vorschläge für die Einführung einer Personalplanung und ihre Durchführung machen (§ 92 Abs. 2 BetrVG). Diese Vorschläge müssen aber vom Unternehmer nicht aufgegriffen werden. Kein Mitspracherecht hat der Betriebsrat bei Maßnahmen, die leitende Mitarbeitende betreffen.

Der Informationspflicht wird durch die Übergabe aller relevanten Informationen und Unterlagen nachgekommen. Diese muss so frühzeitig erfolgen, dass der Betriebsrat ausreichend Zeit hat, über die vorgesehenen Maßnahmen zu beraten und gegebenenfalls eigene Vorschläge zu machen. In diesem Zusammenhang sind insbesondere die zu erwartenden sozialen und personellen Auswirkungen der Unternehmensplanung mit dem Betriebsrat zu erörtern. Dazu gehören personalpolitische Überlegungen im Vorfeld von Rationalisierungsmaßnahmen, Fragen des Personalersatzbedarfs, Qualifizierungsmaßnahmen für bestimmte Arbeitnehmergruppen und die Nachwuchsplanung. Das Ziel dieser Gespräche sollte sein, dass die Personalplanung als elementarer Bestandteil der Unternehmensplanung etabliert wird.

Es ist ebenso erforderlich, auch über die technischen Hilfsmittel (IT) und die Instrumente der Personalplanung zu informieren. Dazu gehören u. a.:

- Stellenbeschreibungen
- Anforderungsprofile
- Stellen- und Stellenbesetzungspläne
- Personalplanungswerke, wie z. B. die Personalkostenplanung
- Einsatzzeiten von Mitarbeitenden
- Unterlagen zu Rationalisierungsmaßnahmen
- Personalprognosen und -statistiken
- Analysen der Personalstruktur

Auch bei der Anwendung von Instrumenten der Personalplanung hat der Betriebsrat Beteiligungsrechte, die im Betriebsverfassungsgesetz festgelegt sind. So kann bei vakanten Stellen (für nicht leitende Angestellte) eine interne Ausschreibung verlangt werden. Er hat aber hinsichtlich Form und Inhalt einer Stellenbeschreibung kein Mitbestimmungsrecht (gilt auch für Anforderungsprofile). In der Praxis hat sich gezeigt, dass sich eine rechtzeitige und umfassende Einbeziehung des Betriebsrats bei der Durchführung der Personalplanung und insbesondere bei einer Einführung der Personalplanung bewährt.

Ziel des Betriebsverfassungsgesetzes ist es, den Betriebsrat bei personellen Maßnahmen wie Einstellungen, Versetzungen oder Kündigungen zu beteiligen. Der Umfang beinhaltet neben den Stellenbeschreibungen und Anforderungsprofilen auch eine regelmäßige Vorlage des Stellenplans und des Stellenbesetzungsplans (monatlich), die Unterrichtung über die Methoden der Planung und die dazu eingesetzten organisatorischen und technischen Hilfsmittel sowie über die Personalinformationssysteme, Arbeitszeitsysteme und Ähnliches.

9.2 Bedeutung

Personalplanung hat Auswirkungen auf mehrere gesellschaftliche Gruppen – Arbeitgeber und Arbeitnehmende –, aber auch auf die Gesellschaft insgesamt, wobei die jeweiligen Interessen differieren. Es sind aber auch Gemeinsamkeiten festzustellen.

Auf Arbeitgeberseite beruht das Interesse in erster Linie darauf, wirtschaftlichen Erfolg zu erreichen. Damit einhergehend ist auch die Sicherung der Wettbewerbsfähigkeit von großer Bedeutung. Diese ist nur mit den erforderlichen Mitarbeitenden und der Sicherung der Arbeitsplätze möglich. Hierfür ist eine frühzeitige Personalplanung mit den damit einhergehenden Maßnahmen unabdingbar.

Auch für die Arbeitnehmerseite ist eine gut funktionierende Personalplanung hinsichtlich der Sicherung der einzelnen Arbeitsplätze von mitunter existenzieller Bedeutung. Alle Mitarbeitenden brauchen die Sicherheit, dass ihre Arbeitsplätze in den nächsten Jahren erhalten bleiben. Darüber hinaus ergibt sich auch die Möglichkeit, im Rahmen der Entwicklungsplanung Wege der Weiterentwicklung und der Karrierechancen zu erkennen. Das gilt auch im Falle einer Personalabbauplanung, sodass sich die Mitarbeitenden rechtzeitig weiterqualifizieren bzw. am Markt orientieren können.

Auch die Interessen der Gesellschaft insgesamt sind von der Personalplanung der Unternehmen betroffen. Dieses Interesse geht weit über die Einhaltung gesetzlicher Vorschriften hinaus. Vielmehr erwarten die jeweils regierenden Kräfte, dass die Unternehmen eine langfristige Personalplanung betreiben, um die Sicherheit zu gewährleisten, dass der Staat nicht von Belastungen für die öffentlichen Haushalte überrascht wird. Wichtig sind ebenso rechtzeitige Informationen über die Verlagerung von Unternehmensteilen oder größere Abbaumaßnahmen. Sonst entstehen in den Budgets der Bundesanstalt für Arbeit oder der Rentenkasse Löcher, die so nicht eingeplant waren.

Aber die Gesellschaft ist genauso an der Aufrechterhaltung von geregelten Beziehungen zwischen den Interessengruppen interessiert. Es geht um die Vermeidung von Konflikten, die dem Wirtschaftsstandort Deutschland schaden könnten. Weiterhin geht es um den Schutz benachteiligter Arbeitnehmergruppen. Hier werden regelmäßig Zahlen über die Beschäftigung veröffentlicht, die leider immer noch verdeutlichen, dass der Nachholbedarf groß ist.

9.3 Prozess der Personalplanung

Wie bereits ausgeführt ist die Personalplanung eine derivative Planung. Der Kernprozess eines Unternehmens ist die Finanzplanung. Mit ihr steht und fällt die gesamte Unternehmensstrategie. Aus ihr ergeben sich auch die Leitplanken für alle weiteren Planungen. Durch diese Abhängigkeit ist es für den Personalbereich schwierig, zum richtigen Zeitpunkt zu reagieren. Umso wichtiger ist es, den Gesamtplanungsprozess effizient zu gestalten. Vielfach wird diese Aufgabe vom Personalplaner übernommen, da die Abstimmung auch mit den anderen Planungen für den Personalbereich immens wichtig ist.

Die nachfolgende Übersicht zeigt das Verfahren der Personalplanung:

1. Festlegung der Rahmenvorgabe durch die Geschäftsführung
2. Information der Geschäfts- und Verwaltungsbereiche
3. Detailvorgaben für jeden Bereich
4. Umsetzung der Vorgaben durch den jeweiligen Bereich
5. Abstimmung der Bereiche mit den Querschnittfunktionen (Personal, IT, Raum etc.)

6. Verabschiedung der Planung im Bereich
7. Konsolidierung der Planungen durch den Finanz- bzw. Controllingbereich
8. Genehmigung der Planungen durch die Geschäftsleitung

Die Übersicht zeigt das sogenannte Gegenstrom-Verfahren. Es hat den Vorteil, dass sich die einzelnen Bereiche nach der Vorgabe der Leitlinie an der Planung beteiligen können. Außerdem gibt es das Top-down-Verfahren, bei dem die Planung durch die Hierarchie vorgegeben ist. Der Nachteil ist die mangelnde Beteiligung der Bereiche und die dadurch entstehende geringe Akzeptanz. Als dritte Möglichkeit kommt das Bottom-up-Verfahren infrage. Hier wird die Planung durch die Basis (Bereiche) festgelegt. Die Akzeptanz ist groß, das Problem ist die mangelnde Konsolidierung aller Bereiche. Daher ist der vorgestellte Ansatz – das Gegenstrom-Verfahren – der am meisten verbreitete.

9.4 Die strategische Personalplanung im Detail

»Planung ist die Ersetzung des Zufalls durch den Irrtum.«
Robert Nef, Institut für Orts-, Regional- und Landesplanung, Zürich 1973

Auch eine einfache Beschaffung, die lediglich für Ersatz für ausscheidende Mitarbeitende sorgt, kann durchaus einen strategischen Hintergrund haben. Die Verantwortlichen gehen davon aus, dass in absehbarer Zeit keine Veränderungen stattfinden. Die meisten Unternehmen allerdings erwarten geschäftliche Veränderungen und planen diese ein. Ob diese Planung im Rahmen eines strategischen Prozesses abläuft oder im Kopf des Geschäftsführers, spielt dabei keine Rolle. Entscheidend ist, dass die strategische Personalplanung diese Veränderungen aufgreift und damit die Voraussetzungen schafft, dass das erforderliche Personal vorhanden ist, um die zukünftigen Geschäftsziele zu erreichen. Das heißt, sie trifft die Entscheidung, wann welches Personal mit welchen Qualifikationen in welchem Bereich künftig bereitstehen soll.

Der Zeithorizont der strategischen Personalplanung liegt, so die Erfahrung vieler Unternehmen, zwischen zwei und fünf Jahren. Man spricht in diesem Zusammenhang auch von einem Führungsinstrument.

Abgeleitet aus der strategischen Personalplanung entstehen

- die Personalplanung,
- die Prognose zum Personalbedarf,
- die Sichtung des intern vorhandenen Personals sowie
- eine HR-Strategie zur Umsetzung der Unternehmensstrategie.

Die strategische Ausrichtung der Personalplanung bedeutet ebenso eine strategische Ausrichtung der Personalabteilung. Es ist unbedingt nötig, dass sie sich an den übergreifenden strategischen Diskussionen beteiligt und hierbei ihre fachliche Analyse einbringt. Damit agiert sie als gleichwertiger Partner der Geschäftsbereiche eines Unternehmens. Dieser strategische Wechsel führt zu mehr wertschöpfenden Aktivitäten und bedeutet gleichzeitig einen personellen und organisatorischen Wechsel.

9.4.1 Inhalte und Ziele strategischer Personalplanung

Gerade in Zeiten großer wirtschaftlicher Veränderungen ist die strategische Personalplanung besonders wichtig. Insbesondere durch den demografischen Wandel und die damit einhergehende Notwendigkeit der Fachkräftesicherung ist es für Unternehmen von existenzieller Bedeutung, sich hiermit auseinanderzusetzen und frühzeitig die Weichen zu stellen, um den Herausforderungen gerecht zu werden.

Angesichts der zahlreichen Krisen in den letzten Jahren wird deutlich, welche Bedeutung der strategischen Personalplanung zukommt. Wer in dieser Zeit darauf verzichtet, eine perspektivische Planung vorzunehmen und langfristig erkennbare Trends, wie z. B. die demografische Entwicklung, den Fachkräftemangel, den technologischen Wandel und die zunehmende Veränderungsgeschwindigkeit, vernachlässigt, verbaut sich Möglichkeiten für die Zukunft. Hinzu kommt, dass er bei einsetzenden Erholungsphasen nicht entsprechend reagieren kann.

Trotz allem gibt es noch zu viele Unternehmen, die sich dieser Herausforderung nicht bewusst sind. Hier sollte angesetzt werden. Die genannten Themen müssen noch stärker ins Bewusstsein rücken. Deswegen wird am Anfang einer Implementierung des Prozesses die Frage nach dem Ziel gestellt. Wie kann man sich den vier W-Fragen (wie viel, welche, wann und wo?) am besten nähern? Vor der Einführung des Prozesses sollte man überlegen, was in dessen Fokus stehen sollte.

In einem HR-Report aus dem Jahr 2022 von Hays und IBE (Institut für Beschäftigung und Employability) wurde auf die Frage »Wie wollen Unternehmen dem Nachwuchs- und Fachkräftemangel begegnen?« wie folgt geantwortet:

- Neueinstellungen (39 %)
- effizientere Gestaltung von Prozessen (33 %)
- Investitionen in MA-Bindungen (29 %)
- Personalmarketing (23 %)
- neue Zuordnung von Arbeitspaketen (22 %)
- Upskilling der Belegschaft (21 %)
- Angebot der mobilen Arbeit (17 %)
- Erweiterung des Kreises potenzieller Arbeitnehmer (16 %)
- Veränderung der Kompetenzanforderungen (16 %)

- Erhöhung von Arbeitszeiten (16%)
- Employer Branding (13%)
- Angebot der Umwandlung von Teilzeit in Vollzeit (13%)
- Reskilling der Belegschaft (11%)

Die derzeitige Situation ist deswegen besonders kritisch, weil neben dem Fachkräftemangel die Energiekrise, Lieferengpässe und der Materialmangel die Problematik verstärken. Der Mangel an Arbeitskräften ist allein deshalb dramatisch, weil davon inzwischen alle Branchen betroffen sind. Hinzu kommt, dass das Arbeitskräfteangebot noch weiter abnehmen wird. Szenarien des Instituts für Arbeitsmarkt- und Berufsforschung aus 2020 verdeutlichen, dass die Entwicklung des Erwerbspersonenpotenzials ohne eine erhebliche Migration bis 2035 dramatische Formen annimmt.

Im Vergleich zu den vergangenen Jahren wird ebenso deutlich, dass der Mangel jetzt alle Branchen (in unterschiedlichem Ausmaß) betrifft. Gesamtwirtschaftlich betrachtet fühlen sich 49,7% der Unternehmen stark durch den Fachkräftemangel betroffen. Wie sehr die Branchen ihre Geschäftstätigkeit durch den Fachkräftemangel behindert sehen, zeigt folgende Aufzählung:

- Dienstleister (54,2%)
- verarbeitendes Gewerbe (44,5%)
- Einzelhandel (41,9%)
- Baugewerbe (39,3%)
- Großhandel (36,3%)

Wie geht es nun weiter? Wie kann man dieser Entwicklung entgegentreten? Genau dafür ist die strategische Personalplanung das richtige Instrument. Es erfordert Weitblick, um die sogenannten in- und ausländischen Personalreserven zu rekrutieren. Ein zentraler Faktor ist dabei die Migration. Allerdings sollte die Gesellschaft akzeptieren, dass wir diese Einwanderung wegen der genannten Probleme benötigen. Um Arbeitsmigration zu fördern, sollte der Arbeitsmarkt geöffnet werden, verbunden mit einer berufsbegleitenden gezielten Qualifizierung und Sprachförderung. Außerdem könnte die Erwerbsquote von Frauen erhöht werden. Das bedeutet, dass Strukturen flexibel sein müssen und die Arbeitsumgebung attraktiver gestaltet werden sollte. Es geht um Teilzeit, Homeoffice und andere familienfreundliche Bedingungen. Ein weiterer Punkt ist die Weiterqualifizierung. In den Unternehmen muss Transparenz über die Möglichkeiten geschaffen werden, wie sich interne Mitarbeitende für andere und ggf. qualifiziertere Positionen entwickeln können.

Darüber hinaus sollte man sich die folgenden Fragen stellen (vgl. »Strategische Personalplanung – Die Zukunft heute gestalten«, Das Demographie Netzwerk, 2011):

- Sichert das MA-Portfolio die Umsetzung der Strategie? In welchem Zeitraum können Wachstumsinitiativen bzw. Restrukturierungen im Hinblick auf das Personal realisiert werden?

- Welche Alters- und Kapazitätsrisiken gibt es in den wesentlichen Jobfamilien über die nächsten fünf bis zehn Jahre wirklich?
- Wie muss die Rekrutierungspolitik vor dem Hintergrund des erwarteten Bedarfs aussehen? Wie sensitiv reagiert die Kapazitätslücke auf veränderte Rahmenbedingungen (z.B. rückläufige Zusagequoten von Bewerbern, erhöhte unfreiwillige Fluktuation)?
- Ist die Anzahl der Führungsnachwuchskräfte ausreichend, um den künftigen Führungsbedarf zu decken? Reicht die interne Rekrutierung für den Bedarf? Was sind die Entwicklungspfade?

Hier wird nochmals deutlich, dass die Hauptaufgabe der strategischen Personalplanung darin besteht, die Unternehmensstrategie von der personellen Seite her abzusichern und – darauf abgestimmt – entsprechende Personalprogramme in die Wege zu leiten. Wichtig ist darüber hinaus, den Zeithorizont einer strategischen Personalplanung nicht zu kurz zu fassen. Man sollte einen Zeitraum von fünf bis sieben Jahren in Betracht ziehen. Dadurch wird es möglich,

- künftige Schlüsselstellungen und Schlüsselkompetenzen zu identifizieren,
- durch Weiterqualifizierungen des vorhandenen Personals Überhänge abzubauen und Unterdeckungen auszugleichen,
- die Ausbildungsstruktur an die zukünftigen Erfordernisse anzupassen.

In dem oben genannten Buch wird auch dargestellt, welche Charakteristika die strategische Personalplanung haben sollte:

- **Planung in Jobfamilien**
  Die Planung erfolgt nicht über einzelne Personen, sondern auf der Basis von MA-Gruppen, in denen gleichartige Funktionen zusammengefasst werden. Hierdurch ist es möglich, MA-Kapazitäten über einen längeren Zeitraum zu betrachten.
- **Abbildung von Migrationspfaden**
  Es geht um die Abbildung von Bewegungen zwischen den Jobfamilien. Ohne diese Aufzeichnung könnten die ausgewiesenen Abweichungen zwischen Bestand und Bedarf irreführend sein.
- **Verbindung von qualitativen und quantitativen Aussagen**
  Durch die Berücksichtigung der Jobfamilien wird eine qualitative Dimension in die strategische Personalplanung hineingebracht.
- **MA-Kapazität als Basiseinheit**
  Für die Analyse bildet die verfügbare Kapazität den Mittelpunkt, nicht die Anzahl der Mitarbeitenden.
- **Betrachtung über einen bestimmten Zeitraum**
  Der Begriff »Planung« impliziert die Entwicklung über einen bestinnten Zeitraum hinweg. Die strategische Personalplanung definiert sich aber nicht nur über einen längeren Zeitraum, sondern auch über die strategische Unternehmensplanung.

- **Berücksichtigung von Wirkungsverzögerungen**
  Im Gegensatz zur Geschäftsdynamik ist die Geschwindigkeit bei der Qualifizierung eher träge. Das bedeutet, dass längere Qualifizierungszeiten in der Unternehmensstrategie berücksichtigt werden müssen.
- **Abbildung von Angebot und Nachfrage**
  Durch die Ausrichtung an der Unternehmensstrategie muss die strategische Personalplanung die personelle Umsetzung sicherstellen bzw. unterstützen. Deshalb muss sie sowohl die Entwicklung des MA-Bestandes als auch die Nachfrage abbilden. Nur dadurch kann die Eigendynamik richtig aufgezeigt werden.
- **Denken in Szenarien**
  Komplexe Systeme lassen sich nicht exakt vorhersagen. Deshalb ist es die Aufgabe der strategischen Personalplanung, mögliche Zielpfade in Szenarien zu berechnen und die Wirkung heutiger Maßnahmen in der Zukunft aufzuzeigen.
- **Strategische Personalplanung als dauerhafter Prozess**
  Die strategische Planung ist ein wiederkehrender Prozess und kein einmaliger Vorgang. Es gilt, die Lebensfähigkeit des Unternehmens zu unterstützen. Zentrale Prämissen sollten jährlich auf ihre Gültigkeit hin überprüft und ggf. angepasst werden.

In diesem Zusammenhang spricht man oft von »Workforce Transformation«. Man versteht unter diesem Begriff vielfältige Dienstleistungen, unter anderem Analysen zu Personalplanung und Mitarbeitenden-Skills, digitale Personaldiagnostik, Kommunikationsberatung und Ähnliches. Mit der beschleunigten Entwicklung von Personalengpässen hat diese Disziplin an Bedeutung gewonnen. Die DGFP hat in Zusammenarbeit mit dem Unternehmen v. Rundstedt und Partner GmbH die sieben Erfolgsfaktoren für die Workforce Transformation im industriellen Mittelstand aufgezeigt:

1. **Transformation von Business und Workforce gemeinsam umsetzen**
   Durch die parallele Anpassung von Geschäftsmodellen und Personalstruktur entwickelt sich HR vom operativen zum strategischen Partner der Geschäftsführung.
2. **Die Zukunftsressource Mitarbeitende planen statt Personalkosten steuern**
   Kostenstrukturen werden für HR immer wichtig bleiben. Gleichzeitig wird die Sicherung der notwendigen Personalressourcen für das Business deutlich aufwendiger und risikoreicher werden. Aufgrund der demografischen Situation wird es immer schwieriger zu rekrutieren und gleichzeitig steigt der HR-Aufwand enorm. Dem Instrument der strategischen Personalplanung kommt eine maßgebliche Rolle zu. Hier kann durch Szenarien für die nächsten fünf bis zehn Jahre die Entscheidungsfindung erheblich erleichtert werden.
3. **Skill-Analysen als Chance für Management, Führungskräfte und Beschäftigte nutzen**
   Durch Skill-Analysen kann es Firmen gelingen, Rekrutierungslücken zu überbrücken. Parallel dazu können den Mitarbeitenden längerfristige Perspektiven aufgezeigt werden, die durch den Strukturwandel und die neuen Technologien erforderlich sind.

4. **Alle Mitarbeitenden auf ihre Art in die lernende Arbeitswelt mitnehmen**
   Betriebliche Weiterbildung und lebenslanges Lernen sind schon seit Langem populäre Schlagworte. Aber eine betriebliche Umsetzung ist bis heute nicht immer praktiziert. Hier eine Schrittfolge, mit der man zum Handeln gelangt:
   a) Arbeiten und Lernen werden als produktive Einheit verstanden, und nicht als konkurrierende Veranstaltungen.
   b) Mit einem Konzept aus Lernen, Leisten und Loslassen werden die operativen Geschäftsprozesse und die Innovation des Geschäftsmodells optimal unterstützt.
   c) Die direkten und indirekten Ausgaben für Weiterbildung sind Investitionen, deren Erfolg allerdings schwieriger zu messen ist als Investitionen in Technik und Ausrüstung.
   d) Der Betriebsrat sollte als wichtiger Mitgestalter der Weiterbildung genutzt werden.
   e) Trotz der heute funktionierenden Rollenprofile in der Arbeitsorganisation benötigt der Lernerfolg von morgen eine stärkere Individualisierung.
   f) Lernen muss in den unterschiedlichen Formaten in den betrieblichen Alltag integriert werden.
   g) Beschäftigte benötigen nicht nur Programmangebote, sondern auch die Ermutigung durch die Vorgesetzten.
   h) Lernfortschritte sollten zeitnah in den betrieblichen Alltag integriert werden.
   i) Geschäftsführung und HR profitieren von einer vielfältigen Auswahl an Beratern und Weiterbildungspartnern.
5. **Im regionalen Ökosystem der Workforce Transformation mitwirken**
   Durch die Integration von Arbeiten, Lernen und Verändern entstehen auch neue Strukturen. So können sich z. B. benachbarte Betriebe Mitarbeitende »teilen«, Aufgaben gemeinsam übernehmen oder verteilen. Diese Arbeitsteilung senkt die Kosten und verhindert hohe Einstiegsbarrieren.
6. **Perspektiven für alle Beschäftigten mitgestalten**
   Aufgrund der deutlichen Veränderungen in den nächsten Jahren wird es für viele Beschäftigte sehr schwierig werden, ihren derzeitigen Job zu behalten. Deswegen sollten die Unternehmen, bevor sie Mitarbeitende auf Abbaulisten setzen, rechtzeitig alle Möglichkeiten ausschöpfen, MA durch Qualifizierungsmaßnahmen Perspektiven zu eröffnen.
7. **Technologien von morgen in die heutigen Transformationspfade integrieren**
   Bei den sich abzeichnenden technologischen Veränderungen, wie z. B. künstliche Intelligenz, sollten Unternehmen frühzeitig in Abstimmung mit den Arbeitnehmervertretungen Vorbereitungen treffen, um die Belegschaft rechtzeitig auf die neue Arbeitswelt vorzubereiten.

9.4.2 Personalkostenplanung

Die Personalkostenplanung ist für die gesamte Unternehmensplanung und somit auch für die strategische Personalplanung von großer Bedeutung. Sie hat die Aufgabe, die kostenmäßigen Auswirkungen aller personenbezogenen Maßnahmen zu definieren bzw. zu überwachen (Großheim/Hoffmann, 2014, S. 487).

Die Aufgabe wächst mit der Größe des Anteils der Personalkosten an den Gesamtkosten. Es gibt eine Reihe von Einflussgrößen, die es zu beachten gilt. Eine genaue Personalkostenplanung ist in jedem Fall von strategischer Bedeutung. Aus betriebswirtschaftlicher Sicht sind die folgenden Fragen zu beantworten:

- Welche Kosten entstehen?
- Wo entstehen die Personalkosten?
- Wann entstehen die Personalkosten?
- Wofür entstehen die Personalkosten?
- In welcher Höhe entstehen die Personalkosten?
- Wie werden sich die Personalkosten entwickeln?
- Wie lassen sich die Personalkosten beeinflussen?

9.4.2.1 Grundlagen

Um zu realistischen Personalkostenplänen zu kommen, ist im Rahmen der Unternehmensplanung eine enge Abstimmung mit den anderen Planungen erforderlich. Man unterscheidet zwischen der operativen Einjahresplanung und der mehrjährigen, strategischen Mittelfristplanung. Bei Letzterer spricht man auch von Personalinvestitionsplanung.

Die Personalkostenplanung ermittelt Folgendes:

- Sie berechnet die zukünftigen Personalkosten eines Unternehmens.
- Sie dient der Vorkalkulation und der Kostenkontrolle.
- Sie unterscheidet zwischen Personalbasiskosten, Personalzusatzkosten und personalinduzierten Sachkosten.
- Sie ermittelt die erforderliche Anzahl der Vollzeitkräfte.
- Sie errechnet die Kosten unter Berücksichtigung der Kostenänderungen verschiedener Faktoren.

Die Schritte der Personalkostenplanung sehen wie folgt aus:

1. Planung vorbereiten
2. Planungsgrundlage schaffen
3. Einflussfaktoren berücksichtigen
4. Was-wäre-wenn-Szenarien entwickeln

5. Plandaten erzeugen
6. Ergebnisse diskutieren/Review
7. Controlling

9.4.2.2 Instrumente der Personalkostenplanung

Es gibt verschiedene Instrumente, die im Rahmen der Personalkostenplanung eingesetzt werden können. Sie sollen hier nur kurz beleuchtet werden.

Zunächst ein Blick auf das Personalkostenbudget. Unter einem Budget versteht man eine zielorientierte und monetäre Größe, die für eine bestimmte Zeit verbindlich als Sollgröße vorgegeben ist. Die Budgetierung umfasst den gesamten Prozess der Budgeterstellung. Zur Budgetplanung gehören die Aufstellung des Budgets und dessen Entwicklung oder Anpassung. Bei der Planung kommen die drei bereits genannten Methoden – top-down, bottom-up, Gegenstrom – zum Einsatz.

Die wesentliche Aufgabe bei der Betrachtung des Personalkostenbudgets ist es, eine Verbindung zwischen operativer und strategischer Ebene zu schaffen. Folgendes Vorgehen ist dabei üblich:

- Erfassung des Ist-Entgelts
- Erfassung des voraussichtlichen Entgelts
- Erfassung tarifbedingter Entgeltsteigerungen
- Angabe der voraussichtlichen durchschnittlichen Überstundenvergütung
- unternehmensindividuelle Ermittlung von Nebenkosten
- Erfassung von freiwilligen Zulagen

Hinsichtlich der Einflussfaktoren spricht man von der Mengenkomponente (Personalbedarf), der Preiskomponente (Qualitätsanforderungen und Personalstruktur) und der Ertragskomponente (Was können wir uns leisten?). Hier die Möglichkeiten, auf welcher Basis die Personalkostenplanung durchgeführt werden kann:

- **maschinelle Personalkostenplanung**
  Auf der Basis eines genehmigten Stellenplans des laufenden Jahres wird die Organisationsstruktur des Unternehmens abgebildet. Besetzte Planstellen (Ist-Gehalt zzgl. Prämissen) und unbesetzte Planstellen (durchschnittlicher Wert inkl. Erhöhungssätze – Vakanzengehalt) werden erfasst.
- **Zero-Base-Budgeting**
  Alle Verantwortlichen müssen eine vollständige und detaillierte Rechtfertigung ihres Budgets liefern. Vor jeder neuen Budgetplanung beginnt das Budget bei null, das bedeutet, dass das alte Budget nicht fortgeschrieben werden kann.
- **Gemeinkostenwertanalyse**
  Während das Zero-Base-Budgeting schwerpunktmäßig eine Ressourcenverschie-

bung ist, handelt es sich bei der Gemeinkostenwertanalyse um eine Methode der Kostensenkung.

Ausgehend von einer Analyse der Kostenstrukturen wird eingehend geprüft, inwieweit Aufgaben in dieser Form erforderlich sind und ob es nicht Alternativlösungen gibt. Die Gemeinkostenanalyse lässt sich in acht Schritten darstellen (vgl. Scholz, 1993):

1. Ist-Analyse (Sammlung der Fakten zur realisierten Leistung der jeweiligen Stellen)
2. Untersuchung der Kosten-Nutzen-Relation sowie der Stärken und Schwächen
3. Evaluierung zu Kostensenkungszielen für die jeweiligen Bereiche
4. Betrachtung alternativer Möglichkeiten, um die Vorgaben umzusetzen (vollständig abschaffen, schrittweise abbauen, Qualität senken, Quantität reduzieren, Häufigkeit reduzieren oder durch eine andere Leistung ersetzen)
5. Rangfolge der Alternativen entsprechend ihrer Wirksamkeit und Realisierbarkeit
6. Beschluss über die zu realisierenden Maßnahmen und deren Umsetzungstermine durch die Geschäftsleitung
7. Realisierungsphase
8. Kontrollphase

Better Budgeting

Beim Ansatz »Better Budgeting« wird die traditionelle Budgetierung nicht infrage gestellt. Vielmehr wird versucht, durch verschiedene Verbesserungsmaßnahmen die Qualität und die Effizienz der bestehenden Systeme und Methoden zu steigern. Beispiele dafür sind eine Verringerung der Detailtiefe der Planung, eine verbesserte IT-Unterstützung und die Einführung von sich wiederholenden Forecasts.

Advanced Budgeting

Advanced Budgeting geht einen Schritt weiter. Es unterstellt, dass die Bedeutung der Budgets mittelfristig abnehmen wird. Auch hier werden Maßnahmen umgesetzt, die eine Steigerung der Planungsqualität bei gleichzeitiger Verringerung der eingesetzten Ressourcen erreichen sollen. Die Herausforderung besteht darin, aus dem Topf unterschiedlicher Methoden, Tools und Instrumente diejenigen herauszufiltern, die am wirkungsvollsten sind und gleichzeitig in die Gesamtkonzeption passen. Im Gegensatz zur klassischen Budgetierung hat diese Methode einen zukunftsorientierten Charakter.

Wesentliche Merkmale (nach WEKA, 2021) sind eine starke Strategieanbindung, eine Benchmark-orientierte Planung, eine höhere Aggregationsstufe, der Einsatz nicht finanzieller Steuerungsinstrumente sowie selbst adjustierende Ziele.

Beyond Budgeting

Der Begriff »Beyond Budgeting« lässt sich übersetzen mit »jenseits der Budgetierung«. Dieser Ansatz stellt eine radikale Abkehr vom traditionellen Budgetierungsprozess dar. Stattdessen stellt er bestimmte Prinzipien für das Management und die Leistungsbemessung in den Vordergrund. Diese richten sich konsequent nach dem Markt und dessen Erfordernissen aus. Der Ansatz führt zu einer Dezentralisierung von Verantwortung und damit zu mehr Flexibilität, Kreativität und Leistungsbereitschaft. Es handelt sich nicht nur um eine Veränderung des Budgetprozesses, sondern auch um eine Anpassung der Unternehmenskultur.

Nach Horvath et al. (1999) lassen sich die Charakteristika in folgenden Prinzipien zusammenfassen:

- gemeinsame Werte und Self-Governance
- Empowerment dezentraler Manager: Dezentrale Manager erhalten Verantwortung für ihre Ergebnisse auch im Vergleich zu Wettbewerbern und anderen Profit-Centern.
- Bildung einer netzartigen statt einer klassischen, multidivisionalen Organisation
- marktähnliche Koordination
- Coaching und Challenging
- Zielvorgaben relativ zum Wettbewerb
- Strategieentwicklungsprozess
- rollierende Prognosen
- Ressourcenallokation
- Selbstkontrolle
- teambasierte Vergütung

Im Zusammenhang mit Instrumenten zur strategischen Personalkostenplanung findet man in großen Unternehmen und in Konzernen vereinzelt Konzepte, die sich mit der Berechnung von Humankapital beschäftigen. Einzelheiten dazu wurden bereits im Kapitel 8 ausgeführt.

9.5 Unternehmensbeispiel

Der Allianz-Konzern hat sich aufgrund der hohen Fluktuation, der wirtschaftlichen Unsicherheit und fehlender Fachkräfte dafür entschieden, eine strategische Personalplanung mit verschiedenen Szenarien einzuführen. Diese wurde umgesetzt mit der von der BCG (Boston Consulting Group) entwickelten Methode der strategischen Personalplanung (Strategic Workforce Planning – SWP).

Der Ansatz folgt fünf Schritten:

1. **Definition von vereinheitlichten »Talents Segments«**
   Es wurde ein Katalog von zehn sogenannten Talent-Clustern entwickelt, diese wurden dann in insgesamt rund 100 Talent-Segmente eingeteilt. Ein Talent-Segment gibt die Kernkompetenzen an, die für die jeweilige Tätigkeit erforderlich sind. Die

Regel für die Abgrenzung zwischen den Talent-Segmenten besagt, dass Mitarbeitende innerhalb von zwölf Monaten Fort- und Weiterbildung zwischen den Talent-Segmenten wechseln können.

2. **Analyse des aktuellen Arbeitskräfteangebots**
   Das Arbeitskräfteangebot zeigt, welche Mitarbeitenden mit welchen Qualifikationen verfügbar sind. Durch Fluktuation und Verrentung nimmt das Angebot im Laufe der Zeit ab, sodass Maßnahmen wie z. B. Neueinstellungen erforderlich sind. Eine mittelfristige Projektion zeigt auf, dass bei einem Zeithorizont von fünf Jahren ein Drittel der derzeitigen Belegschaft ausscheidet.
3. **Vorhersage des künftigen Arbeitskräftebedarfs**
   Die Bewertung des künftigen Arbeitskräfte- und Qualifikationsbedarfs ist das Herzstück dieses Ansatzes. Ausgangspunkt ist die Unternehmensstrategie. Darauf aufbauend wurde der Bedarf aus vier Blickwinkeln abgeleitet:
   - quantitatives Wachstum
   - digitale und nicht digitale Produktivitätsgewinne
   - erforderliche Fähigkeiten
   - Nachfrage nach neuen Talent-Segmenten
4. **Analyse der Arbeitskraftlücken**
   Die Kombination von prognostiziertem Arbeitskräfteangebot und Arbeitskräftenachfrage zeigt entweder eine Unterdeckung oder eine Überdeckung im entsprechenden Talent-Segment über einen Zeithorizont von fünf Jahren. Das bedeutet, dass insbesondere Segmente mit strategischer Bedeutung engmaschig beobachtet werden müssen.
5. **Entwicklung von Maßnahmen**
   Auf der Grundlage der Analyse werden Maßnahmen entwickelt, um den zukünftigen Bedarf an Arbeitskräften sowohl in qualitativer als auch in quantitativer Hinsicht zu decken. Dies wird im Unternehmen mit einem Lernprogramm auf globaler Ebene verbunden. Ziel ist, dass innerhalb von fünf Jahren 50% der Mitarbeitenden Weiterbildungs- und Umschulungsmaßnahmen durchlaufen. Darüber hinaus werden Sourcing-Strategien entwickelt, um digitale Talente zu finden, und Karrierepfade dergestalt überarbeitet, dass die Mitarbeitenden einfacher von einem Segment in das andere wechseln können.

Erfolgsfaktoren

Nach erfolgreicher Erprobung und Einführung des Konzepts wurden drei wesentliche Erfolgsfaktoren identifiziert:

- Festlegung von Strategic Workforce Planning (SWP) als strategische Managementpriorität
- Beauftragung von HR mit konkreten Aufgaben und Ausstattung mit einem geeigneten Team
- Verwendung einer einheitlichen, globalen Methodik

Als Fazit bleibt festzuhalten, dass SWP zu einem relevanten strategischen Instrument der Personalabteilung geworden ist. Damit werden die Weiterbildungsmaßnahmen weiterhin gestärkt und auch die Unterstützung der globalen Einheiten bei der Umsetzung der identifizierten Maßnahmen wird begleitet.

Nur wenn das Unternehmen SWP mit dem spezifischen Fokus auf digitale Fähigkeiten und die dafür zu entwickelnden Maßnahmen weiterhin oben auf der Agenda stehen hat, wird es auf die immer größer werdenden Herausforderungen vorbereitet sein.

10 Anwendungsbereiche des strategischen Personalmanagements

10.1 Personalführung

Die Personalführung ist eine der wichtigsten Aufgabengebiete des strategischen Personalmanagements. Fehler, die hierbei gemacht werden, sind im Nachhinein schwierig wiedergutzumachen.

10.1.1 Wie definiert man Personalführung?

Personalführung ist die zielorientierte Beeinflussung der Mitarbeiter durch den Vorgesetzten, um die Unternehmensziele zu erreichen. Es geht darum, die Mitarbeitenden in die Aufgaben des Unternehmens einzubinden, sie zu motivieren und zu befähigen, zu den Zielen und zum Erfolg des Unternehmens beizutragen.

Im Wesentlichen sind es die folgenden Fragen, die durch die Personalführung zu beantworten sind:

- Warum wird die Arbeit gemacht?
- Wo muss die Arbeit gemacht werden?
- Zu welchem Zeitpunkt muss die Arbeit erfolgen?
- Wer soll die Arbeit erledigen?
- Wie soll die Arbeit erledigt werden?

Die in der Vergangenheit (Taylorismus, Fordismus) vertretene These, dass es zwischen Motivation und Produktivität keinen direkten Zusammenhang gibt, ist inzwischen widerlegt. Heute geht man davon aus, dass es einen indirekten Zusammenhang zwischen Motivation auf der einen Seite und Frustration und mangelnder Zufriedenheit auf der anderen Seite und der Produktivität gibt. Damit kommt der Personalführung und den damit befassten Führungskräften eine besondere Bedeutung zu.

Die zwei Kernfragen heutiger Personalführung lauten:

- Was motiviert Mitarbeitende, in ein Unternehmen einzutreten, und was veranlasst sie, im Unternehmen zu bleiben?
- Was motiviert Mitarbeitende, einen Beitrag zum Erreichen der Unternehmensziele zu leisten?

Insbesondere in den heutigen Zeiten, die durch den Fachkräftemangel und den Kampf um die besten Talente gekennzeichnet sind, ist die Personalführung in den Unternehmen ein entscheidender Faktor. Es heißt nicht umsonst, dass Mitarbeitende mit einer Kündigung nicht das Unternehmen, sondern ihre Vorgesetzten verlassen.

Hier ein Blick auf die Ziele der Personalführung:
- Performance der Mitarbeitenden bewirken, sichern und steigern
- individuelle Wünsche und Ziele der Beschäftigten so gut wie möglich berücksichtigen
- Teammitglieder motivieren

Wenn diese Ziele umgesetzt werden, können auch die Unternehmensziele erreicht werden.

10.1.2 Prinzipien guter Personalführung

Für eine gute Personalführung sollten die folgenden einfachen Tipps berücksichtigt werden:
- **klare Rollenverteilung:** Vergeben von klaren Aufgaben- und Tätigkeitsbereichen für die Mitarbeitenden. Damit werden Konflikte um Zuständigkeiten vermieden.
- **Mitarbeitende miteinbeziehen:** Mitarbeitende sollten Vorschläge machen, mögliche Probleme offen ansprechen und nicht mit ihrer Meinung hinter dem Berg halten.
- **Fehler können passieren:** Fehler passieren nicht mit Absicht, meistens eher durch Unwissenheit oder die falsche Einschätzung einer Situation. Statt Sanktionen sollte man hier gelassen reagieren und die Situation durch Pragmatismus bereinigen.
- **Menschlichkeit zeigen:** Wertschätzung zeigt sich durch positives Feedback, Interesse an der Situation der Mitarbeitenden oder durch angemessene Bezahlung.
- **Freundlichkeit:** Nicht nur im Alltag sondern auch im Unternehmen sollte dies eine Selbstverständlichkeit sein.

Nicht zu vergessen sind hier die Führungsprinzipien:
- **Verantwortung übernehmen**
  Eine Führungskraft hat die volle Verantwortung für ihre Mitarbeitenden und für die eigenen Ergebnisse. Auch bei einer Delegierung von Verantwortung bleibt letztendlich die Führungskraft in der Pflicht.
- **Ergebnisorientierung**
  Eine Unternehmensstruktur ist stets darauf ausgerichtet, dass das Unternehmen erfolgreich ist und die erforderlichen Ergebnisse erzielt. Diese Orientierung wird über die Messbarkeit von Ergebnissen sichergestellt. Das bedeutet auch, dass die Resultate bei delegierter Verantwortung transparent dargestellt werden.
- **Konzentration auf Stärken**
  Bei der Förderung der Mitarbeitenden geht es darum, Stärken zu verbessern und

sie für das Unternehmen einzusetzen. Die vorhandenen Schwächen müssen gemanagt und ggf. über Qualifizierungsmaßnahmen abgemildert werden. Die Führungsaufgabe besteht darin, die Mitarbeitenden nach ihren Stärken und nicht nach ihren Vorlieben einzusetzen.

- **positives Betriebsklima**
  Um auf Dauer gute Ergebnisse zu erzielen, muss in jedem Unternehmen ein positives Betriebsklima herrschen. Ein wichtiger Bestandteil davon ist die offene Kommunikation auf allen Ebenen. Auch diese liegt in der Verantwortung der Vorgesetzten.
- **Vertrauen aufbauen**
  Zwischen Vorgesetzten und Mitarbeitenden muss ein Vertrauensverhältnis herrschen. Die Mitarbeitenden müssen wissen, dass ihr Vorgesetzter ihnen vertraut und ohne Vorbehalte hinter ihnen steht. Anders sind gute Leistungen nicht zu erreichen.

Um das alles umzusetzen, benötigt die Führungskraft zwei entscheidende Voraussetzungen:

- **fachliche Kompetenz**
  Eine Führungskraft muss bezogen auf die zu verantwortenden Arbeitsthemen stets die aktuellen Inhalte kennen und beherrschen. Dies ist nur über lebenslanges Lernen möglich.
- **soziale Kompetenz**
  Sie ist der Ausdruck für die Kooperationsfähigkeit einer Führungskraft. Sie sollte fähig und willens sein, ihre Kompetenzen aktiv einzubringen. Die soziale Kompetenz wurde in der Vergangenheit vielfach vernachlässigt und hat erst in den letzten Jahrzehnten ihren hohen Stellenwert erhalten.

10.1.3 Führungsstile

Alle Voraussetzungen und Ziele können über verschiedene Wege erreicht werden. Man spricht hier von unterschiedlichen Führungsstilen. Die am häufigsten vorkommenden Führungsstile sind (Harbinger Consulting, 2022):

- autoritärer Stil
- authentischer Stil
- der Frontläufer
- der Coach
- der Dominante
- der Gruppendenker
- der Demokratische

Der autoritäre Stil

Der autoritäre Stil zeichnet sich durch einen klaren Weg, Anweisungen für jeden Einzelnen und Unterstützung, wo sie gebraucht wird, aus. Die passenden Attribute sind maßgebend, gebieterisch, kompromisslos, bestimmt und zahlenorientiert.

Dieser Typ Führungsperson ist gekennzeichnet durch größere Ambitionen als andere und die Erwartung, dass die Mitarbeitenden ebenso arbeiten. Er ist geeignet für Mitarbeitende, die eine enge Führung benötigen, die unter klaren Vorgaben am effektivsten tätig sind, leistungsbezogen arbeiten und unter einer Führung lernen wollen.

Abträglich ist eine autoritäre Führung bei Mitarbeitenden, die flache Hierarchien bevorzugen, bei Teammitgliedern, die Empathie und Arbeiten auf Augenhöhe bei Vorgesetzten suchen, und bei Mitarbeitenden, die durch »Soft Skills« herausragen.

Die Vorteile sind:

- ein echter Fachmann oder eine echte Fachfrau
- eine starke Führungspersönlichkeit
- ein Mentor oder eine Mentorin
- Mitarbeitende fühlen sich durch ihn/sie stark und befähigt
- sein/ihr Selbstvertrauen

Der authentische Stil

Der authentische Stil ist geprägt durch Offenheit und Bekenntnis zu Schwächen – das gilt heutzutage als Stärke einer Führungskraft. Die Ahnungslosigkeit – oder auch Planlosigkeit – macht diesen Stil authentisch.

Die größten Pluspunkte dieses Stils sind die Echtheit, die jederzeitige Zugänglichkeit und die perfekte Balance aus Empathie und strategischem Denken. Die verwandten Attribute sind Wut, wenn das Ergebnis nicht stimmt, Mitgefühl auch bei privaten Sorgen der Mitarbeitenden und Verlässlichkeit.

Die authentische Führungskraft passt zu Mitarbeitenden, die menschlich ehrlich geführt werden wollen, zu Beschäftigten mit eigenen Ideen, zu Teammitgliedern, die ein familiäres Umfeld bevorzugen, sowie zu leidenschaftlichen Mitarbeitenden, die bei ihrer Führungsperson emotionale Intelligenz suchen.

Abträglich ist der Führungsstil für Beschäftigte, denen ein Leistungsverhältnis wichtiger ist als ein gutes MA-Vorgesetzten-Verhältnis, die eine gewisse Distanz schätzen und die eine starke, unnahbare Führungskraft bevorzugen.

Die Vorteile sind:

- leichte Erreichbarkeit
- ein echter People Manager
- Etablierung von familiärer Kultur im Team und Büro

Der Frontläufer/die Frontläuferin

Der Frontläufer oder die Frontläuferin ist eine vorbildliche Führungskraft, die mit bestem Beispiel vorangeht. Es handelt sich um einen kollaborativen Führungsstil, der vor allem in der Produktivität Maßstäbe setzt. Er funktioniert vor allem in hoch qualifizierten Teams. Die Führungsperson hat hohe Ansprüche an sich und auch an ihre Mitarbeitenden. Es werden klare Vorgaben gesetzt, die Fehlerquote ist gering, die Arbeitskultur ist auf Produktivität getrimmt und es werden stets Ergebnisse geliefert.

Der Führungsstil ist geeignet für Beschäftigte, die klare Aufgaben benötigen, die intrinsisch motiviert sind, die Vorgesetzte schätzen, die fachlich als Mentor/Mentorin oder als Bezugsperson gelten, und die Abläufe brauchen, die sich zwar wiederholen, aber immer noch reizvoll sind.

Nicht geeignet ist der Führungsstil für Mitarbeitende, die selbstständig eigene Ideen vorantreiben, innovativ denken und ihren eigenen Stil benötigen.

Die wesentlichen Eigenschaften des Stils sind beispielhaft, einwandfrei, vertrauensvoll, strategisch und zusammenarbeitend.

Der Coach/die Coachin

Führungspersonen als Coaches setzen auf die Weiterentwicklung der Mitarbeitenden und des gesamten Teams. Am besten funktioniert dieser Stil in kreativen Unternehmen, die einen hohen Innovationsgeist ihrer Leistungsträger schätzen.

Den Coaches geht es um den Erfolg in der Zukunft und so helfen sie allen Mitarbeitenden, was sich wiederum im Betriebsergebnis niederschlägt.

Die größten Pluspunkte sind der Fokus auf das Endresultat und die hohe Ergebnisqualität, die starke Entwicklung des Teams und seiner Mitglieder sowie die hohe Beliebtheit der Coaches durch Empathie, kurze Dienstwege und Feedbackschleifen.

Zufrieden sind insbesondere Mitarbeitende, die Freiheiten benötigen, um ihr Potenzial auszuschöpfen, die unter empathischer Führung zu lernen bereit sind und die Respekt und Anerkennung bei der Arbeit schätzen.

Probleme haben Beschäftigte, die gern detailliert nach ihrer eigenen Art und Weise arbeiten, nicht an kreativer oder innovativer Arbeit interessiert sind sowie sich fachlich sehr sicher fühlen.

Die Attribute dieses Stils sind bildend, instruktiv, zuhörend und empathisch.

Der/Die Dominante
In ähnlicher Form wie der autoritäre Typ gibt die dominante Führungskraft ihre Vorstellungen und Methoden auf dem kurzem Dienstweg weiter. Die Dominanten bestehen auf Regeltreue und maximale Produktivität, lassen aber wenig Flexibilität zu. Sie gelten als echte Problemlöser und überzeugen mit gutem Krisenmanagement.

Durch ihren Stil, bei dem Fügsamkeit gefordert wird, bremsen sie innovative und kritische Gedanken der Mitarbeitenden aus. Es wird schwierig, damit neue Mitarbeitende am Markt zu gewinnen. Ihre Pluspunkte sind: Sie sind klassische Anführer, starke Krisenmanagerinnen und garantieren ein produktives Team.

Sie sind perfekt für Beschäftigte, die unter starker Führung mit klaren Strukturen arbeiten wollen, die ihre Aufgaben und Grenzen genau kennen wollen und die Entscheidungen gern ihren Vorgesetzten überlassen.

Problematisch wird es für die Kollegen, die eigenverantwortliche Arbeit schätzen, selbst innovativ und kritisch denken und eine demokratische Unternehmenskultur, agile Teams und flache Hierarchien bevorzugen.

Der Gruppendenker/die Gruppendenkerin
Der Stil der Gruppendenker und -denkerinnen gehört zu den fortschrittlichen Entwicklungen im Führungsverhalten. Hier wird die klassische Hierarchie auf den Kopf gestellt. Die Meinung des Teams ist wichtiger als die der Vorgesetzten. Diese Führungskraft agiert ähnlich wie der kollaborative Frontläufer. Sie lässt ihre Teammitglieder die Entscheidungen treffen. Wichtig bei diesem Modell ist das Feedback der Mitarbeitenden. Gruppendenker und -denkerinnen funktionieren vor allem in Betrieben, in denen Vorgesetzte nicht im Tagesgeschäft oder im Vertrieb beschäftigt sind. Die Stärken liegen zweifellos darin, die Expertise und das Wissen der Mitarbeitenden zu bündeln, ihre Befähigung zu fördern und für die einwandfreie Einhaltung der Regeln und Prozesse zu sorgen. Ideal ist die Methode für Kollegen, die unabhängig Entscheidungen treffen und Verantwortung tragen, fachliche Expertise und intrinsische Motivation mitbringen und in flachen Hierarchien aufblühen.

Weniger geeignet ist der Führungsstil für Beschäftigte, die gern nach genauen Regeln und Prozessen arbeiten, die dafür Vordenker/Vordenkerinnen brauchen und ohne viel Kommunikation funktionieren.

Der/Die Demokratische

Demokratische Vorgesetzte sind bei Mitarbeitenden am beliebtesten. Sie setzen ihren Akzent auf Feedback, sind fair und angetrieben davon, eine Teamkultur der Einheit zu schaffen. Sie leben die Kultur vor, sorgen für Mitarbeitenden-Feedback, Konsens im Team sowie dauerhafte Kommunikation. Dieser Führungstyp inspiriert andere, ist wissbegierig, akzeptiert konstruktive Kritik und stellt offene Fragen. Die Pluspunkte sind Kommunikation, MA-Engagement, hohe Leistungsbereitschaft, Loyalität und die starke Bindung an den Betrieb.

Dieser Stil ist geeignet für erfolgsorientierte Mitarbeitende, die zusammen und nebeneinander arbeiten möchten, große Eigenverantwortung übernehmen, sehr kommunikativ und im ständigen Austausch mit ihren Vorgesetzten sind.

Weniger geeignet ist er für Teams, die unter großem Zeit- und Leistungsdruck stehen und schnelle Entscheidungen brauchen, und für Beschäftigte, die mit Verantwortung überfordert sind und die auf das letzte Wort der jeweiligen Vorgesetzten warten.

10.1.4 Führungsinstrumente

In den zurückliegenden Krisenzeiten war es für Führungskräfte von großer Wichtigkeit, das Gesundheitsmanagement stärker in den Fokus zu rücken. Ebenso wurde deutlich, dass eine Verbesserung der Führungskultur erforderlich ist. Im Rahmen einer Untersuchung des Fraunhofer-Instituts (06/2021) wurde festgestellt, dass die Veränderungen in Bezug auf die Ansprüche an die tägliche Führungsarbeit in jüngster Zeit erheblich sind:

- Die Kommunikation mit den Mitarbeitenden nimmt mehr Zeit in Anspruch (64,9 %).
- Führungskräfte haben einen Koordinierungsaufwand (46,3 %).
- Es werden deutlich mehr Gespräche mit Mitarbeitenden geführt (43,4 %).

Auf die Frage, welche Kompetenzen die Führungskräfte nach den Krisenjahren haben müssen, wurden folgende Aspekte am häufigsten genannt:

- Vertrauen
- Kommunikationsfähigkeit
- Empathie
- Delegationsfähigkeit
- Planungs- und Organisationsfähigkeit

Nachstehend sind sowohl die direkten als auch die indirekten Führungsinstrumente aufgeführt. Direkte Führungsinstrumente werden genutzt, um Mitarbeitende zu beeinflussen und zu führen, indirekte zielen darauf ab, das Verhalten und die Einstellung der Mitarbeitenden langfristig und nachhaltig zu verändern:

- direkte Führungsinstrumente
  - Lob und Anerkennung
  - gemeinsame Karriereplanung
  - Aufbau von Vertrauen
  - Erwartungsmanagement
  - Aufgabenzuordnung (Rollenverteilung) und Arbeitsgestaltung
  - Partizipation bei Entscheidungen
  - Delegation von Verantwortung
- indirekte Führungsinstrumente
  - Personalauswahl
  - Teamgestaltung und -entwicklung
  - Wettbewerb zwischen den Mitarbeitenden
  - Kontroll- und Anreizsysteme
  - Regeln und Normen
  - Gestaltung der Arbeitsumgebung

Ein wichtiges indirektes Führungsinstrument ist »OKR« (Objektives and Key Results) zur Steuerung der strategischen und operativen Zielerreichung. In einer Reihe von Studien der Hochschule für Technik Stuttgart und von Haufe Talent zeigte sich, dass OKR eine moderne und erfolgreiche Methode sein kann, die von immer mehr Unternehmen eingesetzt wird.

In den Aussagen der Beteiligten wird deutlich, dass man die strategischen Ziele der Organisation besser nachvollziehen kann (65%), ohne OKR nur 46%. Auch die Implementierung der Strategie wird als gelungener bezeichnet (58% vs. 39%), ebenso würde der Unternehmenserfolg besser wahrgenommen (64% vs. 39%). Darüber hinaus wird die Unternehmenskultur positiver gesehen (66% vs. 36%), die Mitarbeitenden sind sowohl im Team (83% vs. 71%) als auch im Unternehmen (76% vs. 58%) zufriedener.

Außerdem hat OKR auch für das Personalmanagement einen Mehrwert. Allerdings wird in nur 20% der Firmen dem Personalressort die Implementierung übertragen, auch wenn es damit das am meisten genannte Ressort ist. Insofern sollten die Personalverantwortlichen darauf dringen, hier die Federführung zu erhalten. Das gibt ihnen die Möglichkeit, Themen wie Mitarbeitendengewinnung, -motivation und -bindung stärker in den Fokus zu stellen.

Beachten Sie folgende Empfehlungen bei der Implementierung:

- Kommunizieren Sie klar, warum die OKR-Methodik eingeführt wird.
- Holen Sie sich externe Unterstützung für die Konzeptions- und Initiierungsphase.
- Passen Sie die OKR-Methodik an die bestehenden Prozesse im Unternehmen an und stellen Sie Prozesse ein, die die Wirkung der OKR-Methodik hemmen.

- Holen Sie die Geschäftsführung und die Führungskräfte an Board und etablieren Sie diese als Coaches innerhalb des OKR-Frameworks.
- Schaffen Sie ein einheitliches Verständnis des OKR-Frameworks und schulen Sie die Mitarbeitenden umfassend.
- Bilden Sie frühzeitig interne OKR-Master aus.
- Führen Sie Pilot-Implementierungen in stark vernetzten Bereichen durch, um das maximale Potenzial der Methodik auszuschöpfen.
- Stellen Sie erprobte OKR-Beispielformulierungen bereit, da die Formulierung für OKR-Beginnende eine Herausforderung darstellt.
- Fördern Sie die Vernetzung der Teams und Bereiche durch gemeinsame Events, um maximale Transparenz und Alignment zu erzielen.
- Führen Sie regelmäßige Reflexionsmeetings durch, um das OKR-Framework in Ihrem Unternehmen kontinuierlich weiterzuentwickeln.

10.1.5 Wie viel Hierarchie ist notwendig?

Ein entscheidender Punkt in der Personalführung ist die hierarchische Ordnung. In der letzten Zeit haben sich immer mehr Unternehmen dazu entschieden, Hierarchien abzubauen bzw. die Führungsebenen flacher zu gestalten. Die Frage ist: Wie kann man dies konstruktiv gestalten?

Zunächst muss man darüber sprechen, ob Hierarchieabbau sinnvoll ist. Wenn nicht, sollte überlegt werden, wie eine Hierarchie aufgebaut sein darf. Da geht es um die Frage, welche Führungsspanne in der Praxis handhabbar ist.

Hierarchieabbau bedeutet: Was kann an Mitarbeitende delegiert werden? Von welchen Entscheidungen der Führungskräfte spricht man? Prof. Reitzig von der Universität Wien hat in einem Aufsatz für das Personalmagazin (11/2022) fünf Kategorien benannt:

- Arbeitszerlegung: Was muss erledigt werden?
- Arbeitszuteilung: Wer macht was?
- Entlohnung: Wer bekommt was?
- Informationsfluss: Wer muss was wissen?
- Ausnahmemanagement: Wie werden Konflikte gelöst?

In diesem Zusammenhang spricht er von drei Hürden, die berücksichtigt werden müssen:

- **Die Unternehmensziele müssen theoretisch mit flacher Hierarchie besser erreichbar sein.**
  Die erste Überlegung muss sein, wo eine Verbesserung erreicht werden kann. So wäre z. B. eine Delegierung von Verantwortung an Mitarbeitende, die näher am Kunden oder an der Produktentwicklung sind als der Vorgesetzte, sehr sinnvoll.

Andererseits ist ein Delegieren in einem Unternehmen, das verantwortlich ist für die globale Produkt- und Qualitätskonsistenz, nicht unbedingt zielfördernd.

- **Das Personal muss zur Struktur passen.**
  Sind die Mitarbeitenden bereit, die größere Verantwortung und die Mehrarbeit zu übernehmen? Die Erfahrung zeigt, dass Mitarbeitende diese gern auf sich nehmen. Dazu gehört aber auch ein bestimmter Typus von Beschäftigten. Die Mitarbeitenden sollten insbesondere eine hohe Leistungsmotivation mitbringen und die Möglichkeit schätzen, ihre eigenen Ziele bei der Arbeit zu verfolgen. Mitarbeitende mit hoher Kontrollüberzeugung sind dafür nicht geeignet.
- **Das Design des Arbeitsumfelds muss ein Arbeiten in flachen Hierarchien ermöglichen.**
  Wichtig ist bei flachen Hierarchien, dass bei Einheiten, die ihre Ziele nicht erreichen, eine klare Ansprache erfolgt. Dazu ist es erforderlich, dass die Koordination und Kooperation nicht durch die Einheiten selbst, sondern durch das Management vorgenommen wird. Sinnvoll ist es, hier eine Modularisierung vorzunehmen. Um den Einheiten und deren Mitarbeitenden die Möglichkeit zu geben, Arbeit und Freizeit vernünftig zu regeln, kann ein zusätzlicher Personalpuffer erfolgreich sein.

In den Langzeit-Auswertungen der Firma Hays (HR-Report 2011–2021) wurde deutlich, dass das Thema Personalführung nicht mehr so eine wichtige Rolle wie in der Vergangenheit spielt. 2014/2015 war es noch das beherrschende Thema, inzwischen liegt es aber auf dem vorletzten Platz. Das hat sicherlich damit zu tun, dass andere Themen (Mitarbeitendenbindung, flexible Arbeitsstrukturen) stärker in den Fokus der Befragten gerückt sind.

Bei der Frage nach den Anforderungen an Führungskräfte wird in erster Linie die Rolle des Coachs (48 %) genannt. Auf den weiteren Plätzen befinden sich die Rollen Entscheider im operativen Tagesgeschäft (41 %), Personalentwickler (38 %) und strategischer Partner (36 %).

10.2 Personalentwicklung

Die Personalentwicklung ist eine weitere Kernaufgabe des strategischen Personalmanagements. Sie ist ein wesentlicher Wettbewerbsfaktor, um sich am Markt entscheidende Vorteile zu verschaffen und erfolgreich zu sein. Der klassische Begriff der Personalentwicklung umfasst den ganzen Bereich der Aus-, Fort- und Weiterbildung. Die Fragen, die man sich stellen muss, sind:

- Welche und wie viele Bildungsmaßnahmen sind erforderlich, um die vorhandenen und/oder die neuen Mitarbeitenden für die vorgesehenen Arbeitsplätze zu qualifizieren?
- Wie lässt sich die Diskrepanz zwischen den Fähigkeiten der Mitarbeitenden und den Anforderungen der Arbeitsplätze beseitigen?

10.2.1 Aufgaben der Personalentwicklung

Es geht bei der Personalentwicklung nicht nur um die Aus- und Weiterbildung, sondern sie umfasst alle Maßnahmen, die der Optimierung der Mitarbeitendenpotenziale dienen. Dazu gehören die Themen

- Bildung,
- Förderung (Karriereplanung, MA-Entwicklungsgespräche, Führungskräfteentwicklung und Coaching) sowie
- Organisationsentwicklung (Teamentwicklung, Projektarbeit, Gruppenarbeit).

10.2.2 Die Personalentwicklungsplanung

Der erste Schritt, um die genannten Aufgaben in die Wege zu leiten, ist die Aufstellung einer Personalentwicklungsplanung. Sie sollte folgende Schwerpunkte beinhalten:

- Schließen von Fähigkeitslücken
- Entwicklung von Führungskräften (Karriereplanung)
- individuelle Förderung von Mitarbeitenden (Coaching)
- Veränderungsentwicklung (kognitiv, Einstellungen)
- Organisationsentwicklung

Die Gestaltung der Personalentwicklungsplanung sollte folgende Planungsschritte beinhalten:

- Soll-Erhebung (Erhebung der Soll-Qualifikationen z.B. durch eine Qualifikationsmatrix, Erhebung der Kompetenzprofile)
- Soll-Ist-Vergleich (Verfahren zur Durchführung eines Soll-Ist-Vergleichs)
- Personalentwicklungsmaßnahmen (Planung der Grundlagen der Personalentwicklungsplanung, Planung der Kosten)
- Evaluation und Kontrolle (Entwicklung von Instrumenten zur Überprüfung des Erfolgs der Personalentwicklung)

Um die Durchführung der Maßnahmen zu gewährleisten, benötigt man die richtigen Personalinstrumente. Die wichtigsten werden im Folgenden aufgeführt:

- **Anforderungsprofile** werden auf der Basis einer Stellenbeschreibung erstellt. Es wird festgelegt, welches die ideale Besetzung für die Position ist. Beinhaltet sind die wesentlichen Kriterien sowie Merkmale, z.B. Gehaltsrahmen, Qualifikation und Hauptaufgaben.
- **Stellenbeschreibungen** werden personenneutral und schriftlich erstellt. Kriterien sind Aufgaben, Ziele, Inhalte, Kompetenzen und Beziehungen zu anderen Stellen. Sie richten sich nicht an Bewerber, sondern sind die Basis für den Stelleninhaber. Weitere inhaltliche Faktoren sind Bezeichnung, organisatorische Anbindung, Stellvertretung und Tätigkeitsbeschreibung.

- Die **Aufgaben- bzw. Funktionsmatrix** kombiniert Aufgaben und Personen. Langjährige Erfahrungen zeigen, dass ein MA max. sieben Hauptaufgaben erfüllen und einen Bereich mit fünfzehn Hauptaufgaben erfassen kann.
- **Mitarbeitendengespräche** sind nicht nur ein Beitrag zur MA-Führung, sondern auch ein Anlass, über die Weiterentwicklung des MA nachzudenken. Es handelt sich um ein Gespräch auf Augenhöhe und sollte sowohl positive als auch negative Kritik beinhalten.
- Die **Leistungsbeurteilung** ist ebenfalls ein Führungsinstrument und dient genauso der Weiterentwicklung des MA wie das MA-Gespräch.
- Die **Potenzialanalyse** wird angewendet, um die Fähigkeiten des MA zu analysieren und festzustellen, wo noch Verbesserungsmöglichkeiten vorhanden sind. Es geht um das Arbeitsverhalten, das Verhalten gegenüber Kollegen und Vorgesetzten, das Führungsverhalten, das persönliche Auftreten und intellektuelle Fähigkeiten.
- **Testverfahren** sind Eignungstests, mit denen Potenziale und Ressourcen eines MA erfasst werden können. Es gibt am Markt eine Vielzahl davon, deren Qualität und Erfolg aber vorher geprüft werden müssen.
- Das **Assessment-Center** ist ein Auswahlverfahren, in dem ein Gremium aus Führungskräften aus einer Anzahl von sich Bewerbenden diejenigen auswählt, die den Anforderungen des Unternehmens und der zu besetzenden Stelle am besten entsprechen. Es läuft üblicherweise zwei Tage und besteht aus unterschiedlichen Übungen. Den Abschluss bildet ein Gespräch, in dem die Kandidaten erfahren, wo ihre Stärken und Schwächen liegen.
- **Kompetenzmodell,** siehe hierzu Kapitel 11.4.
- **Nachwuchsprogramme** werden entwickelt, um geeignete MA, die bereits ein Assessment-Center absolviert haben, durch Aufgaben und Projekte an die künftige Aufgabe heranzuführen.
- Zu den **Job-Konzepten** gehören Job-Rotation (Tausch von Arbeitsplätzen, um die Vielseitigkeit zu verbessern), Job-Enrichment (eine qualitative Aufwertung des Arbeitsplatzes durch Übertragung weiterer Aufgaben, z. B. Führungsaufgaben) sowie Job Enlargement (eine Erweiterung des Arbeitsplatzes durch zusätzliche, ähnliche Aufgaben zum Zweck der Arbeitsverdichtung).
- **Nachfolgeplanung,** siehe Kapitel 11.8.
- Die **Laufbahnplanung** zeigt die Möglichkeiten auf, wie im Rahmen einer Personalentwicklung durch die Übernahme bestimmter Positionen die eigene Karriere gestaltet werden kann.

Ein entscheidender Punkt in der Personalentwicklung ist die strategische Führungskräfteentwicklung. Das Ziel der strategischen Führungskräfteentwicklung ist es, Führungskräfte in die Lage zu versetzen, ihre Fähigkeiten weiterzuentwickeln und die an sie gestellten Anforderungen umfassend zu erfüllen. Das beinhaltet die Vermittlung der erforderlichen Qualifikationen, um jederzeit mit der richtigen Leistungsfähigkeit und Leistungsbereitschaft die entsprechenden Positionen übernehmen zu können.

Laufbahnmöglichkeiten			
Führungshierarchie	F&E-Laufbahn (Fachlaufbahn)	Projektleiter-laufbahn	Absolute Parallelhierarchie (Fachlaufbahn)
Geschäftsführung			Höherer wissenschaftlicher Berater
Bereichsleiter		Leiter A-Projekte	Wissenschaftlicher Experte
Abteilungsleiter	Experte F&E	Leiter B-Projekte	Wissenschaftlicher Experte
Teamleiter	Spezialist F&E	Leiter C-Projekte	Wissenschaftlicher Assistent

Laufbahnplanung (nach Weidemann/Paschen, 2002, S. 148)

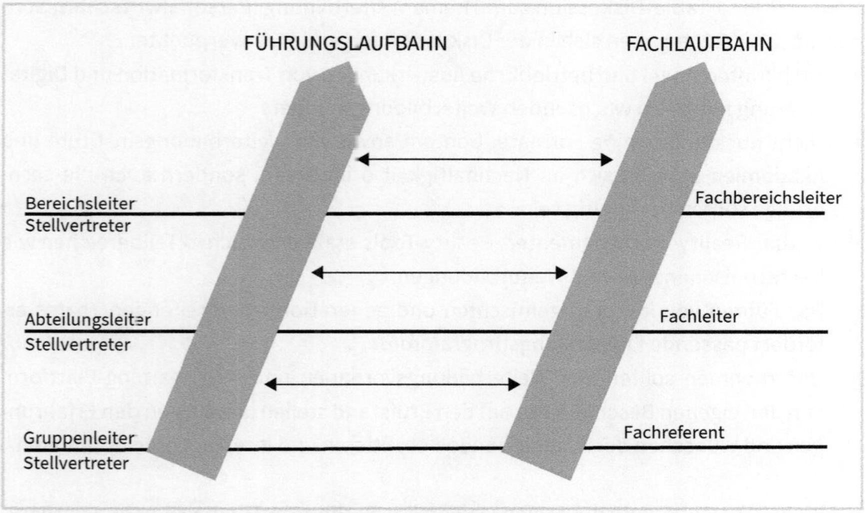

Laufbahnplanung – Praxisbeispiel Phoenix Contact (nach DGFP, 2004, S. 89)

Die Anforderungen und Qualifikationen korrespondieren mit der strategischen Ausrichtung des jeweiligen Unternehmens. Das bedeutet, dass bei einer strategischen Neuausrichtung vielfach neue Anforderungen an die Führungskräfte herangetragen werden.

Neben der Gewinnung und Rekrutierung von Führungskräften (siehe Kapitel 10.3) ist ein weiterer Punkt die Performance einer Führungskraft. Nach Birri (2013, S. 114) kann die Performance eines Mitarbeitenden anhand der Kriterien Kompetenzen und Arbeitsergebnisse beurteilt werden. Die Kriterien müssen kombiniert betrachtet werden. Die Folgerung daraus ist, dass hochkompetente Mitarbeitende durchaus unzureichende Arbeitsergebnisse erzielen und wenig kompetente Beschäftigte sehr gute Leistungen erzielen können. Um dies in Einklang zu bringen, sind ein Bündel von Maßnahmen des Performance-Managements sowie der kontinuierliche Dialog zwischen Mitarbeitenden und Führungskräften erforderlich. Beispiele dafür sind Zielvereinbarungen und Mitarbeitendenbeurteilungen. Es gibt immer wieder Diskussionen über den Sinn des Performance-Managements, insbesondere hinsichtlich der Komplexität der Systeme. Trotzdem bleibt festzuhalten, dass die Vorteile überwiegen (Birri, S. 117):

- Förderung des Dialogs zwischen Führungskraft und Mitarbeitenden
- Beitrag zur leistungsgerechten Bezahlung aufgrund von Leistungsunterschieden
- Aufrechterhaltung und Weiterentwicklung der Leistungsfähigkeit und -bereitschaft
- Beitrag zum Gesamterfolg des Unternehmens durch Fokussierung der verschiedenen Leistungsbeiträge auf das Unternehmensziel

In einer Round-Table-Diskussion zum Thema Weiterbildung (Personalwirtschaft, Sonderheft 12/2022) ergaben sich in der Diskussion folgende Schwerpunkte:

- Fachkräftemangel und betriebliche Auswirkungen von Transformation und Digitalisierung führen zu wachsenden Weiterbildungsbudgets.
- Nicht nur die Learning-Formate, Content sowie die Weiterbildungsinstitute und Akademien müssen sich an Nachhaltigkeit orientieren, sondern auch die Lernerfolge sollten nachhaltig sein.
- Virtual-Reality- und Augmented-Reality-Tools etablieren sich in Teilbereichen wie bei technischen Aus- und Weiterbildungen.
- Das Führen von kulturell gemischten und generationsübergreifenden Teams erfordert passende Entwicklungsprogramme.
- Unternehmen sollten ihre Weiterbildungsvorhaben und ihre Learning-Plattform von den eigenen Beschäftigten auf den Prüfstand stellen lassen, von den Erfahrungen und Wünschen der Teilnehmenden profitieren und ihre Angebote optimieren.

In einem Expertendelphi der Freien Universität Berlin zum Thema »Personalentwicklung 2020« wurden die folgenden Herausforderungen an eine zukunftsfähige Personalentwicklung beschrieben (Rangfolge nach Wichtigkeit):

- Umgang mit immer schnellerer Veränderung
- Personalentwicklung in die Unternehmensstrategie integrieren
- dem Fachkräftemangel begegnen
- demografischer Wandel/ältere Belegschaften
- Wissens- und Innovationsmanagement
- Optimierung von Effektivität und Nutzen der PE
- Förderung der Werteentwicklung und Unternehmenskultur
- Umgang mit kultureller Diversität/Globalisierung
- Work-Life-Balance und Gesundheitsmanagement
- Legitimierung: Wertbeitrag der Personalentwicklung deutlich machen.

Zum Schluss noch ein bemerkenswertes Ergebnis aus der Studie BPM-Berufsfeldstudie »People & Organisation 2020«. In der Studie von 2017 lagen diese fünf Themen an der Spitze der Prioritäten:

- Recruiting (38%)
- Personalentwicklung (34%)
- Digitalisierung von HR-Prozessen (31%)
- Organisationsentwicklung (30%)
- Change-Management (30%)

In einer Nachfolgestudie aus dem Jahr 2020 haben sich bei 55% der Befragten die Prioritäten geändert. Die folgenden sind nun die am meisten priorisierten:

- Arbeitsorganisation/New Work (53%)
- Digitalisierung von HR-Prozessen und HR-Analytics (51%)
- Change-Management/Organisationsentwicklung (49%)
- interne Kommunikation (48%)
- Stellenabbau/Outsourcing (32%)

Erst an achter Stelle mit 22% folgt die Personalentwicklung. Dieses Ergebnis ist natürlich in erster Linie den Krisen geschuldet. Es folgt allerdings ebenso einer Erfahrung aus früheren Jahren, dass in derartigen Situationen immer die Gefahr besteht, dass an vordergründig einfachen Stellen der Hebel des Sparens angesetzt wird.

10.3 Personalgewinnung

Die Personalgewinnung ist eine der wichtigsten und schwierigsten Aufgaben des Personalmanagements. Sie umfasst die Bereiche:

- Anforderungsermittlung
- Personalsuche
- Personalauswahl
- Vertragsgestaltung
- Integration

Um hier erfolgreich zu sein, muss man ganzheitlich denken. Der Beschaffungsprozess ist eng verzahnt mit dem Personalmarketing und dem Employer Branding. Dafür sind folgende Voraussetzungen erforderlich:

- Das Employer Branding beinhaltet die zielgerichtete Planung, Steuerung, Koordination und Kontrolle der Arbeitgebermarke, die die Einzigartigkeit des Unternehmens als Arbeitgeber in den Vordergrund rückt.
- Das Personalmarketing ist auf die Arbeitgebermarke abgestimmt und konzentriert sich auf die Förderung der Nachfrage (mehr passende Bewerbungen auf die angebotenen Tätigkeiten).

- Der Recruiting-Prozess ist klar definiert und dessen Erfolg wird gemessen.
- Die Motive der relevanten Zielgruppe (zum Beispiel Bewerberinnen und Bewerber) sind erhoben und werden bei der Personalgewinnung ganzheitlich berücksichtigt.

Damit lässt sich der Prozess erfolgreich und problemlos steuern. Hier die einzelnen Schritte:

- Personalmarketing und Employer Branding konzipieren und durchführen
- Ausschreibung veröffentlichen
- Bewerberunterlagen bearbeiten und Bewerber auswählen
- Mitarbeitende einstellen und einarbeiten
- Rekrutierungserfolg kontrollieren

Wo liegt die strategische Bedeutung der Personalgewinnung? Ohne eine gut qualifizierte Belegschaft, die über einen längeren Zeitraum gebunden werden kann, ist die Umsetzung der strategischen Ziele eines Unternehmens nicht möglich – insbesondere wenn es darum geht, sich langfristig erfolgreich am Markt zu behaupten.

Die langfristige Bindung von Führungs- und Fachkräften ist also ein essenzieller Bestandteil der Unternehmensstrategie. Natürlich ist es immer wieder erforderlich, kurzfristig entstehende Lücken zu schließen. Gerade in der heutigen Zeit wird das allerdings immer schwieriger. In einer Studie der Firma Hays zum Thema Fachkräftemangel wurde nach einer Befragung von rund 1.000 Führungskräften festgehalten, dass es den Unternehmen immer schwerer fällt, am Markt geeignetes Personal zu finden und darüber hinaus fähige Mitarbeitende im Unternehmen zu halten. Die Folgen daraus sind bereits jetzt in Form von Mehrbelastung und nicht generiertem Umsatz spürbar.

Allerdings gibt es vielfältige Mittel und Wege, um dem entgegenzutreten. Aber nicht in allen Unternehmen wird diese gefährliche Situation erkannt. Es wird versäumt, über Strategien nachzudenken sowie neue Ansätze zu entwickeln. In der genannten Studie werden der Status quo und die zentralen Handlungsfelder in acht Thesen wie folgt zusammengefasst:

1. **Fachkräftemangel ja, aber nicht überall.**
   Der überwiegende Teil der Führungskräfte betrachtet den Fachkräftemangel als ernsthafte Herausforderung, basierend auf ihren eigenen Erfahrungen. Bei 40% ist eine höhere Belastung der Mitarbeitenden festzustellen, 25% stellen signifikante Umsatzausfälle fest. Allerdings wird das Problem nur von 40% der Führungskräfte als Problem für das eigene Unternehmen wahrgenommen.
2. **Unternehmen nehmen sich selbst zu wenig in die Pflicht.**
   Als Hauptursachen für den Fachkräftemangel benennen die Führungskräfte die Globalisierung, die technologische Entwicklung sowie nicht ausreichende IT-Systeme. Fehler aufseiten der Unternehmen werden dagegen nicht gesehen. Bei nä-

herer Betrachtung fällt auf, dass mehr als zwei Drittel der Befragten ihr eigenes Unternehmen in keinem der identifizierten Handlungsfelder zur Begegnung des Fachkräftemangels (z.B. Attraktivität als Arbeitgeber, Rekrutierung, Digitalisierung, Outsourcing und Standortpolitik) als gut aufgestellt sieht.

3. **Unternehmen müssen als Arbeitgeber deutlich attraktiver werden.**
   In der Befragung wird deutlich, dass bei der Arbeitgeberattraktivität aus Sicht der Führungskräfte der größte Handlungsbedarf gesehen wird – insbesondere bei den Themen bessere Bezahlung, mehr Flexibilität bei den Arbeitszeiten sowie bei der Unternehmenskultur. Je tiefer die Befragten in der Hierarchie angesiedelt sind, desto größer wird der Bedarf gesehen.
4. **Kompetenzentwicklung basiert noch zu sehr auf traditionellen Ansätzen.**
   50% der Führungskräfte zählen die Förderung des Kompetenzerwerbs zu den Top-3-Handlungsfeldern, um dem Fachkräftemangel zu begegnen. Maßnahmen werden allerdings nur ansatzweise durchgeführt. Die Unternehmen setzen immer noch auf den Ausbau von klassischen Weiterbildungs- und Coaching-Angeboten. Neue effektive Lernmethoden spielen nur eine untergeordnete Rolle.
5. **Rekrutierung neu aufsetzen.**
   75% der Befragten halten die Rekrutierung ihres Unternehmens für nicht gut aufgestellt. 50% sind der Auffassung, dass dieses Thema ebenfalls zu den Top-3-Handlungsfeldern gehört. Man teilt die Überzeugung, dass hier neue Wege zu beschreiten sind. Gleichwohl sollten auch klassische Rekrutierungsansätze nicht vernachlässigt werden.
6. **Personalbedarf muss vernetzter und systematischer geplant werden.**
   Ein weiteres Thema, das aus Sicht der Führungskräfte zu den Top-3-Themen gehört, ist die strategische Personalplanung. Hier wird hoher Handlungsbedarf gesehen, verbunden mit der Forderung, schneller und effektiver zu sein. In der Mehrzahl der Unternehmen werden die Planungsprozesse zentralisiert und in Richtung HR verlagert. Ob diese Strategie aufgeht, bleibt abzuwarten.
7. **Routineaufgaben von Mitarbeitenden müssen konsequenter automatisiert werden.**
   Die Digitalisierung treibt nicht nur den Fachkräftemangel an, sondern bietet aus Sicht vieler Führungskräfte auch Möglichkeiten, den Herausforderungen zu begegnen. Zielrichtung ist die Entlastung der Fachkräfte durch Automatisierung von Routineaufgaben.
8. **Unternehmen haben bei flexiblen Beschäftigungsformen und externen Partnerschaften noch Luft nach oben.**
   Die Personalnot zwingt Unternehmen dazu, sich stärker für externe Partner zu öffnen. Man erwartet deshalb einen stärkeren Anstieg bei Outsourcing- und Offshore-Aktivitäten sowie bei der flexiblen Beschäftigung. Weitere Erwartungen gehen in Richtung Zunahme beim Einsatz von Freiberuflern und Mitarbeitenden im Rahmen der Arbeitnehmerüberlassung. Zudem ist von einer Verlagerung von

Geschäftsstandorten mit dezentralen Arbeitsmöglichkeiten und freier Wahl der Arbeitsorte auszugehen.

Hier die wesentlichen Erkenntnisse aus einem Round-Table-Gespräch (Personalwirtschaft, Sonderheft 11/2022) zum Thema Fachkräftemangel und Recruiting:

- Recruiting ist flächendeckend ein schwieriges Geschäft, viele Unternehmen lassen noch große Chancen zur Personalgewinnung aus.
- Viele Kandidatinnen und Kandidaten können sich heute aussuchen, bei welchem Unternehmen sie arbeiten wollen. Umso wichtiger wird es, den unterschiedlichen Zielgruppen passgenaue Angebote zu machen.
- Die Purpose-Diskussion hat an Fahrt verloren. Der Sinn der Arbeit ist zwar immer noch wichtig, aber die Höhe und der Eingang des Gehalts sind noch entscheidender.
- Recruiting ist zum Teamsport geworden! Außer den Recruiterinnen und Recruitern müssen auch die Führungskräfte aktiver werden. So wichtig Software und Ähnliches sind – der persönliche Kontakt ist am wichtigsten.
- KMUs sind aufgrund ihrer beschränkten Ressourcen gezwungen, Fehlentscheidungen zu vermeiden. Sie sind deshalb schwerer von Innovationen zu überzeugen.

Im Recruiting-Guide 2023 der Zeitschrift Personalwirtschaft wurde deutlich, in welcher personalpolitischen Situation wir uns derzeit befinden. In den nächsten fünfzehn Jahren erreicht die Generation der »Babyboomer« nach und nach das Rentenalter. Laut einer Kalkulation des Statistischen Bundesamtes werden bis 2036 rund 12,9 Millionen Erwerbspersonen aus dem Berufsleben ausscheiden. Das ist ein Drittel der auf dem Arbeitsmarkt derzeit zur Verfügung stehenden Arbeitskräfte. Diese Lücke kann von den unter 25-jährigen Personen nicht geschlossen werden – eine Lücke von mindestens 4,5 Millionen Beschäftigten wird bestehen bleiben.

Wie kann diese Lücke geschlossen werden? Die Zahl der erwerbstätigen Frauen ist in den letzten Jahren kontinuierlich gestiegen. Trotzdem ist das Potenzial hier noch nicht ausgeschöpft – dies zu tun ist eine gemeinsame Aufgabe von Politik, Gesellschaft und Wirtschaft.

Durch die höhere Teilzeitquote bei Frauen machen Mitarbeiterinnen etwa 47,5% der Erwerbstätigen aus, übernehmen aber nur 40,3% des gesamten bezahlten Arbeitsvolumens. Die Konsequenz wird sein, dass die Männer sich familiär stärker einbringen müssen und Frauen länger arbeiten sollten, als sie zurzeit bereit und in der Lage sind. Vonseiten der Politik wird einiges in die Wege geleitet, um ein familienfreundliches Umfeld zu schaffen. Stichworte dazu sind Familienbesteuerung, Betreuungsunterstützung und Kinderbetreuung.

Ein weiterer Schlüssel ist die Zuwanderung. Auch in diesem Punkt muss der Gesetzgeber tätig werden. Bürokratische Hindernisse müssen beseitigt und die Aufnahmebereitschaft in der Gesellschaft erheblich verbessert werden. Ob dann die Zuwanderung ausreicht, um die Lücke am Arbeitsmarkt zu schließen, kann nicht abschließend beantwortet werden.

Bei stärkerer Beteiligung der Frauen und der älteren Arbeitnehmenden (stufenweise Erhöhung des Renteneintrittsalters ab 2029 auf 67 Jahre) beläuft sich die Lücke auf ca. 400.000 Personen pro Jahr, die durch Zuwanderung kompensiert werden könnte. Ob dies möglich ist, bleibt abzuwarten.

10.3.1 Recruiting

In einer Studie der Hochschule für Technik, Wirtschaft und Kultur Leipzig und der Firma Wollmilchsau aus dem Jahr 2022 sind bezüglich der Recruitingpraxis folgende Ergebnisse zu verzeichnen:

- Recruiting wird als Kerngeschäft betrachtet. 61 % der Befragten geben an, dass sie mit einer eigenständigen Recruiting-Einheit arbeiten, 47 % rekrutieren mit einem HR-Generalisten.
- Im Bereich der Fachkräfte sind kaufmännisch-administrative Berufe das Hiring Cluster mit dem höchsten Volumen. Auch die strategische Bedeutung ist am höchsten. Industrie und Technik sowie vertriebliche Berufe folgen mit Abstand und einer mittleren Bedeutung.
- Im Bereich der Spezialisten und Experten sind die IT und Softwareentwicklung sowohl als Hiring Cluster als auch in der Bedeutung mit Abstand die Nummer 1. Corporate Functions, Ingenieure und Techniker folgen auf den weiteren Plätzen.
- Im Durchschnitt betreut ein Recruiter 27 Positionen gleichzeitig. Im Jahr sind es 62 Stellen, der Median liegt bei 40 Stellen pro Recruiter.
- In Organisationen mit dem 3-Säulen-Modell werden Recruiter am meisten beansprucht. Sie betreuen mehr offene Positionen gleichzeitig, vor allem aber mehr pro Jahr.
- Jobbörsen sind das am häufigsten genutzte Hilfsmittel. Mit großem Abstand folgen MA-Empfehlungsprogramme und Direktvermittlung durch Dienstleister.
- Die beliebtesten KPIs sind »Time to Hire« und »Cost per Hire«.

Da die Bedeutung des Prozesses immer wieder hervorgehoben wird, sollte man bei einer Recruiting-Strategie nichts dem Zufall überlassen. Es beginnt bereits mit dem Formulieren des Anforderungsprofils. Zu oft werden noch veraltete Profile genutzt, die mit der Gegenwart wenig zu tun haben. Eine Abstimmung mit der Fachabteilung sollte regelmäßig erfolgen. Die Bewerber erwarten heute neben der fachlichen Anforderung auch Informationen über die Unternehmenskultur und die gelebten Werte.

Ebenso unverzichtbar ist die Übereinstimmung mit der Unternehmensstrategie. Führungskräfte mit Recruiting-Wünschen müssen wissen, welche Ressourcen und Kompetenzen sie zukünftig benötigen. Erforderlich ist auch eine frühzeitige Klärung der Rollen (fachlicher Ansprechpartner, Entscheider).

10.3.2 Fehler beim Recruiting

Obwohl der Recruiting-Prozess als wichtig angesehen wird und bekanntermaßen viele Fachkräfte fehlen, werden vielfach Fehler im Verfahren gemacht (Handelsblatt vom 14.04.2023):

- **Unternehmen ghosten Bewerber.**
  Bewerbungen werden abgeschickt, das Unternehmen reagiert aber nicht. Meist liegt es an der schlechten internen Kommunikation oder dem schlechten Prozess.
- **Kandidaten werden aufgrund ihres Alters aussortiert.**
  Oft genug werden Bewerber über 55 Jahre als zu alt empfunden. Das kann in der heutigen Zeit zu einem Fehlschlag im Bewerbungsverfahren führen.
- **Der Bewerbungsprozess findet nicht auf Augenhöhe statt.**
  Viele Unternehmen behandeln die Bewerber immer noch wie Bittsteller. Häufig werden nur standardisierte Fragen gestellt und oft haben die Interviewer nicht einmal den Lebenslauf gelesen.
- **Stellenanzeigen sind nicht ansprechend gestaltet.**
  Unklare Formulierungen, knappe Texte und wenig Kreativität zeichnen viele Stellenanzeigen aus. Oft fehlt der Kern der ausgeschriebenen Tätigkeit. Bewerber möchten auch mehr über Arbeitszeiten, Gehalt und notwendige Qualifikationen wissen.
- **Unternehmen können gute Mitarbeitende nicht halten.**
  Noch nie waren Mitarbeitende wechselbereiter als im Moment. Nach einer Gallup-Umfrage gab nur noch jeder zweite an, unbedingt bei seinem jetzigen Arbeitgeber bleiben zu wollen. 18% der Beschäftigten haben bereits innerlich gekündigt. Umso wichtiger ist es, die richtigen Mitarbeitenden zu rekrutieren und zu halten. Drei Punkte sind wichtig:
  - Der Mitarbeitende muss zu seiner Tätigkeit, dem Unternehmen und zu den Werten passen.
  - Soziale Beziehungen zu den Kollegen und Vorgesetzten sind wichtig.
  - Ein Unternehmen sollte seinen Beschäftigten zeitintensive Weiterbildungen ermöglichen.

10.3.3 Die Erfolgsfaktoren im Recruiting

Um die **Prozesse des Recruiting** zu straffen und zu vereinfachen, ist Digitalisierung unumgänglich. Dabei sollten folgende Empfehlungen berücksichtigt werden (Personalmagazin plus 4/2023 – Trends im Recruiting):

- empfehlenswert:
  - Bewerbungseingang
  - Bewerbungsmanagement
  - mobile Bewerbungsoption
  - Verlinkung (Linkedin, Xing)
  - Unterstützung von MA-Empfehlungen
- überlegenswert:
  - videogestütztes Job-Interview (Erstgespräch)
  - One-Click-Bewerbungen
  - Whatsapp & Co.
- nicht empfehlenswert:
  - persönliche Ansprechpartner ersetzen
  - Videobewerbungen
  - Interviews mit Chatbot
  - künstliche Intelligenz
  - finale Auswahlentscheidungen

Noch wichtiger ist es, bei dieser strategischen Aufgabe die richtigen Personen, also echte **Recruiting-Experten** zu finden. Die Firma Kienbaum hat in der Zeitschrift Personalmagazin plus (04/2023) dargestellt, was einen erfolgreichen Recruiter auszeichnet:

1. **Verständnis für den tatsächlichen Bedarf des suchenden Teams**
   Es ist für das Recruiting essenziell, dass der Recruiter die eigentlichen Anforderungen versteht. Eine bewährte Herangehensweise ist, sich zunächst die Zeit zu nehmen, den eigentlichen Bedarf zu eruieren. Ausgangspunkt ist dabei die Frage nach dem Mehrwert, den das suchende Team für das Unternehmen leistet. Die daraus entstehende Diskussion kann maßgeblich dazu beitragen, den Wirkungsbereich und die eigentlichen Erfolgsfaktoren der zu besetzenden Stelle zu identifizieren und die wichtigsten Kompetenzen zu definieren.
2. **Definition realistischer und ehrlicher Stellenprofile**
   Stellenprofile sind der Schlüssel, wenn es darum geht, die Erwartungen von einstellenden Führungskräften und potenziellen Kandidaten zusammenzubringen. Die besten Profile sind genau beschrieben, präzise formuliert und setzen auf realistische Erwartungen. Die Realität sieht etwas anders aus. 22 % der Beschäftigten kündigen innerhalb der Probezeit. Davon sagen 9 %, dass die Rolle nicht ihren Erwartungen entsprochen hätte.
   Wichtig ist, sich auf die entscheidenden Skills und Kompetenzen zu konzentrieren.

Weiterhin sollten die Kandidatinnen und Kandidaten transparente und verlässliche Informationen über die Rolle erhalten.

3. **Klares Erwartungsmanagement aller Stakeholder**
   Während die Recruiting-Teams sich ihrer Leistungen rühmen, bemängeln viele der internen Kunden die zu langen Wartezeiten und die hohen Kosten der Beschaffung. Das Problem ist, dass es unterschiedliche Erwartungen gibt. Deswegen sollten den Suchenden frühzeitig verlässliche Angaben darüber gemacht werden, wie viele Kandidatinnen und Kandidaten zu erwarten sind und wie lang die einzelnen Phasen des Prozesses dauern werden.
4. **Kreativität und Mut auf der Suche nach den passenden Kandidatinnen und Kandidaten**
   Immer wieder wird die Frage gestellt, ob Firmen noch Recruiting-Teams benötigen. Führungskräfte könnten das genauso gut. Um ihren Mehrwert nachzuweisen, müssen Recruiterinnen und Recruiter altbekannte Pfade verlassen. Dies ermöglicht ihnen, Profile zu finden, an die Führungskräfte nicht gedacht haben. Es gibt Kandidatinnen oder Kandidaten, die nicht zu 100 % dem Zielprofil entsprechen, die aber andere Qualitäten mitbringen, die sie erfolgreich machen und das suchende Team bereichern.
5. **Verständnis und Empathie bei der Ansprache von Kandidatinnen und Kandidaten**
   Die Recruiterinnen und Recruiter sollten mehr Zeit investieren, um sich mit interessanten Bewerbungsprofilen auseinanderzusetzen. Sie müssen die entscheidende Verbindung zwischen der ausgeschriebenen Position und den richtigen Kandidatenprofilen finden. Mit diesem Wissen erhöht sich die Chance, potenzielle Mitarbeitende für das Unternehmen zu gewinnen.
6. **Offene Kommunikation**
   Erfolgreiche Recruiterinnen und Recruiter zeichnet aus, dass sie von Anfang an gegenüber den Bewerbenden und den Führungskräften Transparenz schaffen. Es muss klar definiert sein, welche Informationen relevant sind, wie der Prozess abläuft und wie der Zeitrahmen ist. Sollten sich hierbei Änderungen ergeben, sollte dies kurzfristig erläutert werden.
7. **Erfolgreicher Abschluss des »Deals«**
   Durch den Fachkräftemangel wird es immer schwieriger, qualifizierte Talente für das eigene Unternehmen zu gewinnen. Deswegen muss sich die Arbeit der Recruiterinnen und Recruiter wandeln. Neben der bisherigen Direktansprache und dem Active Sourcing treten inzwischen weitreichende Vertriebs- und Verkaufskompetenzen in den Vordergrund. Wenn Bewerbende die Wahl zwischen mehreren Angeboten haben, leisten exzellente Mitarbeitende im Recruiting einen entscheidenden Beitrag, die Zusage zu erhalten. Bereits zu Beginn des Prozesses müssen sie eine Verbindung zwischen den Bewerbenden und den Führungskräften herstellen. Dadurch wird ein Vertrauen aufgebaut, das die Aussichten auf einen positiven Abschluss erhöht.

Abschließend ein paar Informationen zu den wichtigen **Kennzahlen**, die im Recruiting benötigt werden. Es ist wichtig, darauf zu achten, dass nicht zu viele Kennzahlen ausgewählt werden. Entscheidend ist, dass es die richtigen für das Unternehmen sind. Das können durchaus nur fünf oder sechs sein. Darüber hinaus sollten die Kennzahlen nicht isoliert betrachtet werden, sondern gesamtheitlich, nämlich als Teil des Recruiting-Prozesses. Bevor sie erstellt werden, ist es sinnvoll, den Prozess zu analysieren und ggf. zu digitalisieren.

Die folgenden Ergebnisse stammen aus einer Expertenbefragung (42 Teilnehmer) aus einem Dossier der Zeitschrift Personalwirtschaft unter dem Titel »Recruiting-KPIs 2021«:

Die wichtigsten KPIs sind (in Klammern stehen die Zahlen aus 2017 zum Vergleich):

- Cost to hire 69 % (70 %)
- Time to fill 67 % (78 %)
- Channel Effectiveness 48 % (45 %)
- Candidate Satisfaction 48 % (40 %)
- Cost of Vacancy 45 % (28 %)
- Quality of Hire 43 % (45 %)

Bezüglich ihres Kosten-Nutzen-Verhältnisses sind folgende KPIs am wichtigsten (auch hier die Zahlen aus 2017 in Klammern zum Vergleich):

- Time to fill 64 % (70 %)
- Cost per Hire 43 % (70 %)
- Candidate Satisfaction 40 % (13 %)
- Besuche auf Karriereplattform 40 % (13 %)
- Offer-Acceptance-Rate 36 % (33 %)
- Channel Effectiveness 31 % (40 %)
- Applications-per-Vacancy 31 % (20 %)

Hier noch eine Checkliste zur Frage: Wie erstelle ich nützliche Recruiting-KPIs?

- Identifizieren Sie Ihr Problem. Wo in ihrem Recruiting-Prozess hapert es derzeit? Was möchten Sie verbessern?
- Fragen Sie sich, was Sie erreichen möchten, und definieren Sie ein entsprechendes Ziel.
- Schauen Sie sich an, an welchen Stellen und auf welche Art und Weise das Erreichen des Ziels gemessen werden kann.
- Finden Sie geeignete Kennzahlen, um die Effizienz, Qualität oder Effektivität Ihrer im Fokus stehenden Prozesse zu analysieren.
- Schauen Sie sich an, welche Daten Sie zur Messung der KPIs bereits haben und welche Sie noch benötigen. Finden Sie heraus, wie Sie an diese Daten gelangen können und ob die Zielerreichung auch über andere Wege gemessen werden kann.

- Designen Sie selbst Reports aus den Messdaten für die von Ihnen ausgewählten KPIs, arbeiten Sie mit von externen Anbietern bereitgestellten Systemen oder den Reporting-Tools in Bewerbermanagement-Systemen.
- Holen Sie sich Hilfe aus anderen Fachabteilungen – Marketing, Employer Branding, IT-Bereich – um an die benötigten Daten zu gelangen und ein gutes Reporting und Dashboard aufzusetzen.
- Blicken Sie auf die KPIs im Kontext der aktuellen Situation, und haben Sie dabei auch die Arbeitsmarktlage immer mit auf dem Schirm.
- Probieren Sie sich aus! Haben Sie keine Angst davor, von einer Kennzahl wieder abzurücken, wenn sich diese als nicht nützlich herausgestellt hat. Stattdessen führen Sie eine neue ein.
- Denken Sie daran: Den perfekten Prozess gibt es nicht – auch nicht im Recruiting. Freuen Sie sich deshalb auch schon an graduellen Verbesserungen.
- Machen Sie sich und den Kollegen und Kolleginnen klar: Die KPIs dienen nicht der Kontrolle einzelner Mitarbeitender und deren Arbeit, sondern dazu, sich einen Überblick über den Ist-Zustand zu verschaffen und datenbasierte Entscheidungen über zukünftige Prozesse zu treffen.

10.4 Mitarbeitendenbindung

Wie bereits im vorherigen Kapitel ausgeführt, ist die Bindung von Beschäftigten ein essenzieller Bestandteil des strategischen Personalmanagements. Dazu ist der Aufbau eines sogenannten Retention-Managements dringend erforderlich. Aber warum kommt es überhaupt zum Weggang von Mitarbeitenden?

Am größten ist die Gefahr dann, wenn Beschäftigte mit ihrer beruflichen Situation nicht zufrieden sind. Auf der anderen Seite werden Leistungsträgerinnen und -träger von der Konkurrenz abgeworben. Insbesondere unter dem Gesichtspunkt des Fachkräftemangels und der demografischen Entwicklung sind gute Spezialistinnen und Spezialisten begehrt und am Markt bekannt, sodass es immer wieder zu Abwerbungen kommen kann.

In einem Artikel der Zeitschrift Personalwirtschaft (02/2022) erläutert Professor Rolf van Dick, Johann-Goethe-Universität, Frankfurt, Gründe für die Bindung von Mitarbeitenden und deren Motivation.

Er spricht in diesem Zusammenhang von »Organizational Commitment«, das er in drei Arten unterscheidet:

- **Das fortsetzungsbezogene Commitment**
  Man bleibt beim Unternehmen wegen des schlechten Jobmarkts, aus finanziellen Gründen oder wegen bestimmter Benefits.

- **Das normative Commitment**
  Man bindet sich an die Firma wegen eines vorhandenen Loyalitätsgefühls.
- **Das affektive Commitment**
  Darunter fallen Beschäftigte, die dem Unternehmen treu bleiben, weil sie es möchten und gern im Betrieb sind.

Am stärksten ist die Bindung beim affektiven Commitment. Es vergrößert die Arbeitszufriedenheit, das Engagement und die Leistungsfähigkeit. Ähnlich ist es beim normativen Commitment, aber nicht so sehr wie beim affektiven. Beim fortsetzungsbezogenen Commitment werden diese Vorteile zwar nicht gemindert, aber die Gefahr, dass Beschäftigte das Unternehmen verlassen, ist hier eher gegeben.

Laut einer Studie der Firma Mercer glauben nur 49% der Mitarbeitenden in Deutschland, dass sie ihr persönliches Potential in ihrem Unternehmen ausschöpfen können. Karrieretechnisch glauben daran nur 44%. Nur 58% gehen davon aus, dass sich ihr Betrieb für ihr Wohlbefinden interessiert. In Europa sind es schon 68% und weltweit sogar 79%. Auch bei der Work-Life-Balance sind die Zahlen ähnlich: In Deutschland sind 63% damit zufrieden, in Europa 66% und weltweit 72%.

Der HR-Report 2023 der Firma Hays in Zusammenarbeit mit dem Institut für Beschäftigung und Employability (IBE) nimmt sich ebenfalls dieser Thematik an. Bereits 2022 haben 42% der Befragten den Fachkräftemangel als am stärksten limitierend eingestuft. Inzwischen sind die Zahlen bei 50% und mehr. Die Boston Consulting Group beziffert die Wirtschaftsminderleistung auf 84 Milliarden Euro.

Neben der verstärkten Suche nach neuem Personal wird nun festgestellt, dass es gerade die Mitarbeitendenbindung ist, auf die das Hauptaugenmerk gerichtet werden muss. Denn für Beschäftigte, die das Unternehmen verlassen, findet sich am Markt kein adäquater Ersatz. Arbeitsuchende können zwischen unterschiedlichen Arbeitgebern wählen. Da entscheiden die Bedingungen. Der Förderung der Mitarbeitendenbindung mehr Aufmerksamkeiten zu schenken, lohnt sich also in vielerlei Hinsicht.

Im Hinblick auf die Einschätzung von ausgewählten Instrumenten zur Mitarbeitendenbindung haben sich die Prioritäten gegenüber der Befragung 2012/13 verschoben. Bei dieser Befragung gab es folgendes Ranking:

1. Gutes Betriebsklima
2. Marktgerechte Entlohnung
3. Reputation des Arbeitgebers
4. Flexible Arbeitszeitmodelle
5. Beschäftigungssicherung

Bei der nun vorliegenden Befragung liegen Prioritäten etwas anders:
1. Gutes Betriebsklima
2. Marktgerechte Entlohnung
3. Flexible Arbeitszeiten
4. Maßnahmen zur Vereinbarkeit von Beruf und Privatleben
5. Betriebliche Zusatzleistungen

Die Beschäftigungssicherung steht erst an neunter Stelle, während die Reputation des Arbeitgebers auf den zwölften Platz abgerutscht ist.

Hinsichtlich der Umsetzung sind die Abweichungen teils erheblich. Nur bei den Themen Arbeitszeiten und Personalentwicklungsmaßnahmen stimmen Theorie und Praxis überein.

Bei der Betrachtung des Beitrags zur Mitarbeitendenbindung einzelner Instrumente kommt es bei den Prioritäten zu folgenden Ergebnissen:
- Unternehmenskultur
  - Förderung der Vereinbarkeit von Beruf und Privatleben
  - Beteiligung der Mitarbeitenden am Unternehmenserfolg
  - offener Umgang mit kritischen Themen
- Führung
  - Anerkennung der Leistung
  - fairer Umgang
  - Führungskräfte nehmen sich ausreichend Zeit
- Personalentwicklung
  - praxisnahe Lernangebote
  - ausreichend Zeit zum Lernen
  - Wertschätzung von Lernen
- Lernen
  - abwechslungsreiche Aufgaben
  - Berücksichtigung von Vereinbarkeit von Beruf und Privatleben bei Entwicklungsangeboten
  - Zugang zu Entwicklungsmaßnahmen für alle Mitarbeitenden
- Karriereperspektive
  - Berücksichtigung der Lebensphasen bei der Karriereplanung
  - transparente Beförderungspolitik
  - stärkenorientierte Laufbahngestaltung
- mobile Arbeit
  - flexible Arbeitsplatzgestaltung
  - kurze Entscheidungswege
  - Gewähren von Handlungsspielräumen

- Arbeitsorganisation
  - feste Teamtage für alle Teammitglieder
  - transparente Regelungen
  - Unternehmenskultur, die mobilem Arbeiten positiv gegenübersteht
- Arbeitsumgebung
  - Fairness im Umgang mit Kunden
  - aktives Leben der nach außen kommunizierten Werte nach innen
  - nachhaltiges Agieren im Unternehmen
- Compensation und Benefits
  - marktgerechte Entlohnung
  - leistungsorientierte Entlohnung
  - Beteiligung am Unternehmenserfolg

Besorgniserregend ist, dass zwei Drittel der Unternehmen darauf verzichten, eine Messung der Mitarbeitendenbindung über KPIs vorzunehmen. Das gleiche Problem stellt sich bei der Ansiedlung bzw. Zuständigkeit für das Thema. Nur in 29% der befragten Unternehmen sind die Führungskräfte für das Thema zuständig, in nur 12% das Topmanagement. Bei 25% der Firmen gibt es keine klare Zuständigkeit und bei 26% ist der HR-Bereich dafür verantwortlich.

Zusammenfassend lassen sich folgende Schlüsse aus dieser Studie ziehen:

- **marktgerechte und leistungsorientierte Entlohnung**
  Auch wenn vielfach von »weichen« Faktoren die Rede ist, eine angemessene Bezahlung spielt weiterhin eine sehr wichtige Rolle.
- **mehr Maßnahmen zur Vereinbarkeit von Beruf und Privatleben**
  Mitarbeitende erwarten deutlich mehr von ihren Unternehmen hinsichtlich der Vereinbarkeit von Beruf und Privatleben. Nur flexible Arbeitszeiten reichen nicht mehr aus. Es geht um einen empathischen Umgang, gesundheitspräventive Maßnahmen bis hin zu persönlichem Coaching.
- **viel Zeit für Führung einräumen**
  Führungskräfte benötigen mehr Zeit für Führung, um Mitarbeitende einzubinden sowie auf Bedürfnisse und Belange der Teammitglieder einzugehen. Das ist der Kern guter Führung und dafür muss mehr Zeit eingeräumt werden.
- **Mitarbeitendenbindung messen**
  Solange hier keine Messung durchgeführt wird, können keine Instrumente auf ihre Wirksamkeit hin analysiert werden. Es empfiehlt sich daher, eine zentrale Kenngröße festzulegen. Ob das nun über eine Mitarbeitendenbefragung, eine Fluktuationsquote oder Ähnliches, z.B. eine Kombination von mehreren Größen passiert, ist dabei nicht so wichtig.

Besondere Beachtung verdienen bei der Mitarbeitendenbindung die Toptalente. Gerade jetzt wird immer wieder versucht, diese abzuwerben, wobei die Form immer ausgeklügelter und der Umfang der Abwerbung immer größer wird. Deshalb ist es für Unternehmen sehr sinnvoll, ihre Mitarbeitenden in Zielgruppen aufzuteilen. Dabei sind zwei wichtige Gruppen herauszuheben:

- Schlüsselfunktionen
- Schlüsselpersonen

Schlüsselfunktionen
Schlüsselfunktionen sind diejenigen Funktionen in einem Unternehmen, die einen bedeutenden Einfluss auf den Fortbestand und die Weiterentwicklung des Geschäfts haben. Sie befinden sich in erster Linie in strategisch besonders relevanten Jobfamilien und können auf allen Ebenen angesiedelt sein. Feststellen kann man diese Funktionen anhand von Stellenbewertungen (Gradings).

Schlüsselpersonen
Bei Personen ist das tatsächliche Verhalten – abweichend vom Soll-Profil der Stelle – der entscheidende Punkt. Schlüsselpersonen sind Mitarbeitende, die positiv vom Soll-Profil ihrer Stelle abweichen und über ein großes Wissen und unternehmensspezifische Erfahrungen verfügen. Sie zeichnen sich durch Fähigkeiten und Fertigkeiten aus, die am Markt knapp sind.

Bei den Retention-Maßnahmen für diese beiden Zielgruppen sind neben den monetären Zuwendungen (z. B. Retention Bonus, Performance Cash Plan, Restricted Stock oder der Unverfallbarkeit der Ansprüche) auch andere Möglichkeiten in Betracht zu ziehen. Als Beispiele seien genannt: Personalentwicklungsmaßnahmen, interne Förderungsansätze oder ein internes Mentoring.

10.5 Personaleinsatz

Ein weiterer Bereich des strategischen Personalmanagements ist der Personaleinsatz. Unter »Personaleinsatz« versteht man die Steuerung entsprechend den operativen Anforderungen – das heißt, die Zuordnung des Personals zu den verfügbaren Stellen oder Arbeitsplätzen eines Unternehmens unter Berücksichtigung der zeitlichen, quantitativen und örtlichen Voraussetzungen. Oder: der richtige Mitarbeiter zur richtigen Zeit am richtigen Ort. Dieser Prozess ist vor allem deshalb wichtig, weil nur dadurch gewährleistet wird, dass in einem Unternehmen ein erfolgreicher Leistungs- und Wertschöpfungsprozess stattfinden kann.

Der strategische Ansatz wird in neueren Managementüberlegungen noch weiter geführt, in denen die Personaleinsatzplanung als wichtiges Instrument der Optimierung betriebswirtschaftlicher Abläufe betrachtet wird. Die Überlegungen gehen dahin, die Themen Arbeitszeitflexibilisierung, volatile Auftragslagen, arbeitsrechtliche Rahmenbedingungen und Workforce Productivity mit modernen Ansätzen der Personaleinsatzplanung zu verbinden und so zu einer weiteren Erhöhung der Arbeitsproduktivität zu kommen.

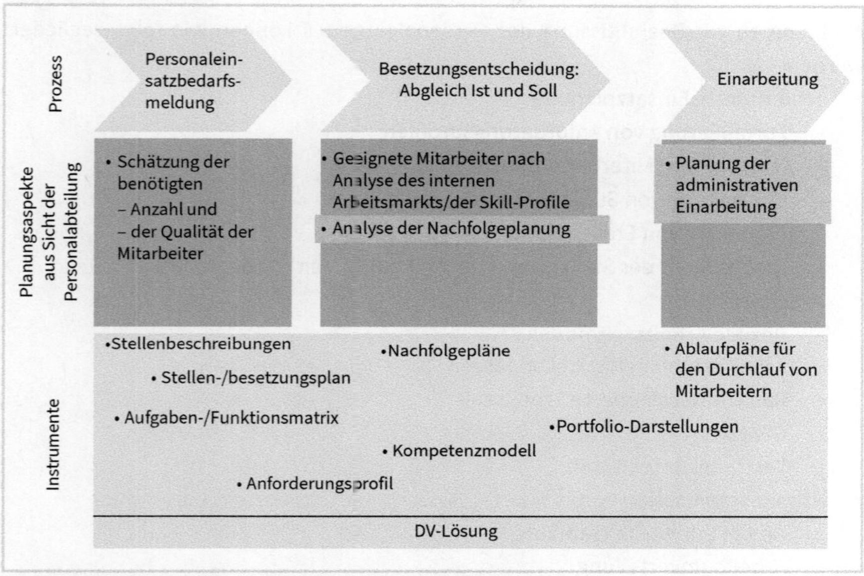

Prozessbeschreibung: Planung Personaleinsatz (Wickel-Kirsch, 2016)

Man muss dabei zwischen drei Schwerpunkten unterscheiden:

Kurzfristig ist es bei nicht vorhergesehenen Ausfällen von Mitarbeitenden (Krankheit etc.) erforderlich – um die Erledigung der Arbeit zu gewährleisten –, dass

- Vertretungsregelungen greifen,
- eine Personalreserve zur Verfügung steht oder
- der Ausfall über den Einsatz externer Mitarbeiter (Zeitarbeit, Leiharbeit) kompensiert wird.

Mittelfristig steht hinsichtlich des Personaleinsatzes die Besetzung und Entwicklung von Funktionsgruppen in den Unternehmen im Vordergrund. Es geht um Arbeitsorganisation, um Anforderungsprofile sowie um die Weiterentwicklung von erforderlichen Skills und generell um Personalentwicklung.

Langfristig sind das Erkennen von künftigen Entwicklungen in der Arbeitsorganisation und im Personaleinsatz sowie die daraus entstehenden Anpassungen bei der Karriere- und Nachfolgeplanung der entscheidende Faktor.

Eine Schlüsselfunktion beim Einsatz von Mitarbeiterinnen und Mitarbeitern kommt unweigerlich den Führungskräften zu. Das beinhaltet nicht nur die ständige Überprüfung von Anforderungen einerseits und der Eignung der Mitarbeitenden andererseits, Führungskräfte sind auch verantwortlich für den kurzfristigen Ersatz bei Ausfall von Mitarbeitenden sowie für die Betreuung von Ersatzkräften (extern oder intern).

Maßnahmen zur Beeinflussung des Personaleinsatzes können wie folgt gegliedert werden:

- strukturierte Einsatzplanung
  - Formulierung von Anforderungsprofilen
  - Nutzung von Mitarbeiterbeurteilungen
  - Erarbeitung von Stellenbeschreibungen
  - Erstellung von Stellenplänen
  - Durchführen der Stellenbesetzungsplanung (zeitlich begrenzt)
- Arbeitszeit
  - flexible Arbeitszeitmodelle
  - Arbeitsstunden flexibel anpassen
  - kapazitätsorientierte Arbeitszeit
  - Gleitzeit
  - Vertrauensarbeitszeit
- Arbeitsorganisation
  - Analyse der Arbeitsabläufe
  - Arbeitsumverteilung
  - Ausweitung der Betriebszeit
  - Einführen von Teilzeit
  - Sabbaticals
  - Jobsharing
  - Überprüfen der Organisationsstruktur und ggf. Veränderung
  - Outsourcing-Überlegungen
  - Nutzen des IT-Systems für den Personaleinsatz
- Mitarbeiterführungsinstrumente
  - Personalentwicklung
  - Personalgespräche
  - Beurteilungen
  - Fördergespräche
  - Cafeteria-Modell
- Personalplanung
  - Durchführen der Abbauplanung
  - Vornehmen der Neueinstellungen
  - entsprechender Einsatz vorhandener Mitarbeiter gemäß ihren Fähigkeiten
  - Einsetzen externer Arbeitnehmer (Leiharbeit, Zeitarbeit)

Mobiles Arbeiten

Durch die in den letzten Jahren veränderten Rahmenbedingungen wurde verdeutlicht, dass das Homeoffice auch in Zukunft wichtig sein wird. In der von F.A.Z. Business Media und Cornerstone in der Zeitschrift Personalwirtschaft (01/2022) veröffentlichten Studie meinen 53% der befragten Führungskräfte, dass ihre Mitarbeitenden überwiegend im Büro arbeiten werden. Nur 3% geben an, dass ausschließlich im Büro gearbeitet wird. 38% sprechen von Flexibilität (Mitarbeitende können frei wählen). Die Erfahrungen zeigen, dass die Mehrzahl der Beschäftigten mobiles Arbeiten bevorzugt. Es ist inzwischen ein weiteres Kriterium bei der Jobsuche. Wesentlich ist, dass der Mehrbedarf an Kommunikation seitens der Führungskräfte geleistet wird. Spannungen oder Zielkonflikte müssen konstruktiv gelöst werden. Einhergehend damit müssen auch die Konzepte für Meetings, die Technik und Raumkonzepte geändert werden.

Hybrid Work

Eine neue Variante des Arbeitens ist »Hybrid Work«. Was bedeutet das eigentlich? Hybrides Arbeiten heißt, dass Beschäftigte nicht nur im Büro oder an einem anderen festen Arbeitsplatz ihrer Tätigkeit nachgehen, sondern auch woanders. Dafür wird die Digitalisierung genutzt. Das bedeutet, dass die Mitarbeitenden über das Internet (Intranet) auf die erforderlichen Daten oder Tools zugreifen und so an einem beliebigen Ort (zu Hause, im Café oder im Zug) ihre Tätigkeit ausüben können.

Es gibt verschiedene Modelle:

- Office first – das Büro bleibt der bevorzugte Arbeitsplatz
- teilflexibel – die MA haben die Möglichkeit, an einigen Tagen im Monat an einem anderen Ort zu arbeiten
- vollflexibel – die MA sind komplett flexibel hinsichtlich des Arbeitsplatzes
- Remote first – das Homeoffice ist der Standard-Arbeitsplatz

Die Vorteile von Hybrid Work können wir folgt zusammengefasst werden:

- Die Work-Life-Balance verbessert sich, da Fahrzeiten entfallen.
- Fachkräfte müssen nicht zwangsläufig an den Standort der neuen Firma umziehen. Das erleichtert die Rekrutierung.
- Da weniger Bürofläche benötigt wird, können Kosten eingespart werden.
- Potenzielle Kandidatinnen und Kandidaten sehen derartige Möglichkeiten positiv.

Es gibt aber auch Nachteile:

- Nicht jeder Mitarbeitende möchte von zu Hause arbeiten.
- Für Führungskräfte entsteht ein höherer Koordinationsaufwand.
- Es fallen sowohl für das Büro als auch für das Homeoffice Kosten an.
- Es fehlt der persönliche Austausch mit den Kolleginnen und Kollegen.

In einem Beitrag im Personalmagazin (07/2022) hat Prof. Dr. Heike Bruch von der Universität St. Gallen sieben Schritte der Transformation in die neue Arbeitswelt »Hybrid Work« skizziert:

1. **Re-connect**
   Räume für Sharing schaffen, Zeitrahmen für Austausch festlegen, zuhören, Offenheit für Veränderung herstellen.
2. **Topmanagement und Hybrid Work Agents**
   Sichtbares Commitment des Topmanagements, HR prägt und gestaltet die Transformation mit, Multiplikatoren-Netzwerke installieren.
3. **Hybrid-Work-Purpose und Spielregeln**
   Trends von außerhalb eruieren, Erfahrungen, Präferenzen und Wünsche der Mitarbeitenden erfragen, Prototypen und Spielregeln entwickeln sowie Feedback einholen und im Dialog anreichern.
4. **Experimente und Roll-in**
   Potenziale des Neuen ausschöpfen, innovative Lösungen testen, sich Zeit für das Experimentieren nehmen, freiwillige Pilotprojekte, Erfahrungen evaluieren und nutzbar machen.
5. **Leadership und Kollaboration entwickeln**
   »Hybrid Way of Work«-Orientierung für alle, praktische Anleitung und Basisqualifizierung, Hybrid Leadership Development und Unterstützung bei Set-up und -charta.
6. **Pulsmessung und Monitoring**
   Regelmäßige Befragungen als Gradmesser für Führungskräfte, offener Dialog und »Learning-by-doing-Prozess« fördern, Muster sichtbar machen, Fortschritte und Schwachstellen aufzeigen, systematisches Benchmarking mit anderen Unternehmen, Feedbackkultur fördern.
7. **Hybrid-Work-Kultur**
   Werte festlegen, Skills auf Zukunftsfähigkeit überprüfen und ggf. weiterentwickeln, HR-Systeme entwickeln, Rekrutierung auf Hybrid-Work-Werte und -Skills ausrichten, Zielvereinbarungen und Beurteilungssysteme umstellen, werteorientiertes Verhalten in Entscheidungen für Beförderungen einbinden.

10.6 Personalfreisetzung

Das Freisetzen von Personal ist ein ebenso wichtiger Bestandteil des strategischen Personalmanagements wie die bisher beschriebenen Bereiche. Man spricht auch von der Beendigung des Arbeitsverhältnisses oder vom Trennungsmanagement. Unabhängig davon ist es auch aus strategischer Sicht sehr wichtig, diesen Prozess sehr sorgsam und wertschätzend vorzunehmen.

Die Personalfreisetzung (Personalabbau) umfasst alle Aktivitäten, die auf die Vermeidung bzw. den Abbau von Überkapazitäten an Führungskräften bzw. Mitarbeitenden abzielen (https://de.wikipedia.org/wiki/Personalfreisetzung). Erforderlich ist dies, wenn der Personalbestand den Personalbedarf übersteigt. Das bedeutet, dass die Arbeitskraft der überzähligen Mitarbeitenden gar nicht oder nur noch zum Teil benötigt wird. Das heißt nicht unbedingt, dass damit die Belegschaft reduziert werden muss. Es können auch andere Maßnahmen eingesetzt werden, wie z. B. der Abbau von Mehrarbeit, die Reduzierung von Arbeitszeit oder die Schaffung von Teilzeitstellen.

Die Gründe für eine solche Situation sind vielfältiger Natur, zum Beispiel:

- eine veränderte Marktsituation durch neue Konkurrenten
- eine veränderte Technologielandschaft
- eine betriebliche Reorganisation
- Standortverlegungen
- Betriebsstilllegungen
- Unternehmenszusammenschlüsse
- Fehlentwicklungen durch Managementfehler
- konjunkturelle Entwicklungen (Absatz- und/oder Produktionsrückgang)
- Rationalisierung (Automatisierung)

Die aus der Personalfreisetzung entstehenden Probleme sind heute vielschichtiger als in der Vergangenheit. Damals ging es darum, sich von ungelernten Arbeitnehmenden zu trennen. Heute sieht die Situation anders aus: Es geht um die Stammbelegschaft und das bedeutet, dass vielfach hochqualifizierte Spezialistinnen und Spezialisten und auch das Management betroffen sind. Umso mehr muss sich ein Unternehmen darüber Gedanken machen, wie man diese Situation im Sinne einer Langfriststrategie lösen könnte. Neben der erwähnten Strategie, in welche Richtung sich der Betrieb in Zukunft weiterentwickeln soll, muss entschieden werden, wie die prekäre Situation gemeistert werden kann. Die Erfahrung zeigt, dass bei einem Ertragseinbruch oder einer finanziellen Schieflage üblicherweise ein Kostensenkungsprogramm initiiert wird. Der Personalabbau bildet hier aufgrund der Größenordnung den Schwerpunkt. Andere Maßnahmen wie Sachkosteneinsparungen oder die Verschlankung von Prozessen erreichen nicht die erforderliche Größe. Auch bei den anderen obengenannten Gründen steht die Personalreduzierung im Mittelpunkt. Natürlich muss ein Unternehmen im eigenen Interesse dafür Sorge tragen, dass unabkömmliche und geschätzte Mitarbeitende das Unternehmen nicht verlassen. Es geht darum, alle vorhandenen Möglichkeiten auszuschöpfen – die Entlassung von Mitarbeitenden kann nur die Ultima Ratio sein.

10.6.1 Maßnahmen bei bestehenden Arbeitsverhältnissen

Die Unternehmen müssen dann überlegen, welche Maßnahmen sie ergreifen wollen, um die drohenden Entlassungen abzuwenden. Zunächst muss jedoch entschieden werden, in welchem Maße Veränderungen bei bestehenden Arbeitsverhältnissen vorgenommen werden können. Man unterscheidet zwischen Maßnahmen zur Bestandsanpassung, zur Arbeitszeitanpassung und zur dispositiven und örtlichen Anpassung.

- **Maßnahmen zur Bestandsanpassung**
  - sofortige Einstellungssperre
  - Ausnutzen von natürlicher Fluktuation
  - Nichtübernahme von Auszubildenden
  - Kündigung von Leih- und/oder Zeitarbeitsverträgen
  - Auslaufen von befristeten Verträgen
  - Förderung von freiwilligem Ausscheiden durch finanzielle Anreize
  - Outplacement-Angebote
  - Angebote zum Vorruhestand
  - Aufhebungsverträge mit Abfindungsangeboten
  - Änderungskündigungen
  - betriebsbedingte Kündigungen
- **Maßnahmen der Arbeitszeitanpassung**
  - Altersteilzeitverträge
  - Einführen oder verstärktes Anbieten von Teilzeitverträgen
  - Abbau von Mehrarbeit, Sonderschichten etc.
  - dauerhafte Kürzung der Regelarbeitszeit
  - Kurzarbeit
  - Verkürzung der Betriebszeit
  - Vorverlegung des Jahresurlaubs
  - unbezahlter Urlaub
  - Einführung von Arbeitszeitkonten
  - generelle Flexibilisierung der Arbeitszeit
  - weitere Angebote zu unbezahlter Freizeit (Sabbatical)
- **Maßnahmen der dispositiven und örtlichen Anpassung**
  - Einfrieren von Vergütungen
  - Vergütungsreduzierungen
  - Kürzung oder Streichung von freiwilligen sozialen Leistungen
  - innerbetriebliche Versetzungen
  - betriebsübergreifende Versetzungen
  - Umverteilung von Aufgaben innerhalb und/oder außerhalb des Betriebs
  - Insourcing bisher eingekaufter Tätigkeiten
  - Schaffung einer Arbeitsreserve
  - Verkauf von Unternehmensteilen

- erweiterte Lagerhaltung
- Vorziehen von Reparatur-, Wartungs- und Erneuerungsarbeiten
- Ausgründung von Unternehmensteilen in eine Niedriglohnfirma

Neben diesen Maßnahmen gibt es weitere Möglichkeiten, z. B. Ertragssteigerungen (Gründung neuer Geschäftsfelder, Anstoßen von Innovationen, Erschließung neuer Märkte) oder Maßnahmen zur Reorganisation des Unternehmens (Teamarbeit, flache Hierarchie, Profit-Center-Bildung oder andere verändernde Organisationskonzepte).

10.6.2 Strukturierter Prozess

Die aus diesen unterschiedlichen Maßnahmen deutlich gewordene Komplexität macht klar, dass dieses vielschichtige Thema nur dann erfolgreich bewältigt werden kann, wenn es einen strukturierten Prozess gibt, der sicherstellt, dass die Schritte in der richtigen Reihenfolge vollzogen werden.

Hier ein Beispiel, wie ein solcher Prozess ablaufen könnte:

Beispiel

Schritt 1: Ermitteln der Notwendigkeit einer Freistellung (Benötigte Instrumente sind Qualifikationsprofile sowie Bildungs- und Karriereplanungen.)

- zukünftige Anzahl der Mitarbeitenden
- zukünftig benötigte Qualifikationen
- zukünftige Standorte
- zeitliche Erfordernisse

Schritt 2: Ermittlung des tatsächlichen Freistellungsbedarfs (Benötigte Instrumente sind Leistungsbeurteilungen, Listen sowie soziale Kriterienkataloge.)

- Anzahl der erforderlichen Freistellungen
- Freistellungsalternativen (s. o.)
- Kosten der Freistellung

Schritt 3: Durchführung der Auswahl (Hier werden Personalbestandslisten und ebenfalls Listen mit Sozialkriterien benötigt.)

- Erarbeitung von Auswahlkriterien
- Planung einer sozialverträglichen Vorgehensweise
- Planung der internen und externen Kommunikation

Schritt 4: Umsetzung der Freisetzung (Wichtig sind hier Kennzahlen zum Erfolg der Vorgehensweise, wie z. B. Weitervermittlungsraten.)

- Evaluation der Kosten und der Zeit

Praxisbeispiel: Kosten der Personalreduktion			
Restrukturierungsaufwand			
Faktor (Monatsgehälter je Jahr Betriebszugehörigkeit)	1,2	1,5	2,0
	bester Fall	erwarteter Fall	schlechtester Fall
Restrukturierungskosten in Euro			
Abfindung je FTE	100.779,7	125.849,6	167.632,8
Gehalt während der Kündigungsfrist je FTE	10.174,5	10.174,5	10.174,5
Anzahl FTE	58,0	58,0	58,0
Summe Abfindungen	5.845.222	7.299.277	9.722.703
Summe Gehälter während der Kündigungsfrist	590.118	590.118	1.180.236
Summe Restrukturierungskosten	6.435.340	7.889.395	10.902.939
Härtefonds	500.000	750.000	1.000.000
Summe Restrukturierungskosten inkl. Härtefonds	**6.935.340**	**8.639.395**	**11.902.939**

Ein weiterer wichtiger Punkt in diesem Prozess sind die **Einflussfaktoren,** wobei in erster Linie die rechtlichen Rahmenbedingungen eine große Rolle spielen. Dabei handelt es sich um:

- Kündigungsschutzgesetze
- Bürgerliches Gesetzbuch
- Betriebsverfassungsgesetz
- Arbeitsplatzschutzgesetz
- Arbeitsförderungsgesetz
- Mutterschutzgesetz
- Jugendarbeitsschutzgesetz
- Altersteilzeitgesetz
- Schwerbehindertengesetz
- Berufsbildungsgesetz

Außerdem müssen die nachfolgenden Vertragswerke berücksichtigt werden:

- Tarifverträge
- Betriebsvereinbarungen
- einzelvertragliche Regelungen (insbesondere für Führungskräfte)

Zusammenfassend kann man sagen, dass die Durchführung eines Personalfreisetzungsprozesses nur bedingt das Ergebnis freier Entscheidungen des Unternehmens ist. Das gilt insbesondere für schutzbedürftige Personengruppen. Darüber hinaus definiert das kollektive Arbeitsrecht (Betriebsverfassungsgesetz) die Beteiligung des Betriebsrats am Entscheidungsprozess.

Aber nicht nur die rechtlichen Rahmenbedingungen müssen berücksichtigt werden, sondern auch die Situation am Arbeitsmarkt und die Befindlichkeiten und Interessen der Öffentlichkeit.

Hinsichtlich der Situation am Arbeitsmarkt ist es zunächst erforderlich, dass der interne Arbeitsmarkt analysiert wird. Inwieweit können Mitarbeitende in anderen Betrieben untergebracht werden? Neben der örtlichen Flexibilität muss auch geprüft werden, inwiefern Mitarbeitende durch entsprechende Schulungsmaßnahmen für andere Stellen qualifiziert werden können. Bezüglich des externen Arbeitsmarkts sollte zunächst analysiert werden, ob die Beschäftigten am Markt aufgenommen werden können.

Die gesellschaftlichen Rahmenbedingungen müssen ebenfalls sehr genau beobachtet werden. Kann das Image des Unternehmens durch einen Personalabbau Schaden nehmen? Man darf nicht vergessen, dass in der Zukunft Situationen entstehen können, in denen bei veränderter Marktlage ein neuer Bedarf an Mitarbeitenden entsteht. Bei einem schlechten Ruf wird es dann schwierig, gute bis sehr gute Nachwuchskräfte zu rekrutieren. Die Konsequenz wäre es in einem solchen Fall, Fachkräfte am Markt einkaufen zu müssen, die dann nur zu einem entsprechend höheren Gehalt zu bekommen sind.

10.6.3 Maßnahmen zum Personalabbau

Zur weiteren Vertiefung sollen hier die wichtigsten Maßnahmen sowohl für die vorübergehenden Personalreduzierungen als auch für die dauerhafte Reduzierung betrachtet werden.

10.6.3.1 Maßnahmen zur vorübergehenden Kapazitätsreduzierung

Reduzierung der Mehrarbeit

Mehrarbeit ist die Arbeitszeit, die über die gesetzlich zulässige regelmäßige Arbeitszeit hinausgeht. Sie liegt bereits vor, wenn die tarifliche oder vertraglich festgelegte Arbeitszeit überschritten wird. Als Alternative für einen geplanten Personalabbau bietet sich die Reduzierung bzw. Streichung der Mehrarbeit an. Dazu muss sowohl die Mehrarbeitsstatistik der letzten zwölf Monate als auch das geplante Arbeitszeitvolumen der kommenden zwölf Monate geprüft werden. Dann kann abzüglich einer Reserve das Einsparvolumen festgelegt werden.

Insourcing

Ein interessantes Instrument ist das Insourcing. Es geht darum, Sachverhalte, die bisher von Fremdfirmen erledigt wurden, zurück in die Firma zu verlagern. Zum anderen sollte versucht werden, anhand einer Marktanalyse kleinere Unternehmen ausfindig zu machen, die bereit sind, Tätigkeiten zu günstigen Konditionen in andere Firmen zu verlagern, um dort die vorhandenen Ressourcen zu nutzen.

Arbeitszeitflexibilisierung

Arbeitszeitflexibilisierung ist ein gängiges Arbeitszeitinstrument. Hier geht es nur darum, zunächst Guthabenstunden abzubauen und ggf. Minusstunden situationsbedingt zu erweitern.

Kurzarbeit

Mit der Einführung von Kurzarbeit werden für eine bestimmte Zeit die betrieblich vereinbarte Arbeitszeit und entsprechend auch das Entgelt abgesenkt. Es muss allerdings eine Rechtsgrundlage vorhanden sein. Beispiele sind Klauseln im Arbeitsvertrag, eine Regelung zur Kurzarbeit im Tarifvertrag oder eine Betriebsvereinbarung. Ohne Mitwirkung des Betriebsrats ist Kurzarbeit nicht möglich. Sie muss für die Beschäftigten zumutbar sein, kann nur vorübergehend sein und muss aus wirtschaftlichen Gründen oder aufgrund eines unabwendbaren Ereignisses zustande kommen. Die Mindestdauer beträgt vier Wochen, es muss mindestens ein Drittel der Belegschaft betroffen sein und mehr als 10% der Arbeitszeit.

Unbezahlter Urlaub

Diese Regelung wird in Deutschland sehr selten angewandt, da sie im Bundesurlaubsgesetz nicht vorgesehen ist. Viele Arbeitnehmende können es sich auch nicht erlauben, unbezahlt Urlaub zu nehmen. Im Umsetzungsfall ruht das Arbeitsverhältnis und es wird seitens des Arbeitgebers keine Entgeltfortzahlung geleistet. Kündigungsschutz und Urlaubsanspruch bleiben. Durch Gerichtsurteile wurde festgelegt, dass, wenn jemand während des unbezahlten Urlaubs krank wird, es keine Entgeltfortzahlung gibt und auch keinen Anspruch auf Mutterschaftsgeld.

10.6.3.2 Maßnahmen zur dauerhaften Verringerung der Kapazitäten

Umwandlung von Vollzeit- in Teilzeitstellen

Bei einer entsprechenden Situation ist es sinnvoll, eine Umwandlung von Vollzeit- in Teilzeitstellen vorzunehmen, statt Beschäftigte zu entlassen. Die Arbeitsplätze bleiben erhalten und bei positiver Entwicklung können die Stunden zu einem späteren Zeitpunkt wieder aufgestockt werden.

Altersteilzeit

Unter »Altersteilzeit« versteht man ein durch das Altersteilzeitgesetz (AltTZG) geregeltes Modell, bei dem ältere Arbeitnehmende (ab 55 Jahre) für die Zeit bis zur Rente (mindestens drei Jahre) ihre Arbeitszeit halbieren. Das bevorzugte Modell der Beschäftigten ist das sogenannte Blockmodell. In der ersten Hälfte der Altersteilzeit arbeiten die Mitarbeitenden in Vollzeit (Arbeitsphase), erhalten aber bereits das reduzierte Altersteilzeitgehalt. In der zweiten Hälfte (Freistellungsphase) werden sie dann von der Arbeit freigestellt und beziehen weiter das reduzierte Gehalt. Im anderen Modell (Gleichverteilungsmodell) wird die Arbeitszeit über die gesamte Laufzeit auf die Hälfte reduziert. Das reduzierte Entgelt ist in beiden Modellen identisch.

Aufhebungsvertrag

Der Aufhebungsvertrag ist eine vertragliche Übereinkunft zwischen dem Unternehmen und einem Beschäftigten über die Auflösung des Arbeitsverhältnisses zu einem bestimmten Zeitpunkt. Ein Aufhebungsvertrag bietet dem Unternehmen erheblich mehr Vorteile als den Beschäftigten. In erster Linie werden Kündigungsschutzklagen vermieden. Für die Arbeitnehmenden kommt neben dem Verlust des Arbeitsplatzes hinzu, dass die Bundesagentur für Arbeit eine mindestens zwölfwöchige Sperrfrist für die Auszahlung des Arbeitslosengeldes verhängt. Bei der derzeitigen Rechtslage kann nur darauf verzichtet werden, wenn das Unternehmen erklärt, dass es bei Verzicht auf den Aufhebungsvertrag eine rechtmäßige Kündigung ausgesprochen hätte. Beschäftigte sollten in jedem Fall den Betriebsrat oder einen Anwalt für Arbeitsrecht einschalten.

Transfergesellschaft

Transfergesellschaften sind eine im Sozialgesetzbuch (SGB III) vorgesehene Möglichkeit, Arbeitnehmende, die vom Arbeitsplatzverlust bedroht sind, vor der Arbeitslosigkeit zu bewahren. Sie erhalten in einer neuen Firma unter allerdings geänderten Konditionen einen neuen Arbeitsplatz. Sie werden hier geschult und auf eine neue Aufgabe vorbereitet. Die Bezahlung besteht aus Kurzarbeitergeld (Bundesagentur für Arbeit) und im Regelfall einer Aufstockung auf 80 bis 90 % des alten Nettogehalts seitens des bisherigen Arbeitgebers.

Kündigung

Sowohl der Arbeitgeber als auch die Beschäftigten können das Arbeitsverhältnis durch eine Kündigung des Arbeitsvertrags beenden. Die Kündigung ist eine einseitige, empfangsbedürftige Willenserklärung und bedarf der Schriftform. Auf die unterschiedlichen Arten der Kündigung soll hier nicht näher eingegangen werden. Informationen dazu sind in »Crashkurs Personalarbeit« von Heike Höf-Bausenwein (2016) zu finden.

Nur ein Aspekt der betriebsbedingten Kündigung soll hier näher erläutert werden: In der Ausgabe 04/2023 des Personalmagazins zeigen die beiden Rechtsanwältinnen

Dr. Patricia Chwalisz und Carolin Linusson-Brandt (Esche Schümann Commichau, Hamburg) auf, wie der Prozess der Sozialauswahl erfolgen sollte. Sinn und Zweck der Sozialauswahl ist es, die Lasten betriebsbedingter Kündigungen nach der sozialen Schutzbedürftigkeit auf die Mitarbeitenden zu verteilen. Das heißt, es wird nicht grundsätzlich dem gekündigt, dessen Arbeitsplatz entfällt, sondern dem mit der geringsten sozialen Schutzbedürftigkeit.

Die Sozialauswahl ist in vier Schritten vorzunehmen:

1. **Definition des Betriebs für die Sozialauswahl**
   Wichtig ist der arbeitsrechtliche Betriebsbegriff. Ein Betrieb ist die organisatorische Einheit, innerhalb derer der Arbeitgeber allein oder in Gemeinschaft mit seinen Mitarbeitenden mithilfe technischer und immaterieller Mittel einen bestimmten arbeitstechnischen Zweck fortgesetzt verfolgt. Maßgeblich ist eine eigenständige Leitung, die den Kern der Arbeitgeberfunktionen im Wesentlichen selbstständig ausübt.
2. **Ermittlung der Vergleichsgruppe**
   Bei der Vergleichsgruppe ist von den Mitarbeitenden auszugehen, deren Arbeitsplatz wegfällt. Es ist zu untersuchen, auf welchen Positionen der gleichen Hierarchieebene sie einsetzbar wären. Das bedeutet, dass sie sofort oder nach einer angemessenen Einarbeitungszeit die Arbeiten übernehmen könnten.
3. **Sozialauswahl und Gewichtung der Merkmale zueinander**
   Im Rahmen der Auswahl zwischen vergleichbaren Mitarbeitenden gibt die Rechtsprechung keine abstrakte Gewichtung vor. Der Arbeitgeber hat einen Beurteilungsspielraum. Er kann sich auf die verfügbaren Daten aus der Personalakte beschränken. Nur bei konkreten Anhaltspunkten, dass Daten unverständlich sind, besteht die Verpflichtung, weitergehende Ermittlungen vorzunehmen. Verwendet der Arbeitgeber bei der Gewichtung der Merkmale zueinander ein von der Rechtsprechung anerkanntes Punkteschema, kann er von einer ausreichenden Gewichtung der Sozialkriterien ausgehen.
4. **Herausnahme einzelner Personen**
   In vielen Fällen führt die Sozialauswahl dazu, dass jüngere Professionals mit besonderem Fachwissen gegenüber älteren Mitarbeitenden im Nachteil sind. Dies kann dann zum Problem werden, wenn das Unternehmen auf ihre Expertise angewiesen ist. In einem derartigen Fall lässt der Gesetzgeber es zu, solche Mitarbeitende aus der Sozialauswahl herauszunehmen.

Um bei der Umsetzung unnötige Schwierigkeiten zu vermeiden, hier einige wichtige Punkte, die beachtet werden sollten:

- respektvolle Zusammenarbeit mit den Arbeitnehmervertretungen
- konstruktive Abstimmung mit den Arbeitnehmervertretungen (Sozialplan/Interessenausgleich)
- Zusammenarbeit mit den zuständigen Behörden (Bundesagentur für Arbeit, Rentenversicherungsträger, Krankenkassen, Finanzbehörden etc.)

- Einbeziehung von Arbeitgebervertretungen
- Intensivierung der Öffentlichkeitsarbeit
- Verstärkung der internen Kommunikation
- Verstärkung der Personalabteilung
- Initiierung einer Politik der offenen Tür durch die Geschäftsleitung. Sie sollte für die Sorgen und Nöte der Arbeitnehmenden ansprechbar sein.
- Gewährleistung einer rechtlich einwandfreien Vorbereitung und Umsetzung
- frühzeitige Erstellung eines detaillierten Projektplans
- Einbeziehung aller betroffenen Gruppen
- ggf. rechtliche Unterstützung sichern (Fachanwalt)
- klares Kommunikationskonzept mit wenigen Ansprechpartnern (themenbezogen)

Dieses Thema ist und bleibt immer ein besonders schwieriger Teil des strategischen Personalmanagements. Keine Führungskraft und auch kein verantwortlicher Personalmanager beschäftigen sich damit gern. Umso mehr muss man bei Erfordernis sensibel und offen kommunizieren und die notwendigen Maßnahmen umsetzen.

10.7 Betriebliches Gesundheitsmanagement

Das betriebliche Gesundheitsmanagement – ebenfalls ein Teil des strategischen Personalmanagements – ist vor allem in den letzten Jahren immer stärker in den Fokus der Verantwortlichen gerückt. Das hat zwei Gründe: Zum einen ist durch die vielfach aufgetretenen Krisen der vergangenen Zeit die Häufigkeit der Ausfälle durch psychische oder physische Krankheiten enorm gestiegen und zum anderen sind Krankheitsausfälle ein bedeutender Kostenfaktor.

Um solchen Ausfällen entgegenzuwirken, müssen die Unternehmen Maßnahmen in die Wege leiten, die dazu beitragen, Krankheitsfälle zu verhindern oder zumindest zu reduzieren. Das beginnt mit einem guten Betriebsklima, einer entsprechenden Führungskultur und mit einer transparenten Kommunikation. Das ist die Basis, um die immer häufiger auftretenden psychischen Erkrankungen zu vermeiden. Außerdem können durch Arbeitsschutz- und Vorbeugungsmaßnahmen Krankheitskosten verringert werden.

In dem bereits zitierten Buch »Crashkurs Personalarbeit« von Heike Höf-Bausenwein (2016, S. 130) sind die folgenden Einflussfaktoren krankheitsbedingter Fehlzeiten aufgeführt:

- Unternehmenskultur, Informationspolitik, insbesondere bei Kündigungsmaßnahmen durch Auslagerungen oder Verkäufe
- Verhältnis der Mitarbeitenden untereinander, Formen der Zusammenarbeit
- Führungsverhalten des Vorgesetzten

- Über- oder Unterforderung, die eine längere Zeit andauert und nicht angesprochen wird
- Motivation der Mitarbeitenden, kaum Lob bzw. Anerkennung und keine sinnhaften Tätigkeiten sowie Entwicklungsmöglichkeiten
- Werte und Einstellungen der Mitarbeitenden
- Leistungs- und Veränderungsdruck, der ständig besteht und keine Work-Life-Balance zulässt
- private Probleme, z. B. Schulden, Scheidung
- Stellung und/oder Ansehen in der Firma
- Sicherheit des Arbeitsplatzes, z. B. wenn das Unternehmen keinen Profit mehr macht und die Angst vor einer Insolvenz umgeht
- Arbeitsinhalte und Arbeitsbedingungen, die zur erwähnten Über- oder Unterforderung führen oder die mit viel negativem Stress einhergehen

In einem Round-Table-Gespräch (Personalwirtschaft, Sonderheft 06/2022) anlässlich des Umgangs mit der Coronakrise wurden zusammengefasst die nachstehenden Erkenntnisse publiziert:

- Betriebe, die sich auf einen funktionierenden werksärztlichen Dienst sowie auf etablierte psychosoziale Unterstützungsangebote verlassen konnten, kamen im Schnitt besser durch die Pandemie.
- Beschäftigte leiden unter einer digitalen Sättigung. Jetzt wünschen sich Mitarbeitende und Arbeitgeber wieder Trainings und Workshops in Präsenz.
- Mobile und flexible Arbeitsformen bedeuten eine aufwendigere Kommunikation von Maßnahmen der betrieblichen Gesundheitsförderung, um Beschäftigte erreichen und motivieren zu können.
- KMU sind bei der Umsetzung von betrieblichen Gesundheitsmaßnahmen (BGM) auf personelle, finanzielle und inhaltliche Unterstützung angewiesen. Bei Bedarf können sie externe Partner einbinden, wie z. B. die gesetzliche Krankenversicherung.
- Geschäftsführung und Vorstandsebene erwarten, dass der Beitrag von BGM mit KPIs messbar und quantifizierbar wird.

Um das erwähnte Kostenargument zu unterstützen, hier eine weitere Zahl: Für die Entgeltfortzahlungen im Krankheitsfall haben die Arbeitgeber bereits im Jahr 2019 67,5 Milliarden Euro an Bruttogehältern gezahlt. Bis 2025 wird die Summe voraussichtlich auf über 84 Milliarden Euro steigen.

Betriebliche Gesundheit

Im eigenen Interesse müssen die Unternehmen dafür sorgen, dass ihre Beschäftigten gesund sind. Das betriebliche Gesundheitsmanagement umfasst drei Säulen, den Arbeits- und Gesundheitsschutz, das Eingliederungsmanagement und die betriebliche Gesundheitsförderung. Gesetzlich vorgeschrieben sind lediglich der Arbeitsschutz und das Eingliederungsmanagement.

- **Betrieblicher Arbeits- und Gesundheitsschutz**
  Jeder Arbeitgeber ist verpflichtet, die gesetzlichen Regelungen einzuhalten. Die wesentliche Rechtsgrundlage bildet das Arbeitsschutzgesetz (ArbSchG). Es formuliert vor allem allgemeine Schutzziele. So ist z.B. die Arbeit so zu gestalten, dass eine Gefährdung für Leben und Gesundheit möglichst vermieden und die verbleibende Gefährdung möglichst gering gehalten wird. Bei der Umsetzung steht immer die Gefährdungsbeurteilung im Mittelpunkt. Dafür ermitteln die Fachkraft für Arbeitssicherheit oder ein Arbeitsmediziner die gesundheitlichen Risiken und machen Vorschläge für geeignete Schutzmaßnahmen. Unter Berücksichtigung von technischen und baulichen Gefährdungen sowie psychischer Gefährdung der Beschäftigten werden Faktoren beurteilt, wie z.B. Beleuchtung, Fluchtwege, Brandschutz, Arbeitsabläufe, Arbeitsstoffe oder Arbeitsmittel. Darüber hinaus geht es auch um besonders schutzbedürftige oder stark belastete Beschäftigte.
- **Betriebliches Eingliederungsmanagement**
  Hier ist unabhängig von der Größe des Unternehmens vorgeschrieben, dass Maßnahmen ergriffen werden müssen, um länger erkrankten Mitarbeitenden die Möglichkeit zu geben, sich schrittweise wieder in den Arbeitsprozess einzugliedern. Die gesetzliche Vorschrift besagt, dass das Angebot für alle Beschäftigten vorzuhalten ist, die mehr als 42 Tage innerhalb von zwölf Monaten arbeitsunfähig waren. Es ist dabei unerheblich, ob es sich um eine lang andauernde Erkrankung oder um viele Kurzerkrankungen handelt.
- **Betriebliche Gesundheitsförderung**
  Unter »Gesundheitsförderung im Betrieb« versteht man alle Angebote des Arbeitgebers, die Krankheiten seiner Mitarbeitenden vorbeugen sollen. Beispiele dafür sind z.B. die Kostenübernahme für ein Abonnement im Fitnessstudio, frisches Obst am Arbeitsplatz, Firmenläufe, Rückengymnastik in der Gruppe oder ein jährlicher Info-Gesundheitstag. Das Problem dabei ist, dass der Arbeitgeber letztlich nicht weiß, ob diese Aktivitäten der MA-Gesundheit helfen.
  Ein weiterer Vorteil allerdings ist, dass die Firmen die Möglichkeit haben, steuer- und beitragsfreie Zuschüsse zur Gesundheitsförderung an die Beschäftigten zu zahlen. Es gilt ein Freibetrag von 600 Euro pro MA pro Jahr.

Was ist eigentlich der Unterschied zwischen dem betrieblichen Gesundheitsmanagement und der betrieblichen Gesundheitsförderung? Das betriebliche Gesundheitsmanagement verfolgt das Ziel, nicht nur die individuelle Fitness und Gesundheitskompetenz weiterzuentwickeln, sondern in erster Linie die betrieblichen Rahmenbedingungen, Prozesse und Strukturen gesundheitsförderlich zu gestalten.

In der Praxis bleibt allerdings festzuhalten, dass die Unternehmen dieses Thema noch immer nicht ausreichend beachten. In einer Studienreihe des Personalmagazins, die gemeinsam mit der Techniker Krankenkasse und dem Institut für Betriebliche Gesundheitsberatung (IFBG) durchgeführt wurde, werden in der Ausgabe 04/2023 folgende Zahlen veröffentlicht:

Wie sorgen Sie für die Gesundheit Ihrer Mitarbeitenden?
- BGM im Aufbau, einzelne Maßnahmen umgesetzt: 29,5%
- nur einzelne BGF-Maßnahmen: 31,7%
- ganzheitliches BGM: 27,0%
- gar nicht: 8,4%

Die Frage, warum Unternehmen dieses Thema nicht priorisieren, wird seitens der Fachleute sowie Wissenschaftlerinnen und Wissenschaftlern wie folgt beantwortet:
- An weichen Themen wird immer gespart.
- Unternehmen trauen sich nicht an Themen der psychosozialen Gesundheit.
- Wo BGM draufsteht, ist noch lange kein Managementsystem drin.
- Das liegt in der Verantwortung der BGM-Community.
- Weiterentwicklung braucht Zeit.
- Es fehlt an einer klaren Strategie.

Um das betriebliche Gesundheitsmanagement vernünftig zum Laufen zu bringen, ist es wichtig, die Mitarbeitenden von Anfang an miteinzubeziehen. Hier ein Vorschlag für einen Einstieg in das Thema (Personalwirtschaft – Sonderheft 02/2022):
- Schritt 1: Mitarbeitendenbefragung/Workshops (Förderung der Gesundheit im Betrieb)/Arbeitsplatzbegehung
- Schritt 2: Arbeitsunfähigkeitsdaten (AU)/Fluktuationsrate analysieren
- Schritt 3: Arbeitskreis Gesundheit gründen – Lösungen entwickeln und Maßnahmenkonzept erstellen
- Schritt 4: unternehmensweite Kommunikation und Umsetzung des Maßnahmenkonzepts
- Schritt 5: Erfolge messen durch permanente Analyse

Abschließend sollen die Vorteile sowohl für den Arbeitgeber als auch für die Beschäftigten aufgeführt werden (Bundesgesundheitsministerium):
- **Vorteile für Unternehmen:**
  - Sicherung der Leistungsfähigkeit aller Mitarbeitenden
  - Erhöhung der Motivation durch Stärkung der Identifikation mit dem Unternehmen
  - Kostensenkung durch weniger Krankheits- und Produktionsausfälle
  - Steigerung der Produktivität und Qualität
  - Imageaufwertung des Unternehmens
  - Stärkung der Wettbewerbsfähigkeit
- **Vorteile für Beschäftigte:**
  - Verbesserung des Gesundheitszustandes und Senkung gesundheitlicher Risiken

- Reduzierung der Arztbesuche
- Verbesserung der gesundheitlichen Bedingungen im Unternehmen
- Verringerung von Belastungen
- Verbesserung der Lebensqualität
- Erhaltung/Zunahme der eigenen Leistungsfähigkeit
- Erhöhung der Arbeitszufriedenheit und Verbesserung des Betriebsklimas
- Mitgestaltung des Arbeitsplatzes und des Arbeitsablaufs

Im Folgenden sollen noch zwei andere wichtige Themen behandelt werden: Mobbing sowie Resilienz.

Mobbing

Eine der schlimmsten Auswüchse am Arbeitsplatz ist das Mobbing. Gemeint ist damit das Schikanieren, Drangsalieren oder Benachteiligen einer Person über einen längeren Zeitraum. Das kann sowohl von Kollegen als auch von Vorgesetzten (Bossing) ausgehen. Wenn Mobbing durch den Vorgesetzten ausgeübt wird, geht es meist darum, den betreffenden Kollegen auszugrenzen und zu zermürben, um ihn loszuwerden. Ziel ist die Kündigung des Betroffenen. Wenn Mitarbeitende einen Kollegen mobben, geht es meist darum, ihn zu benachteiligen und ihn zu diskreditieren.

Die Folgen sind verheerend. Die Betroffenen bekommen oft gesundheitliche Probleme (Schlafstörungen, Ängste, Konzentrationsschwächen und Ähnliches) und melden sich arbeitsunfähig. Für das Unternehmen hat Mobbing vor allem wirtschaftliche Folgen. Nach einer Aussage des »Bündnis gegen Cybermobbing e. V., 2021) entstehen der deutschen Wirtschaft durch Produktionsausfallkosten wegen Mobbings acht Milliarden Euro Schaden pro Jahr.

Unternehmen können präventiv wirksame Maßnahmen gegen Mobbing einsetzen. In erster Linie geht es hier um die gelebte Fehler- und Konfliktkultur, Arbeitsplatzsicherheit und das Führungsverhalten. Führungskräfte nehmen hier eine Schlüsselfunktion ein. Das bedeutet, Unternehmen, die dieses Thema angehen wollen, müssen ihre Führungskräfte sensibilisieren und dafür Sorge tragen, dass diese ihre Mitarbeitenden mitnehmen. Dafür bieten sich Workshops an. Festzuhalten bleibt: Die Vorbildfunktion der Führungskräfte spielt insgesamt eine entscheidende Rolle.

Resilienz

Im Whitepaper »Resilienz – Wie Sie die Fähigkeit der Zukunft fördern« hat die Haufe-Akademie auf die Thematik der Resilienz aufmerksam gemacht. Resilienz ist die mentale Fähigkeit des Menschen, Krisen oder starke Veränderungen zu bewältigen. Sie gilt als »Future Skill«, also als Fähigkeit, die in der Arbeitswelt 4.0. gefragt sein wird. Nach einer Initiative des Stifterverbandes und von McKinsey zählt Resilienz zu den wichtigsten Kompetenzen, die Mitarbeitende in der Arbeitswelt der Zukunft benötigen.

Wie bereits erwähnt sind in Deutschland psychische Krankheiten auf einem neuen Höchststand (DAK, 2022). 2020 kamen auf 100 Versicherte noch 264,6 Ausfalltage, 2021 waren es bereits 275,9 Tage. Insbesondere Frauen sind davon betroffen (351,9 Ausfalltage, Männer 210,9 Tage im Jahr 2021). Diese Zahlen sind in erster Linie auf die Pandemiejahre zurückzuführen, in denen überwiegend Frauen wegen der Mehrfachbelastung (Beruf und Familie) besonders gefordert waren.

Mit den zunehmenden Anforderungen in der Arbeitswelt wird die Resilienz immer wichtiger. Man spricht von den sieben Säulen der Resilienz (nach Dr. Franziska Wiebel, angelehnt an Ursula Nuber). Entscheidend für eine gute Resilienz sind bestimmte Grundhaltungen und Praktiken:

Grundhaltungen:
- Bindung
- Ziel-/Lösungsorientierung
- Akzeptanz
- Optimismus

Praktiken:
- Selbstwahrnehmung
- Selbstreflexion
- Selbstwirksamkeit

Mitarbeitende, die über diese Grundhaltungen und Praktiken verfügen, werden sich in der künftigen Arbeitswelt behaupten. Wie kommen sowohl Mitarbeitende als auch Unternehmen zu mehr Resilienz? Hier die wesentlichen Schritte:
- für Wohlbefinden sorgen
- Kompetenz/Selbstvertrauen der Mitarbeitenden stärken
- soziale Kontakte stärken
- realistische Ziele setzen und kommunizieren
- Krisenkommunikation vernünftig umsetzen
- langfristige Perspektiven einnehmen
- Resilienztraining und Coaching anbieten

Das Sonderheft 06/2023 der Zeitschrift Personalwirtschaft enthält eine Checkliste mit den wichtigsten Faktoren, die zum Erfolg des betrieblichen Gesundheitsmanagements beitragen:
- Es handelt sich um Investitionen in Geld, Zeit und Personal, die sich langfristig lohnen.
- Das Erreichen von ESG-Zielen wird für Unternehmen immer wichtiger. Das BGM kann hier einen großen Beitrag leisten.
- Talente, die feststellen, dass ihr Arbeitgeber das Wohlbefinden seiner Beschäftigten ernst nimmt, werden sich eher an das Unternehmen binden.

- BGM-Aktivitäten sollten gezielt an individuelle Situationen angepasst werden.
- Das Potenzial von KI sollte von Anfang an für das betriebliche Gesundheitsmanagement genutzt werden.
- Das BGM sollte hybrid aufgestellt werden (Präsenzveranstaltungen mit digitalen Formaten mischen).
- Die steigenden Zahlen an Burn-out-Erkrankten und Menschen mit mentalen Gesundheitsproblemen zeigen, dass Leistungsdruck und Durchpowern negative Folgen haben kann. Hier kann das BGM mit Regelungen für stressige Zeiten und einer vernünftigen Pausenkultur gegensteuern.

10.8 Diversity

Bereits in den vorhergehenden Kapiteln wurde das Thema Fachkräftemangel in den Unternehmen betrachtet. In diesem Abschnitt geht es um die Möglichkeiten, dieses Problem durch bisher vernachlässigte Zielgruppen abzumildern.

Es ist immer wieder erstaunlich festzustellen, dass in der Wirtschaft und damit auch in den Personalabteilungen nicht alle vorhandenen Potenziale ausgeschöpft werden. Es ist nicht schwierig zu eruieren, dass in der heutigen Zeit mehr Frauen als Männer leben. Darüber hinaus machen sie vielfach bessere Universitäts- und Hochschulabschlüsse. Trotzdem findet man in den Führungsetagen der meisten Unternehmen unterproportional wenige Frauen.

Ein ähnliches Problem stellt sich bei unseren Mitmenschen mit Migrationshintergrund. Es ist nicht nachvollziehbar, dass die Firmenverantwortlichen nur weil der Name ausländisch klingt, denjenigen trotz manchmal besserer Abschlüsse keine gleichwertigen Chancen geben wie Bewerbern mit deutsch klingenden Namen.

Das Gleiche gilt für Mitarbeitende, die die vierzig oder gar die fünfzig überschritten haben. In manchen Betrieben gelten Mitarbeitende ab diesem Alter als ältere Beschäftigte mit keinerlei oder nur geringen Entwicklungsmöglichkeiten.

Wenn man sich also diese Potenziale ansieht, fragt man sich, warum sich die Unternehmen über den Fachkräftemangel beklagen. Dass die sogenannte »Baby-Boomer-Generation« nach und nach in den Ruhestand geht und dass die demografische Entwicklung aus heutiger Sicht negativ ist, konnte man schon vor zwanzig Jahren wissen. Man hätte sich viel früher auf diese Situation einstellen können.

Was heißt also Diversity-Management?

Diversity-Management bedeutet, vorhandene unterschiedliche Kulturen, Geschlechter und Altersstufen anzuerkennen und deren unterschiedliche Fähigkeiten und

Eigenschaften optimal für das Unternehmen nutzbar zu machen und so Synergien zu ermöglichen. Durch die Nutzung der damit angesprochenen Vielfalt soll die Wettbewerbsfähigkeit des Unternehmens gesteigert und Mitarbeitenden fair und vorurteilsfrei entgegengetreten werden (Lies, 2018).

Man unterscheidet drei Arten von Diversity:
- Gender Diversity
- Cultural Diversity
- Age Diversity

Gender Diversity
Die immer noch vorhandene Benachteiligung von Frauen, wenn sie Führungspositionen übernehmen möchten, ist zwar in den vergangenen Jahren durch die Frauenförderung in vielen Unternehmen abgemildert worden, ihr wird aber weiterhin nicht ausreichend entgegengetreten. Im Gender Diversity Index 2022 (BCG und Technische Universität München) wurde festgestellt, dass der Frauenanteil in den Vorständen der hundert größten börsennotierten Unternehmen bei 15% liegt (2% mehr als 2021). Es wurden allerdings 33% der Vorstandsstellen im Jahr 2022 mit Frauen besetzt. Die Beförderungsquote der weiblichen Führungskräfte auf der ersten und zweiten Ebene unter dem Vorstand ist um 25% niedriger als bei den männlichen Vertretern. Auch die Karrierechancen berufstätiger Mütter sind eingeschränkt. 35% der Mütter sagen, dass ihnen Beruf und Familie gleich wichtig sind. Bei 18% wurden anstehende Karriereschritte nach der Elternzeit gestrichen. Bei 19% wurden anstehende Gehaltserhöhungen nach der Elternzeit gestrichen. 38% der Mütter sagen, dass sie in Teilzeit nicht gefördert werden und 41% fühlen sich mindestens zweimal »wohlwollend« ausgebeutet, während ein männlicher Kollege die Anerkennung für die Arbeit einstreicht.

In den USA waren 2021 bereits 70% der eingestellten CHRO oder CPO der 200 größten Unternehmen weiblich. 56% der bisher männlichen Personalchefs wurden durch Frauen ersetzt.

Zwei Gründe werden des Öfteren aufgeführt, wenn von Benachteiligung der Frauen die Rede ist:
- **Vernetzung**
  Mitarbeiterinnen sind häufig beruflich unzureichend vernetzt. Im Gegensatz dazu ist diese Vernetzung bei Männern ein wichtiges Thema.
- **Vereinbarkeit von Beruf und Familie**
  Die Vereinbarkeit von Beruf und Familie bedeutet für Frauen eine enorme Mehrbelastung. Noch immer ist die Betreuung der Kinder zu einseitig auf die Frauen ausgerichtet. Dadurch ist es selten möglich, Karriere zu machen, da die erforderliche Mehrarbeit bzw. mehrtägige auswärtige Aufenthalte in dieser Situation nicht möglich sind. Hier muss der Staat noch mehr unterstützen.

Dabei muss die Gleichstellung der Frau keinerlei Benachteiligung für den Mann haben, die Männer könnten sogar ihre Arbeitszeit reduzieren, um mehr Carearbeit zu übernehmen. Es geht darum, jedem unabhängig von Geschlecht, Herkunft, Alter und Einschränkungen die gleichen Chancen zu ermöglichen.

Was können Männer für die Gleichstellung der Geschlechter tun (Personalwirtschaft 05/2023)?

- Setzen Sie sich mit Ihren eigenen Vorurteilen und Einstellungen auseinander und unterstützen Sie DEI(Diversity, Equity und Inclusion)-Maßnahmen aktiv!
- Stärken Sie die Stimmen anderer!
- Übernehmen Sie Aufgaben für das Gemeinwohl!
- Werden Sie aktiver Mentor und Sponsor!
- Gehen Sie mit gutem Beispiel voran!

Was Unternehmen für mehr Diversity, Equity und Inclusion tun können:

- Kommunizieren Sie inklusive Normen!
- Legen Sie klare DIE-Ziele und Verantwortungsstrukturen fest!
- Passen Sie Ihre Strukturen und Prozesse an, um Vorurteile zu verringern!
- Schaffen Sie geschlechtsneutrale Umgebungen!
- Nehmen Sie Männer in die Verantwortung für Diversity, Equity und Inclusion!

Cultural Diversity

Die kulturelle Vielfalt ist deswegen für die Unternehmen so wichtig, weil insbesondere bei Firmen, die weltweit tätig sind, die verschiedenen Kompetenzen der Mitarbeitenden, die aus unterschiedlichen Kulturen kommen, sehr viele Vorteile mit sich bringen. Durch den Zustrom vieler Menschen aus Kriegsgebieten und aus anderen Regionen stehen dem deutschen Arbeitsmarkt wertvolle Arbeitskräfte zur Verfügung. In vielen Fällen sind sie gut ausgebildet und benötigen in erster Linie Deutschkurse, um sich zurechtzufinden und mit anderen kommunizieren zu können. Natürlich müssen hierbei auch die kulturellen Unterschiede berücksichtigt werden, aber es ist eine weitere große Chance für die deutsche Wirtschaft, den beschriebenen Fachkräftemangel zu verringern.

Dazu ist es erforderlich, dass Ressentiments gegenüber Menschen, die anders aussehen und anders sprechen, abgebaut werden. Es darf eben nicht sein, dass Bewerbungen mit fremdländischen Namen schnell beiseitegelegt werden. Genauso wenig dürfen qualitativ gleichwertige Bewerbungen nicht unterschiedlich bewertet werden. Ein erster Ansatz wäre z. B., wenn man Bewerbungen anonymisiert.

Age Diversity

Bei Age Diversity geht es um die Überzeugung, Menschen egal welchen Alters gleich zu behandeln. Für Unternehmen ist es wichtig, diese ungenutzten Ressourcen in ihre

Überlegungen einzubauen. Das bedeutet, eine Mischung zwischen älteren, erfahrenen Mitarbeitenden und jungen, frischen Kräften zu finden. Genauso bedeutend ist es, den Wissenstransfer zwischen den Generationen sicherzustellen.

Es ist nicht einfach, allen gerecht zu werden. Aber die Unternehmen benötigen Transparenz und Offenheit. Die geltenden Regeln für Karriereschritte müssen über die Generationen hinaus für alle Altersgruppen gelten. Sie müssen es ermöglichen, dass sowohl Mitarbeitende jenseits der fünfzig wie unter dreißig in entsprechende Führungspositionen aufrücken können.

10.9 Employer Branding

In den vorangegangenen Kapiteln wurde immer wieder das Thema Fachkräftemangel erörtert. Das Employer Branding ist für die Behebung ein wesentliches Element des strategischen Personalmanagements. Das Ergebnis von Employer Branding ist die Arbeitgebermarke. Es geht hier im Wesentlichen darum, den Wert eines Unternehmens darzustellen und es somit attraktiv für potenzielle Bewerber zu machen.

Das Gleiche gilt auch nach innen. Nur ein positives Image veranlasst Talente, im Unternehmen zu bleiben und gleichzeitig dafür bei Freunden und Bekannten zu werben.

Definition
Es gibt viele Definitionen des Begriffs »Employer Branding«. Die geläufigste ist die der Deutschen Employer Branding Akademie von 2006: Employer Branding ist die identitätsbasierte, intern wie extern wirksame Entwicklung und Positionierung eines Unternehmens als glaubwürdiger und attraktiver Arbeitgeber. Kern des Employer Branding ist immer eine die Unternehmensmarke spezifizierende oder eine adaptierte Arbeitgebermarkenstrategie. Entwicklung, Umsetzung und Messung dieser Strategie zielen unmittelbar auf die nachhaltige Optimierung von Mitarbeitendengewinnung, Mitarbeitendenbindung, Leistungsbereitschaft und Unternehmenskultur sowie die Verbesserung des Unternehmensimages ab. Mittelbar steigert Employer Branding außerdem das Geschäftsergebnis und den Markenwert.

Vielfach werden Employer Branding und Personalmarketing verwechselt. Der entscheidende Unterschied ist, dass das Employer Branding strategisch und das Personalmarketing operativ ist. Man kann sagen, dass man Mitarbeitende und potenzielle Interessenten nicht nur erreichen (Personalmarketing) will, sondern auch mit einer bestimmten Botschaft (Employer Branding) überzeugen möchte.

Ziele des Employer Branding

Die Ziele sind also nach innen und nach außen gerichtet. Nach außen geht es darum, das Recruiting dahin gehend zu unterstützen, neue Mitarbeitende zu gewinnen. In der heutigen Zeit ist dies zunehmend wichtig, um auf dem Arbeitsmarkt den Kampf um begehrte Talente zu gewinnen. Die besten Kandidatinnen und Kandidaten haben einen hohen Anspruch und klare Erwartungen an ihren künftigen Arbeitgeber.

Nach innen ist Employer Branding ebenso wichtig. Das bedeutet, dass es im Arbeitsalltag auch umgesetzt werden muss. Ein positives Image bewirkt, dass die Zufriedenheit der Beschäftigten wächst und die Loyalität steigt, und das spricht sich herum – so entsteht wiederum eine positive Außenwirkung.

Employer-Branding-Strategie

Welcher ist der beste Weg, um eine passende Strategie zu entwickeln? Der folgende Prozess kann dabei helfen (nach Personio, 2022):

- **Schritt 1: Analyse** (Wofür steht Ihr Unternehmen und wie heben Sie sich von Konkurrenz ab?)
  - Was macht Sie als Arbeitgeber aus?
  - Wofür stehen Sie und wofür wollen Sie stehen? Was ist Ihre langfristige Vision?
  - Was macht Sie einzigartig und wodurch stechen Sie als Arbeitgeber heraus?
  - Warum sollten Mitarbeitende in Ihrem Unternehmen bleiben und warum sollten neue Mitarbeitende dort anfangen?
  - Inwiefern wirken Sie bereits attraktiv auf Ihre Zielgruppe?
  - Wo und auf welchen Kanälen ist Ihre Zielgruppe zu erreichen?
  - Was macht der Wettbewerb und wie grenzen Sie sich von ihm ab?
- **Schritt 2: Kommunikationsplan**
  - Karriereseite/Blog/Intranet
  - Social-Media-Kanäle
  - Online-Medien
  - Newsletter
  - Mitarbeitende/Markenbotschafter
  - Events/Meet-ups/Karrieremessen
- **Schritt 3: Content-Strategie**
  - Welche Inhalte wollen Sie wann und in welchem Abstand auf welchen Kanälen veröffentlichen?
  - Auf welchen Events wollen Sie sich als attraktiver Arbeitgeber präsentieren?
  - Welches Employer-Branding-Material brauchen Sie dafür, z. B. Artikel mit MA-Interviews oder Videos?
  - Wie können Ihre Mitarbeitende Sie als Marken-/Unternehmensbotschafter unterstützen?

- **Schritt 4: Verschmelzen Ihrer Employer-Branding-Maßnahmen mit Ihren Recruiting-Maßnahmen**
- **Schritt 5: Halten Sie Ihre Mitarbeitenden im Unternehmen**
  - Hier gilt das bereits Gesagte: Nur ein positives Image und ein entsprechender Arbeitsalltag bringt die Beschäftigten dazu, weiterhin im Unternehmen zu arbeiten.

Employer-Branding-Strategie (strategische Markenentscheidungen) in Anlehnung an Meffert et al. 2012, S. 366; Batz, Strategisches Personalmanagement, 2021, S. 175

Außerdem sollte ein Maßnahmenpaket entwickelt werden, das dafür sorgt, dass die Arbeitgebermarke als attraktiv angesehen wird. Beispiele sind:

- offene Unternehmenskultur
- transparente Kommunikation
- eigene Verantwortung
- MA-Benefits
- Weiterentwicklungsmöglichkeiten
- flexible Arbeitszeit- und Arbeitsortregelungen

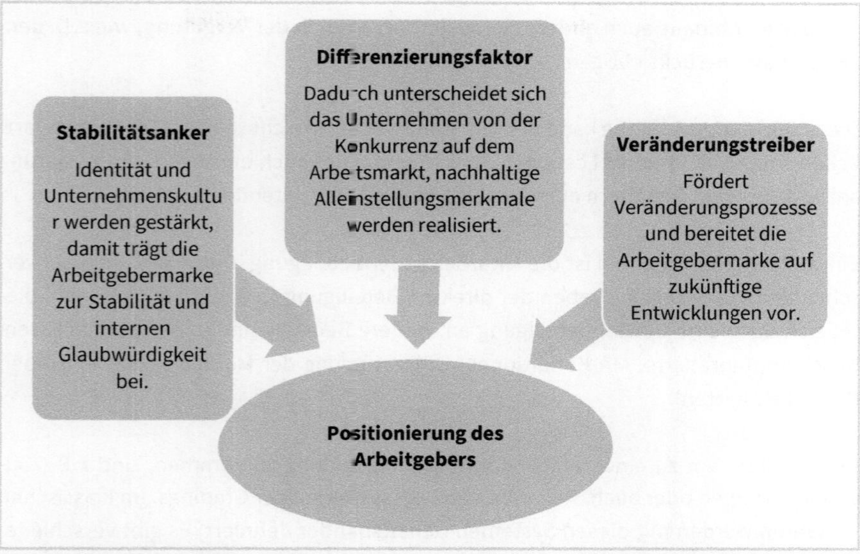

Qualitätsdreieck der Arbeitgeberpositionierung in Anlehnung an Kriegler 2012, S. 142; Batz, Strategisches Personalmanagement 2021, S. 177

10.10 Vergütungsmanagement

Die aktuelle wirtschaftliche Entwicklung trifft die Unternehmen mehrfach. Getrieben durch die hohen Energiepreise steigt die Inflation auf den höchsten Stand seit den 1950er-Jahren. Der Wunsch der Beschäftigten nach einem angemessenen Ausgleich hat bei den ersten Tarifabschlüssen zu Erhöhungen geführt, die weit über dem Durchschnitt der letzten Jahre liegen. Es ist davon auszugehen, dass sich diese Tendenz fortsetzt. Dadurch werden in vielen Branchen neben den Energiekosten auch die Personalkosten erheblich steigen.

Durch den Mangel an Arbeitskräften werden tendenziell die Kosten für jeden Einzelnen steigen. Das führt zusammengenommen zu einer Entkoppelung des Arbeitsmarktes von der wirtschaftlichen Entwicklung.

Der Druck der Beschäftigten auf eine faire Bezahlung wird steigen. Viele Unternehmen sehen sich gezwungen, ihre Erhöhungsbudgets nach oben anzupassen. Die Zielrichtung heißt »faire Bezahlung«.

Es ist wichtig, sowohl die wirtschaftliche Situation des Unternehmens im Auge zu behalten als auch die gerechte Bezahlung der Beschäftigten. Das bedeutet für das strategische Personalmanagement, dass es Lösungen finden muss, die dem gerecht werden und darüber hinaus auch andere Herausforderungen in der Vergütung, wie z. B. dem »Equal Pay«, berücksichtigen.

Diese schwierige Aufgabe kann nur mit Transparenz erreicht werden. Die Verantwortlichen sollten an kreative Lösungen denken und diese auch umsetzen. Die Vergütung sollte neben den Gehältern auch Benefits für die Mitarbeitenden beinhalten.

Ein wichtiger Punkt dabei ist die Mitarbeitendenbeteiligung. Diese lässt sich auf verschiedene Weise regeln. Neben der direkten Beteiligung (z. B. Aktien, Optionen) bietet sich auch eine Gewinnbeteiligung an. Andere Benefits sind vergünstigtes Essen, Beschäftigtenrabatte, MA-Konditionen, Unterstützung der Mobilität (Kfz, Fahrräder, ÖPNV-Fahrkarten).

Instrumente, um zu einer nachvollziehbaren Bezahlung zu kommen, sind z. B. Zielvereinbarungen oder auch Stellenbewertungssysteme oder Gradings. Im klassischen Verfahren werden mit diesen Systemen Gehaltsbänder definiert. Es gibt verschiedene Verfahren wie beispielsweise analytische, summarische, summalytische (Kombination aus analytisch und summarisch) und personenbezogene Formen. Es gibt eine große Anzahl von Anbietern von Stellenbewertungssystemen am Markt (Aon, Mercer, WTW, Hay Korn Ferry, PwC, EY, Kienbaum, Lurse, HKP Group, Baumgartner etc.). Bei Umfragen in den Unternehmen ist das analytische Verfahren immer noch das am weitesten verbreitete.

11 Instrumente des strategischen Personalmanagements

Um das strategische Personalmanagement in allen beschriebenen Bereichen umsetzen zu können, benötigen die Verantwortlichen Instrumente, die sie zur Unterstützung einsetzen können. Einige wichtige werden im Folgenden beschrieben.

11.1 SWOT-Analyse

Die SWOT-Analyse wurde bereits in den 1960er-Jahren an der Harvard Business School entwickelt. Anhand der Analyse des Ist-Zustandes kann die Positionierung des eigenen Unternehmens oder der eigenen Einheit festgestellt werden. Danach kann eine Strategieentwicklung mit den erforderlichen Maßnahmen in die Wege geleitet werden.

Die Abkürzung »SWOT« steht für:

- **S**trengths – Stärken
  Merkmale eines Unternehmens, die einen Wettbewerbsvorteil bieten (Produkte, Standort, Mitarbeitende, Technologie, Kosten)
- **W**eaknesses – Schwächen
  Merkmale eines Unternehmens, die im Wettbewerb einen Nachteil darstellen (Abhängigkeiten, fehlende Digitalisierung, wenig Neukunden, hohe Preise, geringe Finanzkraft)
- **O**pportunities – Chancen
  Faktoren und Entwicklungen, die von Vorteil sein können (neue Märkte, neue Technologien, positive Trends, Steuererleichterungen oder Subventionen)
- **T**hreats – Risiken
  Faktoren und Entwicklungen, die gefährlich oder von Nachteil sein können (Änderung des Konsumverhaltens, gesetzliche Einschränkungen, steuerliche Auflagen, neue Konkurrenz)

Durch eine rechtzeitige SWOT-Analyse können die Stärken ausgebaut, die Schwächen minimiert, die Chancen genutzt und die Risiken identifiziert werden. Man unterscheidet hierbei externe und interne Analysen. So kann man beispielsweise mit einer Stärken-Schwächen-Analyse der Personalabteilung beginnen (vgl. Abbildung in Kapitel 8.10).

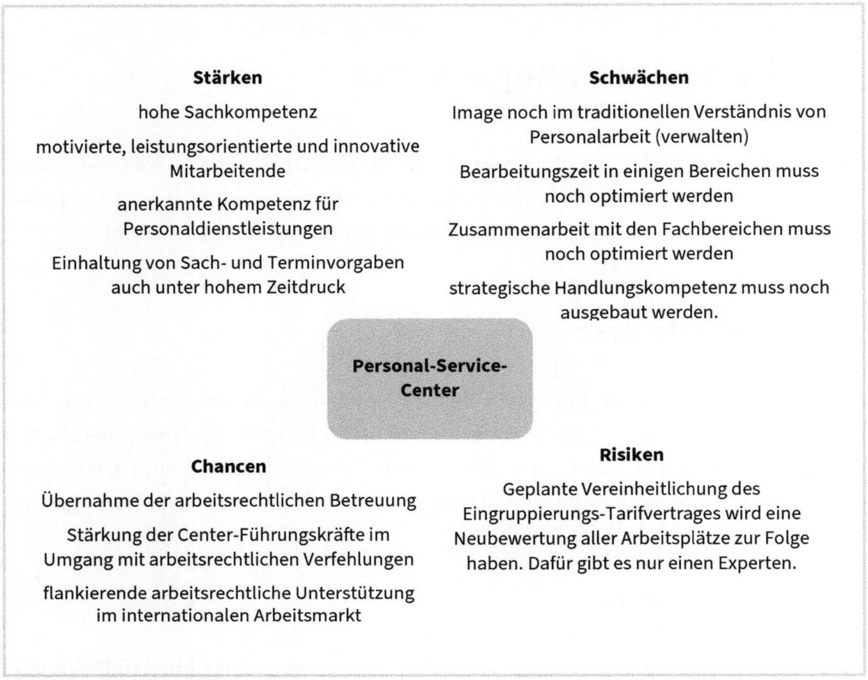

SWOT-Analyse (BWL-Lexikon.de)

Neben den internen Leistungen können auch andere Faktoren genutzt werden wie z. B.:

- Effizienz der Geschäftsabläufe
- Höhe der Fixkosten
- Fähigkeiten und Kenntnisse der Beschäftigten
- Stabilität des Geschäftsmodells

Größe des Teams Externe Faktoren sind:

- Marktentwicklung
- Konkurrenz
- Gesetzgebung
- Technologie
- Änderungen im Kundenverhalten

Wie sieht der Prozess der SWOT-Analyse aus? Hier ein beispielhaftes Vorgehen:

1. **Informationsrecherche**
   - Interne Schwächen und Stärken erkennen, externe Faktoren bestimmen.
   - Was war in der Vergangenheit gut? Was war der Grund für die bisherigen Erfolge? Worauf kann man stolz sein? Was können wir besser als die Konkurrenz?
   - Was sind unsere Schwächen? Was fiel uns schwer? Was fehlte? Warum gehen Aufträge an die Konkurrenz?

- Welche Möglichkeiten haben wir? Welche Zukunftschancen sind denkbar? Welche Trends kommen uns entgegen? Welche Veränderungen können vorteilhaft sein?
- Gibt es Gefahren für unser Geschäftsmodell? Welche Trends wirken sich ungünstig für uns aus? Was ist von der Konkurrenz zu erwarten?

2. **Zustandsbeschreibung**
   - Die finanziellen, technologischen, personellen und organisatorischen Ressourcen des eigenen Betriebes werden erfasst.
   - Gegenüberstellung mit den bekannten Ressourcen der Mitbewerber.
3. **Strategiebildung**
   - Durch die Beziehungskonstellationen der Stärken, Schwächen, Chancen und Risiken lässt sich im nächsten Schritt eine Strategie entwickeln.

		Interne Analyse	
		Stärken	**Schwächen**
Externe Analyse	**Chancen**	**Ausbauen:** Welche Stärken passen zu mir? Wie können die Stärken die Chancen-realisierung erhöhen?	**Aufholen:** Wo können aus Schwächen Stärken entstehen? Wie können sich Schwächen zu Stärken entwickeln?
	Risiken	**Absichern:** Welchen Risiken kann man mit welchen Stärken begegnen? Wie können Stärken bestimmten Risiken vorbeugen?	**Vermeiden:** Wo treffen Schwächen auf Risiken? Welche Aktivitäten sollten vermieden werden?

Kombinierte SWOT-Matrix

11.2 Balanced Scorecard

Das Konzept der Balanced Scorecard ist auf die beiden US-Amerikaner Robert S. Kaplan und David P. Norton zurückzuführen. Anfang der 1990er-Jahre leiteten die beiden ein Forschungsteam, das neue Ansätze für das Performance Measurement von Unternehmen entwickeln sollte. Sie hatten das Ziel, ein System zu finden, das sowohl zur Leistungsmessung beiträgt als auch die Unternehmenssteuerung unterstützt. Dabei ist die Balanced Scorecard (BSC) entstanden – ein Konzept für die strategische Unternehmensführung und ein Handlungsrahmen für einen Managementprozess.

Mit der BSC soll eine ausgewogene Steuerung mittels Kennzahlen erreicht werden. Aber im Gegensatz zu üblichen Kennzahlensystemen werden nicht nur rein finanz- und ergebnisorientierte Größen einbezogen, sondern auch nichtmonetäre Elemente wie z. B. die Anzahl der erreichten Neukunden oder die Kundenzufriedenheit.

Darüber hinaus ist es mit der BSC möglich, dem Problem des Informationsverlusts entgegenzuwirken. Sie ermöglicht es, die Vision und die darauf beruhende Strategie eines Unternehmens mit Zielen, Kennziffern und Maßnahmen darzustellen.

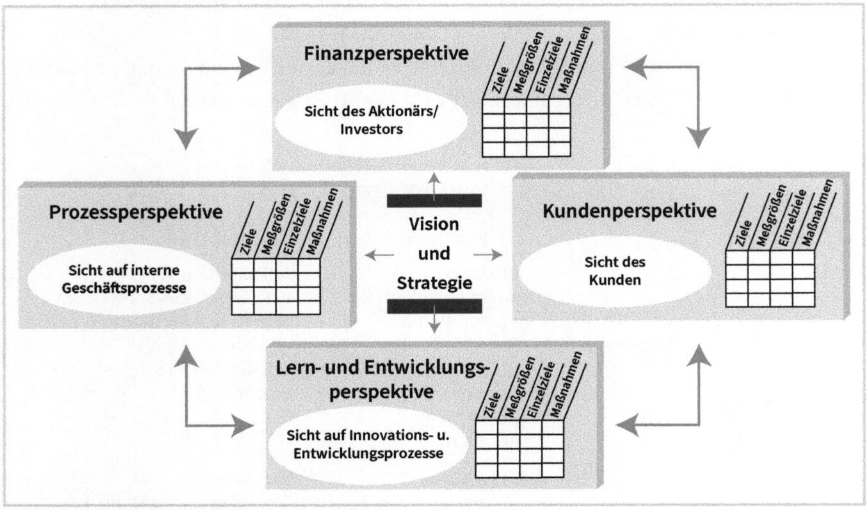

Balanced Scorecard (Kaplan/Norton, 1997)

Die BSC besteht in ihrer klassischen Form aus den folgenden vier Steuerungsperspektiven:

- Finanz- und Wertperspektive
- Markt- und Kundenperspektive
- interne Prozessperspektive
- Innovations-und Wissensperspektive

Finanz- und Wertperspektive

Die Finanz- und Wertperspektive ist besonders deswegen wichtig, weil sich ein Unternehmen die Frage stellen muss, wie es sich gegenüber seinen Kapitaleignern präsentieren sollte. Welche Erfolgsgrößen sind hierfür wichtig? Natürlich spielen dabei die finanziellen Kennzahlen eine besondere Rolle. Es geht um die erwirtschafteten finanziellen Erfolge, die Umsetzung der geplanten Strategien, das Kostenbewusstsein und die Umsatzentwicklung bzw. die Wachstumserfolge des Unternehmens.

Markt- und Kundenperspektive

Bei der Markt- und Kundenperspektive spielen insbesondere die Kundenbeziehungen und die Zufriedenheit der Kunden hinsichtlich ihrer Erwartungen an das Unternehmen eine Rolle. Außerdem ist hier die Kontinuität der Kundenbeziehungen von Bedeutung. Weiterhin muss sowohl die Reputation des Unternehmens als auch das Image unter die Lupe genommen werden.

Interne Prozessperspektive

Bei der internen Prozessperspektive geht es um die betriebsinternen Prozesse. Dabei spielen sowohl die Qualität als auch die Durchlaufzeit der Prozesse eine Rolle. Insbesondere die für die Kapitalgeber und Kunden wichtigen Prozesse rücken dabei in den Vordergrund. Welche Prozesse haben die höchste Priorität, um die gesetzten Ziele zu erreichen? Neben den bestehenden Prozessen können auch innovative Prozesse einbezogen werden.

Innovations- und Wissensperspektive

Die Innovations- und Wissensperspektive ist eine weitere sehr wichtige Perspektive. Hier werden diejenigen Aspekte berücksichtigt, in denen es um die Zukunftsfähigkeit des Unternehmens geht. Beispielsweise wird das Umsatzverhältnis neuer Produkte zu alten Produkten untersucht. Darüber hinaus wird gefragt, welche neuen Märkte erschlossen werden oder welche Überlegungen hinsichtlich der Einstellung alter Produkte bzw. alter Produktlinien angestellt wurden. Andererseits wird die Fluktuation von Leistungsträgern berücksichtigt. In welchem Maße wird das Potenzial der Mitarbeitenden gefördert? Wie hoch sind die tatsächlichen Ausgaben für Qualifizierung? Welche Ideen gibt es, um Mitarbeitende, insbesondere Leistungsträgerinnen und -träger, langfristig im Unternehmen zu halten?

Nach der DGFP (2001) ist die Balanced Scorecard ein strategisches Managementsystem, das

- Visionen und Strategien des Unternehmens klärt und in einem Top-down-Prozess für organisatorische Einheiten bis hin zu den Mitarbeitenden handhabbar macht;
- strategische Ziele und Maßnahmen unternehmensweit kommuniziert sowie abteilungsspezifische und persönliche Ziele an die gemeinsame Unternehmensstrategie anpasst;
- Ziele plant und festlegt sowie strategische Aktivitäten abstimmt;
- durch periodische und systematische Reviews die Möglichkeiten für Strategie, Feedback und Lernen verbessert.

Mit einer Einführung der BSC sind folgende Erwartungen verbunden:

- Implementierung einer Unternehmensstrategie
- bewusste, strukturierte Diskussion über die Unternehmensstrategie
- Ausgewogenheit

- Verbesserung der Strategiekonkretisierung
- verständlichere Kommunikation der Strategie
- Übertragung der Strategie auf Bereiche und Abteilungen
- Konzentration auf strategisch relevante Erfolgsfaktoren
- Integration der strategischen und der persönlichen Ziele
- Aufbau eines Systems des strategischen Lernens
- bewussteres Strategiecontrolling
- Verbindung zur Mitarbeiterführung

Außerdem ist es sinnvoll, dass die nachstehend aufgeführten Punkte berücksichtigt werden. Zuvor sollte man allerdings überlegen, welchen Handlungsspielraum es gibt, welche Handlungsgrenzen bestehen und welche Analysen im Vorfeld erforderlich sind:

- **Formulierung eines Leitbildes (Vision)**
  - Formulierung von Subzielen zur Konkretisierung des Leitbildes (strategische Themen, Erwartungen von Betroffenen)
  - zielgerichtete Maßnahmen erarbeiten, die zu den Subzielen führen und Kennzahlen bzw. Messgrößen für die Maßnahmen festlegen
- **Zusammenfassen der geplanten Maßnahmen in Projekte**
  - mit der BSC berichten (Einbindung der o.g. Kennzahlen)
  - Einordnung der BSC in den Führungsprozess zur gemeinsamen Erarbeitung der Projekte und Maßnahmen
  - den Lernprozess organisieren (regelmäßige Überprüfung von Strategie und Strategieumsetzung)

Definition Strategie	Finanzen	Prozesse	Kunden	Entwicklung der Mitarbeitenden
strategische Ziele	Umsatzsteigerung	Entwicklungszeiten verkürzen	Kundenbetreuung verbessern	Führungsqualifikationen erhöhen
Maßgrößen	Umsatzwachstum in Prozent	Time-to-Market	Kundenzufriedenheitsindex	Index aus 360°-Aufnahme
Aktionsprogramm	Aufstockung Außendienst um fünf Mitarbeiter	Headhunting eines Topentwicklers	Verkaufsschulung für Außendienst	Schulungen, Einführung 360°-Modell

Beispiele für Ziele, Maßgrößen und Aktion

Balanced Scorecard

Perspektive	Strategische Ziele	Messgrößen	Operative Ziele	Aktionsprogramm
finanzielle Perspektive: Was wollen wir unseren Kapitalgebern bieten?	ROCE über Branchendurchschnitt	ROCE	ROCE > 24 %	
	schneller als der Markt wachsen	Umsatzwachstum	Wachstumsrate von > 13 %	
	Cashflow steigern	discounted free cashflow	Zuwachs von +5 % p. a.	Verkauf nicht betriebsnotwendiger Assets
Kundenperspektive: Wie sollen uns unsere Kunden wahrnehmen?	Innovator-Image erreichen	Umsatzanteil neuer Produkte und Dienstleistungen	Anteil Leistungen, die jünger als 2 Jahre sind >60 %	Headhunting eines Topentwicklers
	Preis-Leistungs-Verhältnis verbessern	Kundenbewertung	Nr. 1 bei 60 % der Kunden	Soft Features verbessern
	Vorzugslieferant werden	Umsatzanteil mit Stammkunden	Anteil > 50 %	Kundenbetreuung verbessern
Prozessperspektive: Bei welchen Prozessen müssen wir Hervorragendes leisten?	frühes Einwirken auf die Kundenanforderungen	Beratungsstunden für Kunden vor Eröffnung des Angebotsprozesses	Anstieg um 5 % p. a.	proaktiv Kundenkontakt aufnehmen
	Entwicklung des Regionalmarkts A	Anzahl Neukunden in Region A	Anstieg um 30 % p. a.	Vertriebspersonal für Region A einstellen
	schnelle Hardware-Installation	Arbeitstage zwischen Auftragserteilung und Hardware-Installation	90 % unter 10 Arbeitstagen	Fertigungszeiten Hardware senken
	überragendes Projektmanagement einführen	Anteil Projekte ohne Verzögerung	90 %	EDV-Unterstützung für Projekte
Mitarbeiterperspektive: Wie gewährleisten wir langfristig unseren Erfolg?	kontinuierliche Verbesserung fördern	Halbwertszeitindex	jährliche Verbesserung > 10 %	hochwertigere Materialien einsetzen
	hohe Mitarbeiterzufriedenheit	Index Mitarbeiterzufriedenheit u. Anzahl Verbesserungsvorschläge je MA	Zufriedenheitsindex >80 %, > 20 Vorschläge pro MA	Incentives für Verbesserungsvorschläge

Auszug aus einer BSC einer Software-Division

Beim Einführungsprozess der BSC sind folgende Punkte zu berücksichtigen:

- Definition einer Unternehmensstrategie (siehe oben) mit Entwicklung einer Strategielandkarte (Umsetzung der Strategie in den einzelnen Bereichen)
- Identifikation von Werttreibern (Messgrößen) – was müssen wir können und was müssen wir messen?
- Identifikation von Ursache-Wirkungszusammenhängen – wie wollen wir auswerten?
- Festlegung eines Systems und von Zielen für die Messgrößen
- regelmäßige Überprüfung der Systeme anhand der Strategielandkarte – welche Maßnahmen müssen wir einleiten, um unsere Ziele zu erreichen?

Hierzu ein praktisches Beispiel (http://balanced-scorecard.de/konzept.htm):

- **Vision**
  - Wir wollen den Markt beherrschen.
- **Strategie**
  - Kosteneffizienz, hohe Qualität
  - Investitionen in neue Technologien
- **Perspektiven**
  - Finanzen: Profitabilität, Kosteneffizienz; Kennzahl: Kosten pro Produkt
  - Kunden: zufriedene Kunden, pünktliche Zustellung; Kennzahl: 95 % pünktliche Zustellung
- **Prozess:**
  - richtige Technologie, Prozessorientierung
  - Kennzahl: Kosten der Qualität, Schnelligkeit der Prozesse
- **Mitarbeitende:**
  - relevante Kompetenz, Kundenfreundlichkeit
  - Kennzahl: Wissenssicherung, Schulung entsprechender Skills (Messgrößen)

Auch der Personalbereich ist spätestens seit der Einführung seiner Funktion als Business-Partner gefordert, die Prozesse der Strategieumsetzung und Wertschöpfung im Unternehmen durch geeignete HR-Strategien zu unterstützen. Deswegen gilt die BSC als ein strategisches Instrument, das auch im Personalbereich eingesetzt werden kann. Hier einige Praxisbeispiele:

Beispiel 1 einer BSC im Personalbereich		
	Strategische Ziele	**Messkriterien**
Finanzen	Verbesserung Kosten-Nutzen-Relation	• Gesamtkosten pro Azubi • Preis pro Seminar
Prozesse	verbesserte Ressourcenauslastung	• Anzahl Azubis pro Ausbilder
Kunden	gesteigerter Kundennutzen	• Übernahmequote (in %) in den Beruf • Übernahmequote (in %) in das Unternehmen

Beispiel 1 einer BSC im Personalbereich		
	Strategische Ziele	**Messkriterien**
Mitarbeitende	• adäquate Qualifikation und Erfahrung der Ausbilder/Trainer • Employability	• Aufwendungen für zielgerichtete Mitarbeiterentwicklung • Qualifikation der Mitarbeitenden

Beispiel 2 einer BSC im Personalbereich			
	Strategische Ziele	**Messgrößen**	**Maßnahmen**
Finanzen	• Kosten für Administration deutlich niedriger als bei Wettbewerbern • Kosten für externe Seminare reduzieren	• Administrationskosten weniger als 30 % der Gesamtfortbildungskosten • mehr als 50 % Einsparungen im Vergleich zum Vorjahr bei gleichen Leistungen	• automatisches Buchungssystem • Kooperation aufbauen, Mengenvorteile nutzen
Kunden	• stärkere Referentenbindung • Kundenservice erhöhen	• echte Fluktuation von Referenten weniger als 10 % • Kundenzufriedenheitsindex mehr als 2,0	• Referententag durchführen, regelmäßige Information • Hotline einrichten, Kundenbefragung
Interne Geschäftsprozesse	• Anteil interner Referenten erhöhen • Fortbildungsprozesse effizienter gestalten	• Anteil interner Referenten mehr als 40 % • 10 % weniger Fortbildungsausgaben	• Anreizsystem entwickeln Train-the-Trainer • Prozessanalyse und -optimierung
Lernen und Entwicklung	• Beratungs-/Verhandlungskompetenz der Mitarbeitenden im Bereich Fortbildung erhöhen • Höherqualifizierung der Mitarbeitenden fördern	• entsprechende Schulung von mehr als 80 % der Mitarbeitenden • Wahrnehmung höher qualifizierter Aufgaben von mehr als 5 % der Mitarbeitenden	• Beratungs- und Verhandlungstraining durchführen • Integration in Zielvereinbarungen • Fortbildung bereitstellen

Kosub, 2000

Eine BSC im Personalbereich ist in der Lage, gleich drei verschiedene Systeme in einem zu liefern:

- ein **Managementsystem**, das eine Strategieverankerung beinhaltet und sich um die Ursache-Wirkungszusammenhänge kümmert und das außerdem Managementprozesse enthält und einen Nutzen für das Unternehmen bietet;
- ein **erweitertes Kennzahlensystem** mit ganzheitlicher Betrachtungsweise, mit Ausgewogenheit und erfolgversprechenden Perspektiven;
- ein **Kommunikationsinstrument**, das sowohl Klarheit in die Ziele, Strategien und Maßnahmen bringt als auch die Anforderungen und Voraussetzungen für die Leistung liefert.

Darüber hinaus ist die HR-BSC so flexibel, dass sie für das gesamte Personalressort eingesetzt werden kann, aber auch für Teilbereiche oder Teilprozesse, wie z. B. für Zielvereinbarungen oder als Controlling-Instrument des Personalressorts.

Die am meisten genannten Barrieren, wenn es um das Einführen der BSC geht, sind der Hinweis, dass es kein Bedarf gibt (andere Controllings-Tools!), die mangelnde Unterstützung im Unternehmen, insbesondere in der Unternehmensleitung, und die zu geringen Nutzenerwartungen, die die Kosten nicht auffangen könnten. Zusammengefasst birgt eine BSC folgende Chancen und Risiken:

Chancen

- Ausrichtung kritischer Erfolgsfaktoren an einer Strategie – auf allen Ebenen des Unternehmens
- umfassendes Bild der Geschäftstätigkeit für die Unternehmensleitung
- Vereinfachung der Kommunikation und Unterstützung dabei, Verständnis von Geschäftszielen und Strategien zu vermitteln
- strategisches Feedback und Lernen
- höhere Qualifizierung der Beschäftigten
- Verbesserung der Unternehmenskultur
- Steigerung der Motivation der Mitarbeitenden
- Verknüpfung verschiedener Controlling-Instrumente
- Offenlegung von Defiziten und wichtigen Aufgaben
- Verdeutlichung von Wirkungszusammenhängen zwischen einzelnen Unternehmenszielen
- Komplexitätsreduktion durch einfache Struktur
- bessere Begründungen von Maßnahmen und Verantwortlichkeiten
- Stärkung der Mitarbeitenden durch eigene Perspektive
- ganzheitliches Management durch sowohl monetäre als auch nichtmonetäre Ziele

Für den Personalbereich darüber hinaus:

- gezieltere Steuerung durch Festlegung von Personalstrategie und Personalzielen
- eigenständigere Anpassung von Änderungen an Strategie und Ziele
- Stärkung der Bedeutung der Personalabteilung im Unternehmen durch eigenständige BSC

Risiken

- Falsche oder unrealistische Ziele können zu Fehlentwicklungen führen.
- Falsche Messgrößen verschleiern die tatsächliche Unternehmenssituation.
- Die BSC führt zu einer Überfrachtung mit zu vielen und zu komplexen Zielen.
- Eine oberflächliche Betrachtung kann durch die Fixierung auf vergangenheitsbezogene Kennzahlen zu falschen Schlussfolgerungen führen (es geht um die strategische zukünftige Ausrichtung).
- Eine einseitige Konzentration auf die Kennzahlen (Thema: Vergütung) kann zu einer bewussten Manipulation der Zahlen führen.
- Auch die interne Transparenz birgt Gefahren (Ziele der unteren Ebenen). Leistungs- und Verhaltenskontrolle von Mitarbeitenden ist nicht erwünscht.
- Eine Betrachtung der reinen Zahlen kann zu einer falschen Schlussfolgerung führen. Es muss immer die gesamte Situation betrachtet und bei Marktveränderungen ggf. eine Anpassung vorgenommen werden.
- Oft ist es nicht gerade einfach, strategische Instrumente (insbesondere im Personalbereich) anzuwenden: Man trifft auf Widerstände gegen die Offenlegung der Unternehmensstrategie und gegen die Transparenzerfordernis sowie auf Gegenwind bei den Zielvorgaben auf allen Ebenen.
- Um langfristige Akzeptanz zu erreichen, ist es erforderlich, den Verantwortlichen bei allen Planabweichungen die entsprechende Kennzahl zur Verfügung zu stellen. Wichtig ist dabei, dass der Verantwortliche nicht bei jeder Planabweichung zur Rechenschaft gezogen wird. Es ist zu berücksichtigen, dass Störungen vielfach durch Konjunktur, Preisentwicklungen oder auch durch nicht beeinflussbare Faktoren (Klima, Terror, politische Einflussnahme) initiiert werden. Gerade diese Risiken, die bisher eine untergeordnete Rolle gespielt haben, werden in der Zukunft auch in der BSC stärker zu integrieren sein.

11.3 Szenariotechnik

In den sich permanent verändernden Märkten wird es immer schwieriger, sich zur Zukunftsplanung auf die Vergangenheit zu berufen. Die bekannten quantitativen Prognoseverfahren stoßen schnell an ihre Grenzen. Es werden andere Methoden benötigt. Eine davon ist die Szenariotechnik. Sie ist ein Instrument der strategischen Personalplanung und dient der Auswahl von Methoden und Maßnahmen unter Berücksichtigung von gegenwärtigen Fakten und zukünftigen Entwicklungstendenzen.

Zumeist wird sie in folgenden Bereichen angewendet:
- Vorbereitung von Entscheidungen sowohl in der Wirtschaft als auch in der Politik
- Orientierung hinsichtlich zukünftiger Entwicklungen
- Strategieentwicklung und -überprüfung
- frühzeitiges Erkennen von Veränderungsmöglichkeiten durch Sensibilisierung für die Zukunft
- Krisenmanagement
- Projektmanagement
- Risikomanagement
- Unternehmensentwicklung
- Personalplanung

Die Szenarien werden häufig in Form eines Szenariotrichters dargestellt. Ausgangspunkt bildet das Trendszenario, das auf einer Zeitachse aufgespannt wird. Dieses Szenario stellt die zukünftige Entwicklung unter der Annahme stabiler Verhältnisse dar. Da im Regelfall aber von instabilen Entwicklungen ausgegangen werden muss, werden sowohl positive als auch negative Entwicklungsmöglichkeiten aufgezeigt.

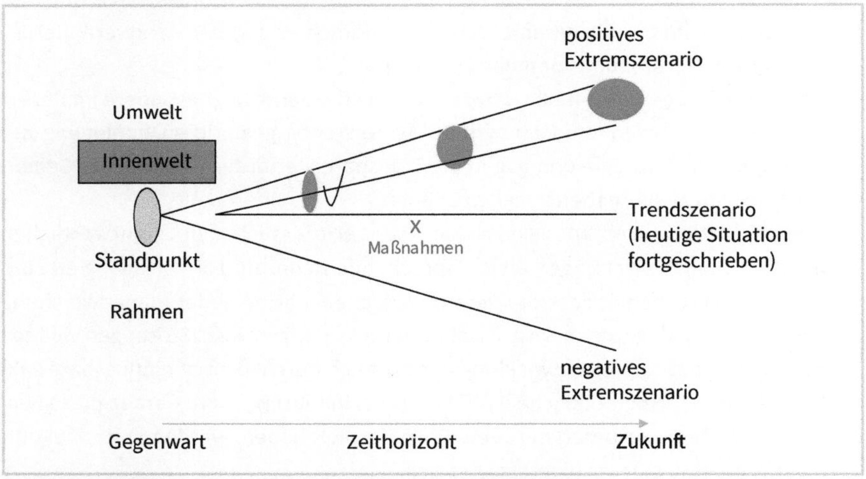

Ablauf der Szenariotechnik – der Szenariotrichter (nach Kosub, 2009)

Die Anwendung der Szenariotechnik wird in der Fachliteratur in Phasen eingeteilt. Es gibt unterschiedliche Phasenmodelle, die sich aber nicht wesentlich unterscheiden. Hier ein Beispiel, wie ein Phasenmodell aussehen könnte (https://de.wikipedia.org/wiki/Szenariotechnik):

1. Problemanalyse und Ist-Beschreibung

Hier geht es um die Fragen:
- Warum wird der Sachverhalt als problematisch empfunden?
- Wie genau zeigt sich das Problem?

- Woran erkennt man es?
- Wodurch entsteht das Problem?
- Welche Ursachen hat es?
- Wie könnte das Problem behoben werden?
- Wodurch verstärkt es sich?
- Welche wirtschaftlichen Folgen hätte es, wenn das Problem bestehen bliebe?

Die Teilnehmenden diskutieren die Fragen und bilden sich eine Meinung. Die Zielrichtung des Prozesses ist die Lösungsorientierung.

2. Einflussfaktoren und Wirkungsanalyse
Es wird untersucht, inwieweit sich die einzelnen Faktoren wechselseitig beeinflussen. Hilfreich hierbei ist eine Mindmap, in der die Einflussfaktoren in einem Beziehungsdiagramm dargestellt werden. Es geht darum, qualitative und quantitative Faktoren aufzudecken und sie in einen Zusammenhang zu stellen.

3. Trends und Kenngrößen identifizieren
Jetzt liegt ein System mit Wirkungen und Zusammenhängen vor. Die Einflussfaktoren mit konkreten Ausprägungen und Kenngrößen müssen beschrieben werden. Das Modell wird nun mit Daten, Zahlen und Fakten angereichert und deren Entwicklungen über den Zeitverlauf betrachtet.

4. Szenarioentwicklung
Aufgrund der vorliegenden Daten, Zahlen und Fakten geht es jetzt darum, aus den Erkenntnissen und Einsichten zwei Extremszenarien zu entwickeln – ein Negativszenario und ein Positivszenario. Das Trendszenario wäre das Bild der Zukunft, wenn sich nichts ändern würde. Vielfach ist das aber keine Option, sodass dieses Szenario nicht weiter betrachtet wird. Die beiden anderen Szenarien sollten Extremsituationen darstellen. Sie müssen nachvollziehbar, widerspruchsfrei und umfassend sein. Die Ausgangssituation sollte der wesentliche Einflussfaktor sein, und es sollte vorab festgelegt werden, wie weit man in die Zukunft blicken möchte.

5. Interpretation und Handlungsempfehlungen
Anhand der erstellten Negativ- und Positivszenarien sollten die Zukunftsbilder dann erneut diskutiert werden. Dafür sind folgende Fragen hilfreich:

- Sind die Szenarien schlüssig, vollständig oder fehlt etwas?
- Wo gibt es Ansatzpunkte, die skizzierten Entwicklungen zu beeinflussen?
- Was kann konkret unternommen werden bzw. was muss getan werden?
- Wer muss etwas machen?
- In welcher Reihenfolge sollten die erforderlichen Schritte in Angriff genommen werden?

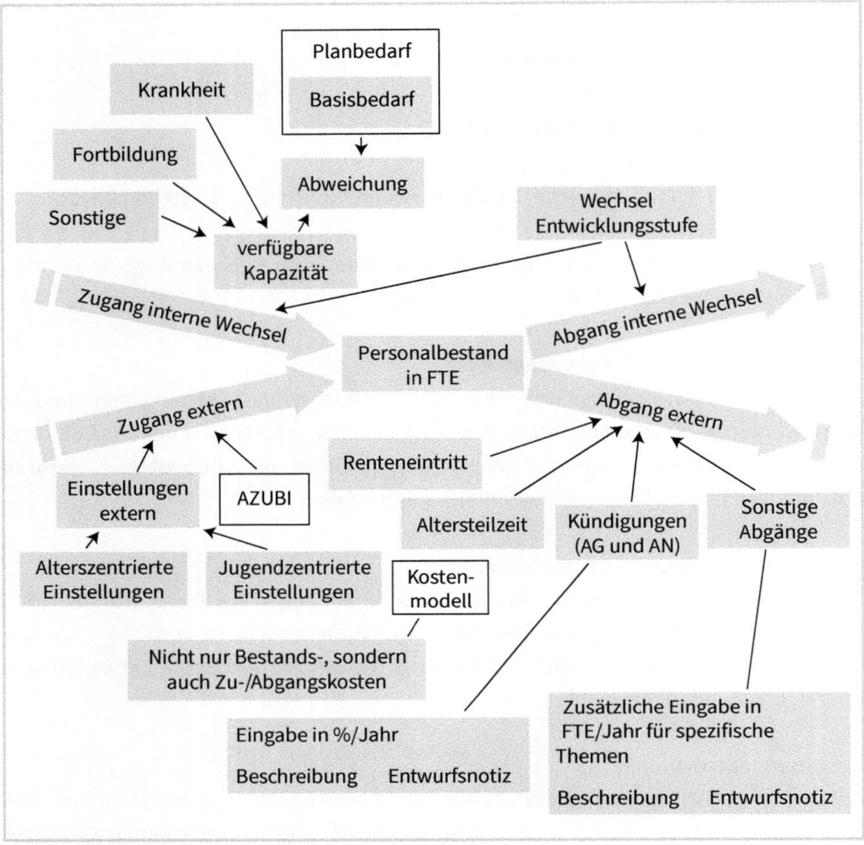

Praxisbeispiel für einen Szenarioprozess (Wickel-Kirsch, 2016)

Da man auch in nächster Zeit die Zukunft nicht mit Sicherheit vorhersagen kann, ist es erforderlich, wichtige Entscheidungen nicht in Unsicherheit zu treffen, sondern sie mit Techniken wie z. B. der Szenariotechnik vorzubereiten – und dann zu hoffentlich besseren Entscheidungen zu kommen.

11.4 Kompetenzmodelle

Um den aktuellen Herausforderungen, wie z. B. der Demografie oder dem Fachkräftemangel, gerecht zu werden, können Kompetenzmodelle sehr hilfreich sein. Sie sind ein Pfeiler im Modell eines auf die Zukunft gerichteten strategischen Personalmanagements.

Was ist ein Kompetenzmodell?

Ein Kompetenzmodell umfasst die im Unternehmen bestehenden und erforderlichen Kompetenzen (Soft und Hard Skills) sowie alle Kenntnisse der Mitarbeitenden. Es stellt die Anforderungen des Unternehmens an seine Beschäftigten dar. Das Kompetenzmodell beschreibt die Kompetenzen und macht sie transparent. Man kann es sozusagen als Anforderungskatalog für die Belegschaft bezeichnen.

Was sind Kompetenzen?
Kompetenz ist die Fähigkeit, sich im Prozess der Arbeit selbst zu organisieren. Ein kompetenter Mitarbeitender kann kreative Lösungen für Herausforderungen im beruflichen Alltag erarbeiten. Kompetenz ermöglicht selbstgesteuertes Handeln in komplexen Situationen.

Ein Kompetenzmodell zeichnet sich dadurch aus, dass sich die definierten Kompetenzen an den strategischen Zielen des Unternehmens orientieren. Doch zunächst müssen dazu einige Fragen beantwortet werden:
- Wie wird die Zukunft des Unternehmens aussehen?
- Mit welchen organisatorischen Veränderungen können die zukünftigen Herausforderungen bewältigt werden?
- Welche Strukturen benötigt man, um die Aufgaben erfolgreich zu bewältigen?
- Welche Prozesse sind hier besonders wichtig?
- Wie sollten die Prozesse gestaltet werden?
- Welche kreativen Fähigkeiten müssen Führungskräfte und Mitarbeitende aufbauen, um diese Ziele zu erreichen?

Die Entwicklung der Kompetenzen geht aus von den Werten des Unternehmens für die Zukunft, der Unternehmensstrategie und den bekannten Kompetenzdefiziten bis hin zur Priorisierung der relevanten Kompetenzen.

Man unterscheidet folgende Arten von Kompetenz:
- persönliche Kompetenz
- fachliche Kompetenz
- soziale Kompetenz
- agierende Kompetenz

Um ein Kompetenzmodell nachvollziehbar zu machen und sinnvoll einzusetzen, kann man folgende Schritte gehen (Wirtschaftspsychologie aktuell, 11/2018):
- Unternehmenskontext betrachten
- Kompetenzmodell mit Zielen verbinden
- auf der obersten Führungsebene beginnen
- Methoden der Arbeitsanalyse einsetzen
- zukünftige Arbeitsanforderungen berücksichtigen
- passgenaue Methoden einsetzen
- Kompetenzen bestimmen
- Ausprägungen einer Kompetenz festlegen

- Sprache des Unternehmens sprechen
- jobübergreifende und -spezifische Kompetenzen ausmachen
- Kompetenzkataloge nutzen
- das Modell so einfach wie möglich halten
- Schaubilder und Diagramme verwenden
- Methoden aus der Organisationsentwicklung anwenden
- Kompetenzmodelle bei der Personalarbeit nutzen
- die gesamte Personalarbeit auf Linie bringen
- eine praktische Theorie für Arbeitsleistung erstellen (Fähigkeiten der Mitarbeitenden im Verhältnis zu den Unternehmensergebnissen)
- Informationstechnologien nutzen
- Kompetenzmodelle ständig anpassen
- rechtliche Bedenken ausräumen

Erfahrungsgemäß kommt man mit 15 bis 20 Kompetenzen für ein Kompetenzmodell für das gesamte Unternehmen aus. Keinesfalls sinnvoll ist das Kopieren eines Modells anderer Unternehmen.

Wem dienen die Kompetenzen und das Kompetenzmodell?

Ein Kompetenzmodell unterstützt die Führungskräfte und die Personalverantwortlichen bei den relevanten Personalprozessen wie Rekrutierung, Entwicklung, Mitarbeitendenbeurteilung und Personalführung. Es gibt Orientierung, indem es Anforderungen konkretisiert und damit die Basis für den jeweiligen Prozess und für individuelle Entwicklungsschritte bildet.

1. Das Kompetenzmodell dient als Basis für Stellenbeschreibungen, Rekrutierungsentscheide und Texte für Ausschreibungen.
2. Es liefert Kriterien für die Beurteilung von Führungsqualität, für Beurteilungsgespräche und Feedbackgespräche.
3. Das Kompetenzmodell dient als Entscheidungsgrundlage für Potenzialentscheidungen, Assessments und Entwicklungsseminare.
4. Es enthält Kriterien für Beförderungen.

Wie sehen die Vorteile eines Kompetenzmodells aus?

- Das Kompetenzmodell gibt allen eine klare Vorstellung davon, welche Fähigkeiten im Unternehmen benötigt werden, um die angestrebten Ziele zu erreichen und strategisch zu planen.
- Es ermöglicht, die Mitarbeitendenleistungen konkret an den Unternehmenszielen auszurichten.
- Es gibt eine gute Übersicht über alle Fähigkeiten und Fertigkeiten im Unternehmen und hilft dabei, entsprechende Mitarbeitende einzustellen und sie zielgerichtet weiterzuentwickeln.

- Es verdeutlicht den Beschäftigten, welche Erwartungen an sie gestellt werden, sodass sie selbst ihr Potenzial besser einschätzen und dementsprechend weiterentwickeln können.

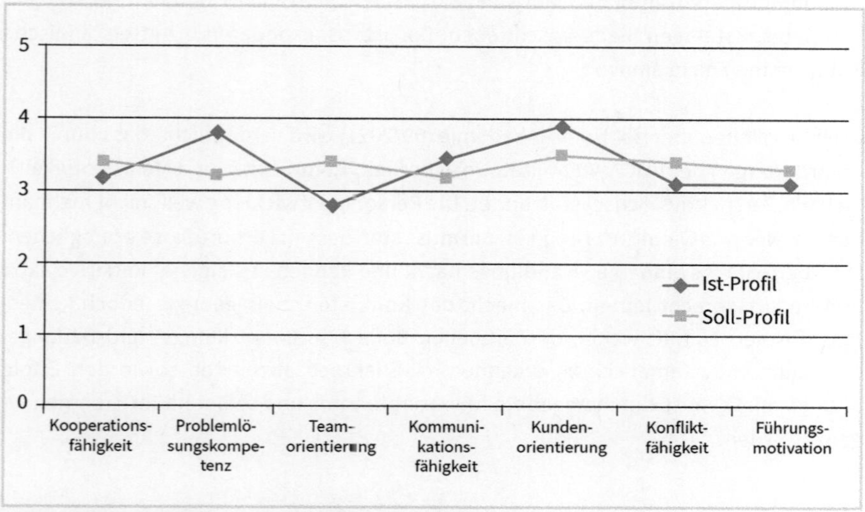

Beispiel für ein Kompetenzprofil (Janas/Meszlery, 2004, S. 34)

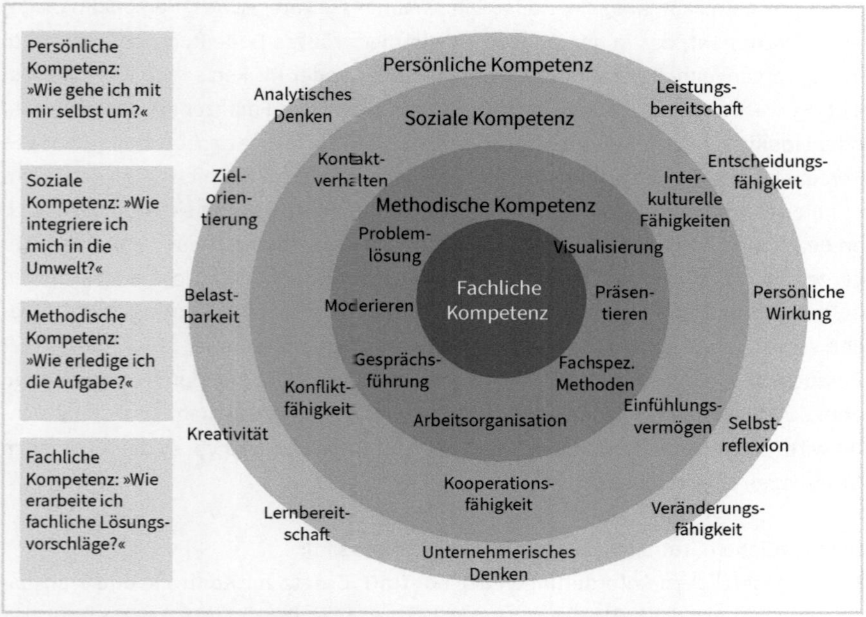

Beispiel: Das Miele-Kompetenzmodell (Miele & Cie. KG, Joachim Faul, 2006)

Kompetenzmodelle stehen allerdings auch in der Kritik. Sie seien laut Meinung von Führungskräften zu theoretisch, zu abstrakt und zu kompliziert. Das liegt unter anderem daran, dass viele Kompetenzmodelle zu groß angelegt werden. Es wird eine Vielzahl an Kompetenzen in den Modellen akribisch ausformuliert und in mehrstufigen Kompetenzkatalogen niedergeschrieben. Das ist insbesondere für mittelständische Unternehmen nicht sinnvoll.

In einem Whitepaper der Haufe-Akademie (09/2021) wird verdeutlicht, dass durch die Anforderungen der VUCA(Volatilität, Unsicherheit, Komplexität und Mehrdeutigkeit)-Welt ein Perspektivwechsel stattfindet. Die Personalentwicklung weiß nicht mehr am besten, wer was wann zu lernen hat. Sie muss stattdessen Lernprozesse ermöglichen. Mitarbeitende gewinnen an Handlungsmacht und können aus eigener Initiative aktiv und bedarfsgerecht lernen. Das macht das Kompetenzmanagement jedoch keinesfalls obsolet. Es hilft weiter, den aktuellen Bedarf an Entwicklungs- und Bildungsmaßnahmen systematisch zu erkennen, Maßnahmen abzuleiten sowie den Erfolg auswerten. Es muss durch Angebote für das autonome und selbstinitiierte Lernen ergänzt werden.

11.5 Personalrisikomanagement

Das Personalrisikomanagement ist ein wichtiges strategisches Personalmanagement-Instrument, das in der Zukunft eine immer größere Bedeutung erhalten wird. In der Vergangenheit haben Unternehmen diese Art der Risiken sehr oft vernachlässigt. Es wurden in erster Linie Risiken aus den Bereichen Finanzen, IT, Investitionen oder Liquidität betrachtet. Inzwischen sind sich alle Fachleute darüber einig, dass das Personalrisiko das bedeutendste Unternehmensrisiko der Zukunft ist. Das liegt nicht nur an der immer größeren Bedeutung der Human Resources an sich, sondern auch an den hohen Kosten, die mit dem Personalgeschäft verbunden sind. Man darf nicht vergessen, dass das Risiko bei der Rekrutierung eines hochqualifizierten Spezialisten (z. B. durch falschen Einsatz, Unter-/Überforderung, schlechte Führung) das 1,5-Fache seines Jahresgehalts bedeutet. Diese Kosten entstehen aber nicht nur bei der Rekrutierung, sondern auch durch ein schlechtes Arbeitsklima, durch Demotivation oder durch innere Kündigung. Bevor das Personalrisikomanagement an sich betrachtet wird, sollen zunächst die Personalrisiken im Einzelnen und vorab die rechtlichen Grundlagen erläutert werden.

Die rechtlichen Grundlagen für die Personalrisiken sind:

- die gesetzlichen Anforderungen des KonTraG (Gesetz zur Kontrolle und Transparenz, § 91 Abs. 2 AktG)
- die gesetzlichen Anforderungen des TransPuG (Transparenz- und Publizitätsgesetz)
- die Corporate Governance

- die Anforderungen nach Basel I /SolvV (Solvabilitätsverordnung) und MaRisk (Mindestanforderungen an das Risikomanagement).

Nach der Verabschiedung des KonTraG haben sich Fachleute mit dem Hintergrund des Risikomanagements im Personalbereich beschäftigt. Sie haben dabei konkrete Handlungsempfehlungen zur Umsetzung der Risikobewältigung in der Praxis gegeben und Interpretationsmuster zum besseren Verständnis der Risikophänomene angeboten. Dadurch wurden diverse Fragen aufgeworfen (Ackermann, 1999):

- Wie soll der Begriff »Risiko« verstanden werden?
- Welche Bedeutung hat er für das Personalmanagement?
- Welche Risikotypen treten im Personalbereich auf?
- Wie sind sie einzuschätzen?
- Welche Maßnahmen kommen für die Bewältigung der Risiken in Betracht?
- Wie kann die Forderung des KonTraG zur Früherkennung bestandsgefährdender Risiken im Personalbereich erfüllt werden?

Im Weiteren unterscheidet Ackermann drei Hauptaufgaben des Personalrisikomanagements:

- Risikoerkennung
- Risikobewertung
- Risikobewältigung

Eine vollständige Risikoerkennung setzt eine Betrachtung der Personalrisiken aus mehreren Perspektiven voraus. Es wurden vier Grundtypen von Risiken im Personalbereich identifiziert, die in einer umfassenden Früherkennung untersucht werden müssen:

- Risiken durch das Personal
- Risiken für das Personal
- Risiken durch das Personalmanagement
- Risiken für das Personalmanagement

Diese unterschiedliche Betrachtungsweise ist zum einen dem Verhalten der Mitarbeitenden geschuldet, die sich nicht den Zielen und Erwartungen des Unternehmens entsprechend verhalten. Dadurch ist das Personal zugleich Quelle und Leidtragender von Risiken. Für das Personalmanagement sind die Risiken, die mit dem Personal verbunden sind, die entscheidenden Ansatzpunkte.

Bevor das Personalrisikomodell des Personalmanagements genauer betrachtet wird, hier einige wesentliche Risiken, die das ganze Personal eines Unternehmens betreffen:

- Gesundheit und Wohlbefinden
- Arbeitsumfeld
- Arbeitsgruppen (ungünstige Teamzusammensetzung)

- Sonderrisiken des Unternehmertums (Verantwortung für Mitarbeitende, Kapitalrisiken)
- Kompetenz (Über-/Unterqualifizierung)
- Beschädigungen
- Beschäftigungsverhältnis (z. B. bei schlechter Unternehmensentwicklung)
- Gewalt bei der Arbeit
- Verkehr (z. B. Wegeunfall)

Das Personalrisikomodell

Wie bereits erwähnt, muss das Personalmanagement die Risiken identifizieren und bewerten, die mit der Ressource Personal verbunden sind. Darüber hinaus ist es verantwortlich für die Steuerung und Überwachung der Personalrisiken sowie für die Unterstützung der Führungskräfte bei der Minimierung der Risiken. Denn diese sind direkt verantwortlich für ihre Mitarbeitenden und die dadurch eventuell entstehenden Risiken.

Analog zu Ackermann (1999) hat auch Kobi (2006) ein integriertes Risikomodell erstellt, das folgende Bereiche berücksichtigt:

- Risikoidentifikation
- Risikomessung
- Risikosteuerung
- Risikoüberwachung

Die in diesem Modell vorhandenen Risikofelder sind

- das Anpassungsrisiko (falsch qualifizierte Mitarbeiter),
- das Austrittsrisiko (gefährdete Leistungsträger),
- das Motivationsrisiko (zurückgehaltene Leistungen) und
- das Engpassrisiko (fehlende Leistungsträger).

Wenn man noch einmal darauf zurückkommt, warum es so lange gedauert hat, bis die Personalrisiken als relevant angesehen wurden, kommt man sehr schnell darauf, dass die Ressource Personal schlechter genutzt wird als andere. Es gibt genug Statistiken, die darauf hinweisen, wo die Probleme liegen. Es ist davon auszugehen, dass 20% bis 25% aller Mitarbeitenden innerlich gekündigt haben. Durch Probleme am Arbeitsplatz geht circa ein Drittel der Arbeitszeit verloren. Rund 20% der Mitarbeiter fühlen sich an ihrem Arbeitsplatz unterfordert. Wenn man Arbeitnehmende nach ihren Freizeitbeschäftigungen fragt, ist man überrascht, welche verborgenen Talente in ihnen schlummern und wie viel Einsatz sie für andere Aufgaben zeigen (Ehrenämter, Vereinsarbeit usw.). Auch wenn inzwischen erkannt wurde, wie wichtig die Mitarbeitenden für ein Unternehmen sind, muss man immer noch davon ausgehen, dass der Mensch nicht im Mittelpunkt der Unternehmenspolitik steht. Die traurige Devise lautet eben nicht: Der Mensch als Mittelpunkt (siehe Kobi, 1999), sondern: Der Mensch als Mittel. Punkt.

Diese Tendenz muss sich, unabhängig von den Personalrisiken, umkehren, andernfalls verlieren die Unternehmen den Anschluss an den Wettbewerb, bei dem es darum geht, die klügsten Köpfe zu gewinnen.

Im Anschluss sollen die bereits erwähnten Risikofelder im Einzelnen erläutert werden.

Engpassrisiko

Das Engpassrisiko ist das Ergebnis einer nicht ausreichenden Personalausstattung (nicht besetzte Schlüsselpostionen, nicht ausreichende Nachwuchsplanung) sowie der sich daraus ergebenden Probleme (operative Engpässe, Krankheiten, geringe Produktivität). Des Weiteren kann das Risiko durch eine ungünstige Zusammensetzung der Belegschaft zustandekommen. Meistens fehlen in diesem Zusammenhang Transparenz über die Engpässe und Zielgruppen sowie eine fundierte qualitative und quantitative Personalplanung. Die Konsequenz ist, dass die formulierten Ziele nicht erreicht werden, Innovationsprozesse stocken und die Qualität der hergestellten Produkte sinkt. Es gehen Kunden und Mitarbeitende verloren. In der Folge steigen die Personalkosten, weil neue Mitarbeiter am Markt nur zu wesentlich höheren Gehältern zu finden sind.

Um das Engpassrisiko abschätzen zu können, müssen zunächst folgende Fragen beantwortet werden:

- Was sind die künftigen Schlüsselfunktionen?
- Wie verändert sich der quantitative Bedarf?
- Wie verändern sich die qualitativen Anforderungen?
- Ist die Besetzung strategischer Projekte personell gesichert?

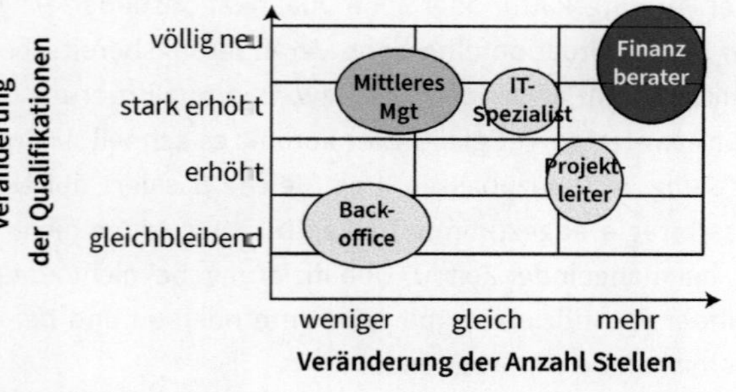

Engpassrisiko (Kobi, 1999, S. 37)

Austrittsrisiko

Das Austrittsrisiko kommt zum Tragen, wenn Mitarbeitende kündigen oder altersbedingt aus dem Unternehmen ausscheiden. Das Risiko besteht in erster Linie bei Leistungsträgern. Insbesondere das Ausscheiden von Mitarbeitenden auf Schlüsselpositionen und der damit einhergehende Know-how-Verlust werden als das größte Problem angesehen. Das Risiko ist deshalb besonders zu beachten, da oft nicht transparent ist, wie hoch die Gefahr des Austritts bei dieser Personengruppe ist. Andere Gründe für dieses Risiko sind ein fehlendes Retention-Management, mangelnde Leistungs- und Zielorientierung, das Fehlen adäquater Beurteilungs- und Entlohnungsinstrumente, nicht marktgerechte Anstellungsbedingungen und nicht zuletzt eine fehlerhafte Austrittsanalyse.

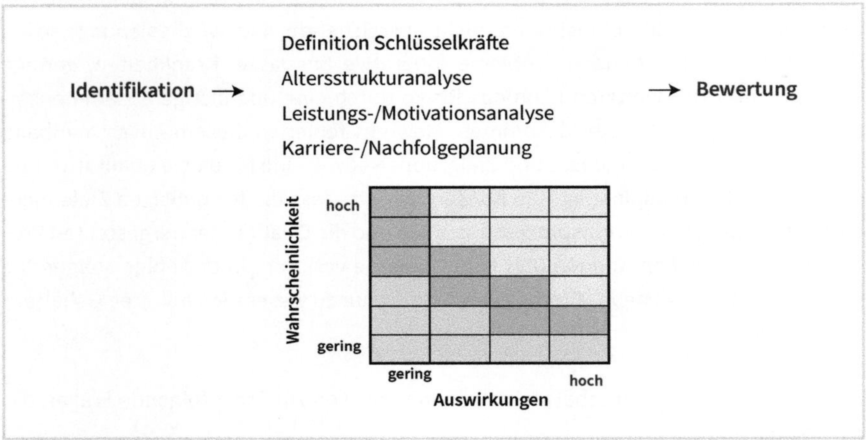

Austrittsrisiko

Anpassungsrisiko

Ein Anpassungsrisiko entsteht, wenn sich in einem Unternehmen ablauf- oder aufbauorganisatorische Rahmenbedingungen ändern (z. B. durch Umstrukturierungen, Änderungen der Führungskultur oder neue Qualifikationsbedarfe). Von den Mitarbeitenden wird in dieser Situation eine hohe Veränderungsbereitschaft erwartet. Das Anpassungsrisiko besteht auch bei Unter- bzw. Überqualifizierung der Beschäftigten hinsichtlich der erwarteten Tätigkeit. Hier kommt es schnell zu Frustrationen und/oder der Weigerung, sich anzupassen. Das Gleiche passiert bei einer nicht auf die Unternehmensstrategie abgestimmten Qualifizierung, einer nicht praxisgerechten Qualifizierung, bei mangelnder Zeit für Qualifizierung, bei nicht adäquater Führungskultur, mangelnder Identifizierung mit dem Unternehmen und bei mangelnder Veränderungsbereitschaft der Mitarbeitenden.

Motivationsrisiko

Motivationsrisiken entstehen, wenn Unternehmen ihren Mitarbeitenden keine ausreichend guten Arbeitsbedingungen zur Verfügung stellen (z. B. interessante Aufgaben, Weiterentwicklungsmöglichkeiten) oder wenn diese vom Personal nicht entsprechend wahrgenommen werden – und in der Folge die Motivation sinkt. Derartige demotivierende Entwicklungen werden von den Unternehmen bzw. von den

Führungskräften selten oder gar nicht wahrgenommen. Die Mitarbeitenden dagegen reagieren auf diese Entwicklungen sehr sensibel. Die Folgen daraus wirken sich auf die Arbeitsatmosphäre sowie auf die Produktivität aus. Auch hier spielt die fehlende Leistungs- und Zielorientierung eine Rolle. Die fehlende Motivation und das nicht vorhandene Commitment führen zu einer nicht geringen Anzahl von Mitarbeitenden, die bereits innerlich gekündigt haben.

Motivationsrisiko	Anteil der Beschäftigten	Krankheitstage p. a.
hohe emotionale Bindung	20 %	4,2
Dienst nach Vorschrift	67 %	5,0
innerlich Gekündigte	13 %	6,5

Motivationsrisiko (Gallup, 2008)

Messung und Steuerung des Motivationsrisikos:

- bewusste Auseinandersetzung mit dem Thema
- Sensibilisierung der Vorgesetzten
- Mitarbeitendengespräche
- standardisierte Gespräche durch externe Befragungsfirmen

Loyalitätsrisiko
Im Bereich des Loyalitätsrisikos geht es um Verstöße gegen gesetzliche oder innerbetriebliche Regelungen (Insidergeschäfte, Vermögensdelikte, Betrug, Diebstahl, nachlässiger Umgang mit vertraulichen Unterlagen, sexuelle Belästigung am Arbeitsplatz, Mobbing, Bestechlichkeit, Geheimnisverrat, Datenmissbrauch etc.). Es besteht also die Gefahr, dass Beschäftigte ihre arbeitsvertraglichen Treuepflichten verletzen und dem Unternehmen Schaden zufügen.

Strategierisiko
Entscheidend beim Strategierisiko ist das Fehlen jeglicher Orientierung im Unternehmen (fehlende Strategie, kein Leitbild, fehlende Kundenorientierung, keine Leistungsbereitschaft etc.).

Passungsrisiko
Das Passungsrisiko bezieht sich auf die richtige Zuordnung von Mitarbeitenden und Positionen. Bei der Beschreibung der anderen Risiken wurde bereits darauf hingewiesen, dass die Unter- bzw. Überforderung der Mitarbeiterinnen und Mitarbeiter ein gravierendes Risiko darstellt. Deswegen ist es unabdingbar, die Anforderungen einer Stelle mit dem Wissen, Können und Verhalten der jeweiligen Stelleninhaberinnen und -inhaber abzustimmen. Die Tendenz am Arbeitsmarkt geht bereits in die Richtung, dass Arbeitgeber von ihren potenziellen neuen Beschäftigten erwarten, dass sie zumindest zwei, wenn nicht noch mehr Stellen ausfüllen.

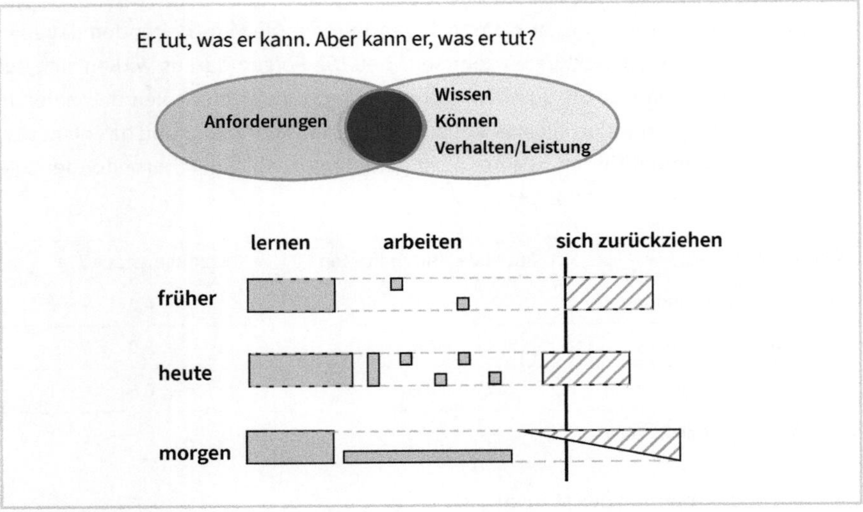

Passungsrisiko

Bleiberisiko

Das Bleiberisiko besteht hier bei Personen, die nach erfolgter Einstellung nicht den an sie gestellten Anforderungen entsprechen. Sie halten weder Zielvereinbarungen ein noch zeigen sie andere Formen des rollenkonformen Verhaltens. Sie kommen weder mit Vorgesetzten noch mit Kollegen zurecht und verursachen Konflikte in ihrer Gruppe. Darüber hinaus verletzen sie ungeschriebene Regeln, haben überdurchschnittliche Fehlzeiten und verursachen fahrlässig Schäden.

Wissensrisiko

Wissenserhaltung ist aus zwei Gründen ein zunehmend relevantes Thema für deutsche Unternehmen. Zum einen geht es um die demografische Entwicklung und das damit feststehende und bereits einsetzende Ausscheiden der geburtenstarken Jahrgänge aus dem Erwerbsleben. Zweitens wird das Wissen wegen der Zunahme der Bedeutung im Sinne der Produktionsprozesse immer wichtiger. Es besteht die Gefahr, dass Wissensträger den Betrieb verlassen und die Nachfolgerinnen und Nachfolger aus mangelnder Erfahrung möglicherweise Verluste verursachen.

Die Risiken des Personalmanagements, wenn man sie unter dem Begriff »aufgabenbezogene Risiken des Personalbereichs« betrachtet, sind nach Ackermann (1999, S. 72) folgende:

- **Personalbestandsanalyse und -prognose:** mögliche Fehlanalyse und/oder Fehlprognose des quantitativen und qualitativen Personalbestandes im Unternehmen
- **Personalbedarfsprognose:** mögliche Fehleinschätzung des künftigen Personalbedarfs nach Anzahl, Qualifikation, Einsatzort und Einsatzzeit der benötigten Mitarbeitenden ohne oder mit systematischer Personalbedarfsplanung

- **Personalbeschaffung (extern):** mögliche Beschaffung von Mitarbeitenden unter oder über dem tatsächlichen Bedarf; mögliche Fehlgriffe bei der Bewerberauswahl
- **Personalentwicklung:** mögliche Fehleinschätzung des Trainingsbedarfs sowie Wahl ungeeigneter Instrumente und Methoden in der Personalentwicklung
- **Personalfreisetzung:** mögliche Fehleinschätzung des Personalfreisetzungsbedarfs, der notwendigen Personalfreisetzungen in der geplanten Zeit sowie der geplanten Kosten
- **Personaleinsatz:** möglicher Fehleinsatz von Personen, mögliche Fehlbesetzung von Stellen
- **Personalführung:** mögliche Abweichungen des praktizierten Führungsverhaltens der Vorgesetzten vom gewünschten Führungsstil
- **Personalkostenmanagement:** möglicher Misserfolg dabei, die Personalkosten »in den Griff zu bekommen« und gemäß vorgegebener Ziele oder Kennzahlen zu gestalten

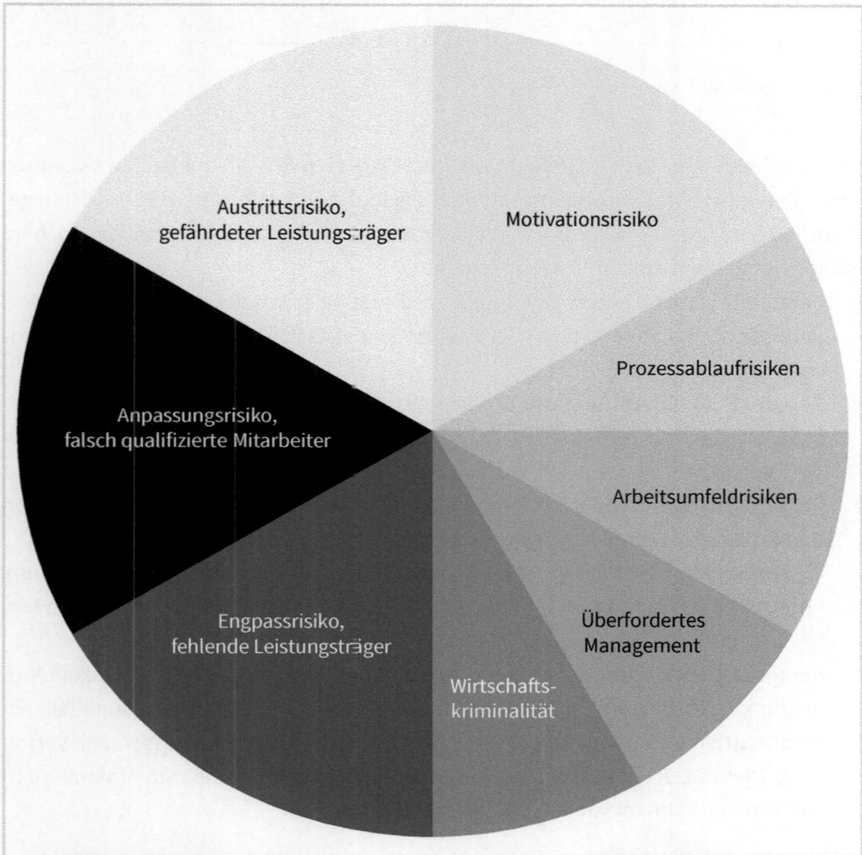

Aufgliederung der Personalrisiken (Kobi, 1999, ergänzt durch eigene Darstellung, Gwerder/Gwerder 2016)

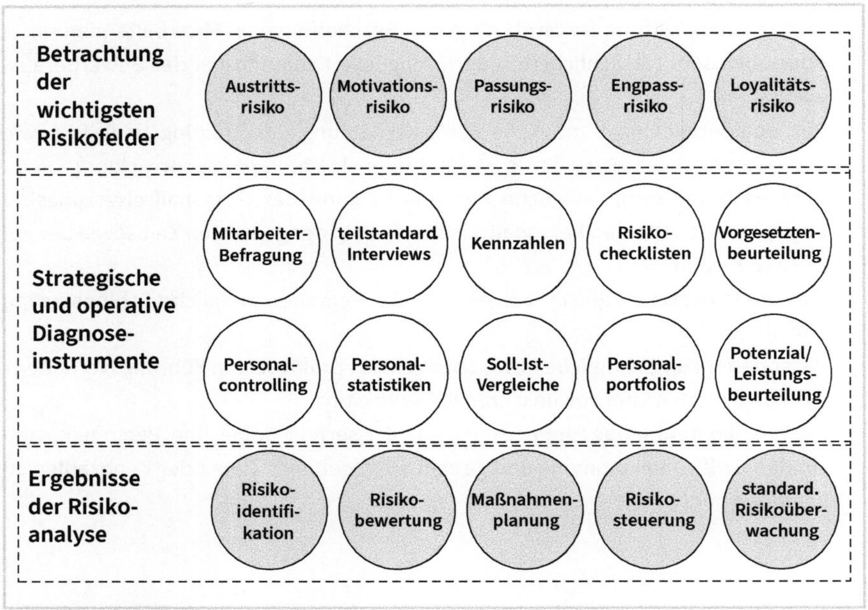

Risikoanalyseinstrumente

Die entscheidende Frage ist jedoch, wie man all diesen Risiken am besten begegnen kann. Fabig-Grychtol von Baumgartner & Partner beschreibt im »HR Risk Management«-Report (2014) die klassischen Elemente des Risikomanagements, die auch im Personalmanagement zum Tragen kommen:

- **Personalrisikostrategie:** Ableitung bzw. Review der Voraussetzungen und Erfordernisse für den Personalbereich aus der Geschäftsstrategie, einheitliches Risikoverständnis
- **Personalrisikoidentifikation:** strukturierte und detaillierte Erfassung aller personalwirtschaftlichen Risikopotenziale einschließlich ihrer Ursache-Wirkungs-Zusammenhänge
- **Personalrisikomessung:** Definition geeigneter Messgrößen in Abhängigkeit von den Risikoschwerpunkten des Unternehmens (Kennzahlenkatalog)
- **Personalrisikobewertung:** zielgerichtete Analyse, Bewertung und Klassifizierung unternehmensinterner und -externer Risikopotenziale, Ermittlung der Risikowerte
- **Personalrisikosteuerung:** aktive Beeinflussung der im Rahmen der Risikoidentifikation, -messung und -bewertung ermittelten und analysierten Personalrisiken
- **Personalrisikoüberwachung:** Definition von Maßnahmen/Prozessen zur Verfolgung identifizierter Personalrisiken inkl. einer nachvollziehbaren Maßnahmen- und Risikodokumentation

Insgesamt bleibt festzuhalten, dass man den Personalrisiken vor allem dadurch begegnen kann, dass man

- die strategische Personalplanung langfristig anlegt;
- für die Personalrisiken ein Früherkennungsinstrument implementiert;
- in der Personalplanung mit Potenzialanalysen arbeitet;
- ein Retention-Programm für die potenzielle Honorierung der Mitarbeiter einsetzt, um der Gefahr von Abgängen von Leistungsträgern zu begegnen;
- einen permanenten Abgleich der Personalstrategie mit der Unternehmensstrategie vornimmt;
- eine Initiierung eines Benchmarking-Projekts in die Wege leitet, um Vergleiche mit dem Markt vorzunehmen.

Darüber hinaus darf man nicht unterschätzen, welche Personalkostenersparnis durch ein Personalrisikomanagement erreicht werden kann:

- Senkung der Fluktuations- und Fehlzeitenquote durch Verhinderung von unerwünschter Abwanderung und durch Abbau von Demotivation
- weniger Engpässe in der Rekrutierung
- weniger Fehlverhalten
- Umsetzung der Anforderungen aus Basel II
- Steuerung bzw. Minimierung der Risiken auf der Basis genauer Kennzahlen

Sich mit den Personalrisiken auseinanderzusetzen bedeutet, sich frühzeitig zu fragen, welche Mitarbeitenden das Unternehmen für die Bewältigung der Zukunftsaufgaben benötigt, aber auch, wie man dieses Klientel gewinnt und wie man die Belegschaft zu überdurchschnittlichen Leistungen motiviert. Es geht insgesamt darum, die Personalrisiken transparent zu machen und ihnen durch präventive Maßnahmen zu begegnen. Ebenso wichtig ist es, die Risiken den Verantwortlichen gegenüber deutlich darzustellen und dafür Sorge zu tragen, dass alle Bereiche in diesen Prozess integriert werden.

Umgang mit Krisen

Darüber hinaus gibt es Krisen, deren Auswirkungen und Risiken nicht vorhersehbar sind. Sie erfordern Entscheidungen in schwierigen Situationen. Das Wichtigste ist, daraus zu lernen. Das gilt für das Unternehmen genauso wie für den Personalbereich. Eine Krise ist immer eine Gefahr, sie kann aber auch die Gelegenheit bieten, sich zu verbessern.

Aber wie geht man am besten vor? Hier ein Beispiel vom IFM – Institut für Managementberatung:

- die Krise akzeptieren
- die Rolle als Führungskraft wahrnehmen
- einen Krisenplan erstellen

- die Kommunikation strukturieren
- die interne Kommunikation organisieren (eigenes Team, eigene Gruppe etc.)
- die externe Kommunikation (Kunden, Partnern, Medien) organisieren
- Rückblicke (Fehler und Gelerntes) reflektieren
- eine klare Vision für die Zukunft entwickeln (strategisch sehr wichtig)

11.6 Mitarbeitendenbefragung

Mitarbeitendenbefragungen sind ein wichtiges Diagnoseinstrument zur Aufdeckung personeller Risiken und Schwachstellen. Mithilfe dieses Instruments sollen Ansichten, Wünsche und Einstellungen von Beschäftigten erhoben werden. Das Ziel ist – analog zur Marktforschung –, die »Kunden«, in diesem Fall also die Mitarbeiterinnen und Mitarbeiter, besser zu verstehen. Das Problem in diesem Zusammenhang besteht oft darin, dass die Unternehmensleitung einerseits selten ungefilterte und ehrliche Informationen über die Ansichten ihres Personals erhält und auf der anderen Seite ist es den Mitarbeitenden insbesondere in Umbruch- oder Krisenzeiten selten möglich, mit ihren Ansichten oder Vorschlägen zur Unternehmensleitung durchzudringen.

Man kann die Befragung sowohl als Feedback-Instrument für Führungskräfte als auch als Controlling-Instrument nutzen. Es ist ein nicht zu unterschätzender Seismograf für die Stimmung in der jeweiligen Situation. Hier besteht die Möglichkeit, dass die Mitarbeitenden aufgrund der Anonymität und der Betreuung durch – in der Regel – externe (neutrale) Berater, genug Vertrauen haben, um ihre Meinung offen zu äußern.

In einem Round-Table-Gespräch (Personalwirtschaft – Special 09/2022) wurden die folgenden Punkte zur Entwicklung von Mitarbeitendenbefragungen festgehalten:

- Die Inhalte von Umfragen haben sich durch die Pandemie verändert.
- Engagement-Treiber und Bindungsfaktoren: Hybrides Arbeiten, gesundheitsförderliche Arbeitsbedingungen und Kulturentwicklung stehen verstärkt im Mittelpunkt.
- Bei Mitarbeitendenbefragungen zum Thema Arbeitsplatzgestaltung bzw. Remote Work ist Vorsicht geboten, was Fragen zu den Wünschen der Beschäftigten angeht.
- Software-Tools zur Befragung bieten mittlerweile alle möglichen Funktionen und Auswertungsmöglichkeiten in »Selbstbedienung«. Man muss jedoch genau hinschauen, welche Auswertungsergebnisse man benötigt.
- Die Befragungssequenzen werden kürzer, der Trend geht zum kontinuierlichen Zuhören. Es muss aber immer sichergestellt sein, dass die Daten ausgewertet werden können und dass man mit ihnen arbeiten kann.
- Offene Fragen müssen in Verbindung mit dem Fragebogen gebracht werden. Anschließend sollten die Antworten geclustert werden.

Für die Konzeption und Durchführung einer Mitarbeitendenbefragung geben Wunderer/Jaritz (1999) folgende Gestaltungsempfehlungen:

- Ziel: Grundgesamtheit der Belegschaft
- geeignete Stichprobe (es sollte möglichst immer eine Totalerhebung durchgeführt werden, d. h. mit allen Mitarbeitenden)
- geeignete Erhebungsform (an alle Mitarbeitenden – elektronisch oder per Brief, abteilungsweise)
- Verdeutlichung des »Zwangsgrades« (es muss sichergestellt werden, dass die Beteiligung freiwillig bleibt)
- Sicherstellung der Anonymität
- zielführende Datenauswertung (entweder unternehmensintern oder durch ein neutrales externes Institut)
- angemessene Fragebogenlänge (kurz genug, um zu motivieren, und lang genug, um relevante Daten ermitteln zu können)
- geeigneter Standardisierungsgrad (Standardisierung zum großen Teil, aber auch offene Fragen für freie Antworten)
- notwendige Erhebungsvariablen (um bei einzelnen Einheiten Spezifika zu berücksichtigen, kann dem allgemeinen Teil ein einheitsspezifischer Teil angefügt werden)
- Gewährleistung der Vergleichbarkeit (um die Entwicklung zu vergleichen, sollten die Umfragen regelmäßig durchgeführt werden; auch ein Quervergleich im Unternehmen – unter unterschiedlichen Einheiten – oder mit externen Unternehmen kann hilfreich sein).

Es gibt unterschiedliche Formen der Mitarbeitendenbefragung. Man unterscheidet die umfassende oder die spezielle Befragung, die Vollbefragung vs. Stichprobe, die Online- oder Schriftform.

Eine Mitarbeitendenbefragung erfüllt im Idealfall folgende Funktionen:

- **Diagnosefunktion:** Es werden Informationen und Einschätzungen geliefert – das liefert die Basis für Stärken und Schwächen.
- **Evaluationsfunktion:** Erfasst die Bewertungen von Informationen im Sinne von »Wie zufrieden sind Sie mit …?«.
- **Kontrollfunktion:** Überprüfung, ob Veränderungen tatsächlich stattgefunden haben.
- **Interventionsfunktion:** Ermöglicht den Dialog im Unternehmen, dient dem Einstieg in den Veränderungsprozess.

Es gibt unterschiedliche Gründe, warum man eine Mitarbeitendenbefragung durchführt. Man sollte sich deswegen über Folgendes im Klaren sein:

- Was sind die Ziele der Befragung?
- Es sollte ein Projektplan erstellt werden (ggf. mit professioneller Unterstützung).

- Führungskräfte und Beschäftigte sollten die Ziele kennen und sie mittragen.
- Die Ergebnisse sollten richtig und transparent dargestellt werden. Es muss eine Vergleichbarkeit zwischen den Gruppen geben und ggf. auch zu anderen Unternehmen.
- Ergeben sich aus den Ergebnissen Maßnahmen, die umgesetzt werden müssen, ist es wichtig, dass die erste Führungsebene sie mitträgt.
- Eine Wiederholung der Befragung kann in Abständen von ein bis zwei Jahren erfolgen. Wichtig ist, welche Werte sich geändert und ob umgesetzte Maßnahmen gewirkt haben.

In der Fachzeitschrift »Human Resources« vom 14.04.2023 wurden Tipps zur Fehlervermeidung in der Konzeptionsphase veröffentlicht:
- aktuelle Unternehmenssituation und Herausforderungen analysieren
- Stakeholder einbinden (Top-Führungskräfte, MA-Vertretungen und Projektverantwortliche)
- Folgeprozesse und Umsetzungszyklen in die Planung einbeziehen
- abgestimmte Zielsetzungen in die Befragung übernehmen
- durchgängige Kommunikation zur Befragung rechtzeitig starten

In einer weiteren Ausgabe der Zeitschrift vom 16.05.2023 wurden darüber hinaus Tipps für die Phase der Folgeprozesse veröffentlicht:
- Die richtigen Entscheidungsgrundlagen schaffen.
- Ergebnisse analysieren, die richtigen Schlüsse ziehen. Wichtig sind dabei die richtige Interpretation und realistische Handlungsoptionen.
- Folgeprozesse initiieren und in der Organisation verankern.
- Erforderliche Kapazitäten intern oder extern bereitstellen. Auf jeden Fall müssen die Folgeprozesse intern unterstützt werden.
- Nicht zu viel wollen (aber auch nicht »nichts«). Nichts umzusetzen zerstört die Feedbacklandschaft im Unternehmen. Aber auch sich zu viel vorzunehmen kann kontraproduktiv wirken.
- Das Monitoring und Nachhalten der Prozesse sicherstellen.
- Gewährleisten, dass die Unternehmensleitung für die vereinbarten Folgeprozesse und die identifizierten Handlungsfelder Rückmeldung erhält. Bei großen Betrieben kann dies über ein Monitoring-Tool erfolgen. Sollte nach einem Jahr noch keine Umsetzung erfolgt sein, gibt es ein Umsetzungsproblem.
- Begleitende Kommunikation sicherstellen. Es gibt auch in der Folgephase ein erhebliches Kommunikationsbedürfnis. Je mehr Transparenz erfolgt, desto geringer ist die Gefahr, dass Dinge bewusst übersehen werden. Neben einer Priorisierung in der Umsetzung gehört ebenso eine Offenheit, was nicht verändert werden soll, dazu. Andererseits gilt der Spruch »Gutes tun und darüber reden!«.

11.7 Mitarbeitendenportfolio

Das Mitarbeitendenportfolio ist ein Personalinstrument, das im strategischen Personalmanagement eingesetzt wird. Es unterstützt die Personalverantwortlichen und Führungskräfte dabei, Potenziale und Kompetenzen zu bewerten.

Das Instrument »Portfolio« stammt ursprünglich aus der Kapitalmarkttheorie, um dort dem Anlegenden einen Überblick über sein investiertes Kapital und Hinweise auf dessen Zusammensetzung – in Abhängigkeit von Ertragskraft und Risiko – zu geben. Nachdem dieser Ansatz durch Vertreter der Boston Consulting Group auf das allgemeine Management übertragen wurde, kam der Ansatz zunächst im »Produktportfolio« zum Tragen. Danach wurde die Methode in allen Managementbereichen eingesetzt.

Das Leistungspotenzial-Portfolio
Das bekannteste Portfolio im Personalmanagement ist auf Odiorne (1984) zurückzuführen. Es handelt sich um das »Leistungspotenzial-Portfolio«. Dabei wird auf der einen Achse die Leistungsbewertung des Mitarbeitenden abgebildet und auf der anderen Seite das zukünftige Potenzial. Mit dieser Technik der Visualisierung können komplexe Sachverhalte übersichtlich dargestellt werden. Mit dem Leistungspotenzial-Portfolio kann im Unternehmen (aber auch in einer Einheit oder Abteilung) deutlich gemacht werden, ob es über ein ausgewogenes Team von Beschäftigten verfügt.

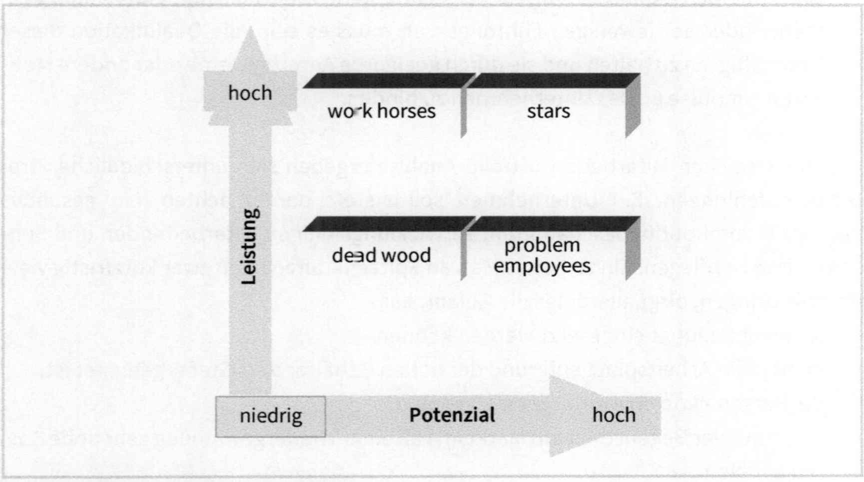

Mitarbeiterportfolio (nach Odiorne, 1984)

Das Portfolio ist in vier Felder aufgeteilt, die verschiedene Namen haben und entsprechend unterschiedliche Eigenschaften aufweisen. Nach der Einordnung der Beschäftigten in die vier Felder können die nachfolgenden Aussagen getroffen werden (Jung, 2014, S. 538):

- **»Workhorses« (Arbeitstiere)** verkörpern die absoluten Leistungsträger im Betrieb. Es sind Mitarbeitende, die eine hohe Bindung zum Unternehmen haben. Sie verfügen im Normalfall über ein vergleichsweise geringes Entwicklungspotenzial. Das bedeutet für das Management, dass die Aufrechterhaltung ihrer Motivation durch finanzielle Anreize oder über Sicherheit erfolgen muss. Dies sollte ergänzt werden durch Hinweise über Karrieremöglichkeiten.
- **»Deadwoods« (Leistungsschwache)** weisen nur eine geringe Motivation auf, die vielfach durch eine geringe Bindung an das Unternehmen begründet ist. Es ist meistens kein Potenzial vorhanden und auch die Leistungsfähigkeit lässt zu wünschen übrig. Hier ist die Freisetzung des Mitarbeitenden oft der einzige verbleibende Weg.
- **»Problem employees« (Problemfälle)** sind oft jüngere Beschäftigte, bei denen eine gewisse Unsicherheit über das Verbleiben im Unternehmen herrscht. Sie weisen meist ein hohes Entwicklungspotenzial auf, das sich allerdings nicht in ihrer Arbeitsleistung widerspiegelt. Durch eine bessere Einführung in die Unternehmenspraxis, durch die Begleitung durch Führungskräfte und das Aufzeigen von Karriere- und Entwicklungschancen können Qualifikationen geschaffen werden, die die Mitarbeitenden in Richtung »Stars« bewegen.
- **»Stars« (Spitzenkräfte)** sind hoch motivierte Mitarbeitende, deren Leistung dem Unternehmen möglichst lang zur Verfügung stehen soll. Ziel des Personalmanagements oder der jeweiligen Führungskraft muss es sein, die Qualifikation dieser Beschäftigten zu halten und sie durch geeignete Anreizsysteme oder andere Motivationsimpulse an das Unternehmen zu binden.

Aus einer solchen Mitarbeiterportfolio-Analyse ergeben sich unterschiedliche Strategieempfehlungen. Ein Unternehmen sollte stets darauf achten, ein gesundes Verhältnis von Routinebeschäftigten, entwicklungsfähigen Mitarbeitenden und Spitzenkräften zu pflegen. Ein zu hohes Maß an Spitzenkräften kann zwar kurzfristig viele Vorteile bringen, birgt allerdings die Gefahr, dass

- sie nicht adäquat eingesetzt werden können,
- nicht jeder Arbeitsplatz aufgrund der hohen Gehälter des »Stars« geeignet ist,
- die Personalkosten exorbitant steigen und
- aufgrund der Begehrtheit am Markt im Fall einer Wiedergewinnung sehr hohe Kosten anfallen.

Weitere Ziele, die mit einer Mitarbeitendenportfolio-Analyse unterstützt werden, sind:

- Das Human-Kapital wird veranschaulicht.
- Das Mitarbeitenden- Potenzial wird zukunftsorientiert evaluiert.
- Auf der Basis der Analyse des Ist-Zustandes wird ein auf die Zukunft ausgerichtetes Personalportfolio zur Verwirklichung der Unternehmensstrategien und -ziele angestrebt.

- Strategien und personalpolitische Maßnahmen können für jeden einzelnen Beschäftigten, für Abteilungen und Geschäftsbereiche abgeleitet werden.

Durch ein zielgerichtetes und strukturiertes Vorgehen bei der Erstellung und Nutzung eines Portfolios kann man einen hervorragenden Überblick über die weiteren Schritte erhalten. Allerdings sollte man immer berücksichtigen, dass die Ergebnisse der Analyse lediglich Momentaufnahmen sind und keine gesicherten Prognosen oder Zukunftsbilder darstellen. Aber unabhängig davon ist damit eine Basis geschaffen, um weitere Schritte einzuleiten, um die vereinbarte Strategie weiterzuverfolgen.

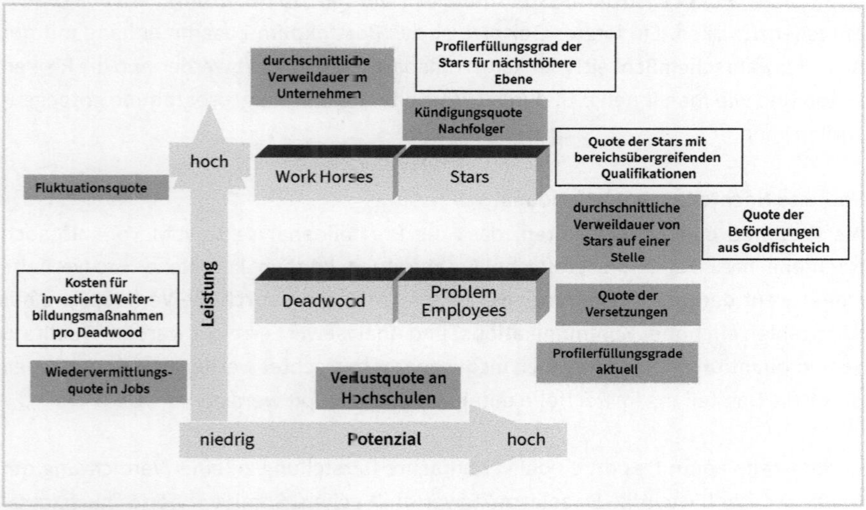

Mitarbeiterportfolio (nach Odiorne, 1984)

Das Managerportfolio

Ein weiteres Portfolio ist das Managerportfolio. Es dient Unternehmen, ihre angestellten Manager den jeweiligen Geschäftsfeldern zuzuordnen, je nach Positionierung des Geschäftsfeldes am Markt und nach dessen Lebenszyklusphase. Es umfasst vier Managertypen, die unterschiedlichen Fähigkeitsschwerpunkten zugeordnet werden.

Lebenszyklusphasen		Einführung	Wachstum	Reife	Degeneration
Marktposition	dominant stark	Verteidiger		Verwalter	
	günstig				
	haltbar	Entrepreneur		Sanierer	
	schwach				

Managerportfolio (nach Laukamm, 1986, S. 274)

Weitere Einsatzmöglichkeiten

Darüber hinaus gibt es weitere Möglichkeiten, den Portfolioansatz zu nutzen. Er wird bei der langfristigen Personalbedarfsplanung angewendet, um nachzuhalten, inwiefern die gesetzten Ziele mit den vorhandenen Qualifikationen im Einklang stehen. Ein weiterer Ansatz ist das Bildungscontrolling. Hier geht es um eine Input-Output-Analyse unter Berücksichtigung der Leistungserfordernisse im Zielportfolio. Zudem kommt es in der Personalforschung zum Einsatz, um sicherzustellen, dass das vorhandene Potenzial und die Leistungsbereitschaft der Mitarbeiterinnen und Mitarbeiter ausreichen, um die Erfordernisse der Zukunft zu bewältigen. Auch hinsichtlich der Altersstruktur ist es als Frühwarnsystem nützlich, um der Überalterung der Belegschaft entgegenzuwirken. Ein letztes Beispiel ist das Portfolio im Zusammenhang mit der Austrittswahrscheinlichkeit. Hier kann transparent dargestellt werden, wo die Risiken liegen und wie man ihnen z. B. durch Mitarbeitendenbindungsprogramme entgegenwirken kann.

Vor- und Nachteile der Portfolioanalyse

Als Resümee bleibt festzuhalten, dass die Portfolioanalyse sowohl Vor- als auch Nachteile hat. Durch die grafische Aufbereitung können komplexe Sachverhalte transparent dargestellt werden. Verbunden damit kann durch die Verknüpfung mit Kennzahlen ein hoher Kommunikations- und Analysewert erreicht werden. Qualitative und quantitative Daten müssen nicht separat betrachtet werden, sondern können durch die Darstellung im Portfolio miteinander verknüpft werden.

Andererseits kommt es durch die vereinfachte Darstellung zu einer Verdichtung der Daten, wodurch wichtige Einzelaspekte verloren gehen. Somit können Schlussfolgerungen verzerrt oder sogar verfälscht wiedergegeben werden. Darüber hinaus besteht auch die Gefahr einer zu statischen Betrachtungsweise, wodurch Veränderungen im Zeitablauf nicht berücksichtigt werden.

11.8 Nachfolgeplanung

Die Nachfolgeplanung ist ein Instrument des strategischen Personalmanagements und sorgt dafür, dass relevante vakante Stellen zielgerichtet und in kurzer Zeit mit adäquaten Beschäftigten besetzt werden. In jedem Unternehmen scheiden regelmäßig Mitarbeitende aus und hinterlassen offene Positionen. Die Gründe dafür sind unterschiedlich: Ruhestand, Kündigung oder Weiterentwicklung. Selbst wenn es nur ein befristeter Zeitraum ist, wie z. B. bei der Elternzeit oder einem Sabbatical, entsteht eine Vakanz, die möglichst kurzfristig wieder besetzt werden sollte.

Wenn darüber hinaus wie bereits jetzt oder in den kommenden Jahren eine ganze Generation (»Baby Boomer«) das Arbeitsleben hinter sich lässt, entsteht ein volkswirtschaftliches Problem. Schon heute ist es in vielen Branchen schwierig, adäquates Fachpersonal zu finden. Das bedeutet, dass in vielen Firmen offene Positionen vorhandenen sind. Das wiederum führt dazu, dass die Umsatz- und Ertragsziele der nächsten Jahre nicht erreicht werden können.

Durch eine strategische und gründliche Nachfolgeplanung kann ein Großteil dieser Probleme verhindert werden. Deswegen ist es für Unternehmen so wichtig, hier eine langfristige Perspektive einzunehmen, so wie sie in der Nachfolgeplanung angelegt ist. Das Ziel der Nachfolgeplanung besteht darin, das richtige Personal zur richtigen Zeit auf den richtigen Positionen einzusetzen und darüber hinaus auch bei kurzfristigen Veränderungen schnell und zielgenau zu reagieren (www.Personalwissen.de).

Folgende Punkte sollte man dabei im Blick haben:

- **Langzeitplanung**
  Welche Stellen werden planmäßig wann und wo vakant?
- **Anforderungsmanagement**
  Welche Qualifikationen sind für die geeignete Besetzung erforderlich?
- **Kurzfristige Flexibilität**
  Der Plan B: Was tun, wenn sich Mitarbeitende oder Führungskräfte kurzfristig für einen Unternehmenswechsel entscheiden? Wie können die Positionen anforderungsgerecht besetzt werden?

Laufbahnplanung
Laufbahnplanung und Nachfolgeplanung werden des Öfteren verwechselt. Das liegt daran, dass beide eng miteinander verbunden sind. Unter Laufbahnplanung versteht man das interne Recruiting von Nachwuchskräften und deren Weiterbildung. So sollen jüngere Beschäftigte gehalten werden, indem man ihnen berufliche Perspektiven aufzeigt und sie durch entsprechende Qualifizierungsbausteine frühzeitig auf neue, hierarchisch höher angesiedelte Positionen vorbereitet.

Bei der Nachfolgeplanung liegt der Fokus auf der vakanten Stelle und nicht bei den infrage kommenden Mitarbeitenden.

Für eine strukturierte Nachfolgeplanung sollten diese Schritte beachtet werden:

1. Schlüsselpositionen identifizieren
Es gilt, die Positionen zu ermitteln, die für das Unternehmen eine wesentliche und schwer ersetzbare Rolle spielen. Das sind vielfach Führungspositionen. Aber eben nicht nur. Sehr wichtig sind Stellen, die einmaliges Know-how erfordern und deren Vakanz für ein Unternehmen schwierig zu füllen wäre. Es geht also nicht nur um Führungskompetenz, sondern auch um Spezialwissen.

Stellen Sie sich folgende Fragen:

- Welche Arbeiten sind für den Betrieb wesentlich?
- Welche Fähigkeiten und Qualifikationen sind dafür erforderlich?
- Wo gibt es zurzeit Schlüsselpositionen im Betrieb?

2. Bedarfsermittlung
Der nächste Schritt sollte sein, sich einen Überblick zu verschaffen, wo die Schlüsselpositionen angesiedelt sind und welche in nächster Zeit durch Verrentung, Kündigung, Elternzeit oder andere Ursachen vakant werden. Entscheidend ist die frühzeitige Kenntnis, um rechtzeitig reagieren zu können.

3. Rahmenbedingungen festlegen
Es muss festgelegt werden, ob derartige Stellen intern oder extern neu besetzt werden sollen. Bevorzugt werden hierbei interne Besetzungen. Voraussetzung dafür ist, dass die erforderlichen Schlüsselqualifikationen mehrfach im Unternehmen vorhanden sind bzw. dass eine rechtzeitige Schulung vorhandene Defizite beseitigen kann. Weiterhin muss festgelegt werden, welche oder welcher potenzielle Mitarbeitende den Vorrang erhält. Was spielt dabei eine Rolle? Langjährige Betriebszugehörigkeit oder gute Leistungen?

Sollten die beschriebenen Maßnahmen nicht zu einem Ergebnis führen, sollte man auf externe Bewerber zurückgreifen. Hier ist entweder die Einschaltung eines Headhunters oder eine Stellenanzeige sinnvoll. Sicherlich ist die Chance, hier Erfolg zu haben, größer, das Vorgehen kann aber auch zu erhöhten Kosten führen.

11.9 Innovationsmanagement

11.9.1 Definition und Handlungsfelder

Der Duden bezeichnet »Innovation« als die Einführung von etwas Neuem. Innovationsmanagement bezieht sich also auf die Abwicklung aller Aktivitäten, die zur Einführung von etwas Neuem erforderlich sind. Daraus ergibt sich, dass sich das Innovationsmanagement mit allen Maßnahmen beschäftigt, die in Organisationen zur Förderung einer Innovation und zum Generieren von Nutzen daraus notwendig sind.

Das Innovationsmanagement zielt also auf die Wertsteigerung eines Unternehmens. Das erreicht man durch

- die Gestaltung neuer Produkte oder Dienstleistungen, die helfen sollen, neue Märkte zu erobern;
- die Gestaltung eines neuen Prozesses durch technische Innovation, um sich innerbetrieblich zu verbessern;

- verbesserte Produkte oder Dienstleistungen, um sich von der Konkurrenz abzuheben;
- innerbetriebliche Verbesserungen, um Kosten zu sparen;
- die Entwicklung neuer Geschäftsmodelle, um neue Ertragsquellen zu erschließen.

Die Aufgabe des Innovationsmanagements ist einerseits das Gestalten von Rahmenbedingungen, die es möglich machen, Ideen zu entwickeln, und die zu einer erfolgreichen Umsetzung beitragen. Andererseits geht es um das eigentliche Innovieren, also das aktive Suchen, Entwickeln und Umsetzen von Ideen. Hier sind Kreativität und Projektmanagement gefordert.

Sinnvoll ist dabei ein ganzheitliches Vorgehen. Dabei ergeben sich folgende Handlungsfelder (nach Florian Muthwill, Lead Innovation – Etablierung von ganzheitlichem Innovationsmanagement, 15.08.2016):

- Identifikation von Entwicklungen sowie von Chancen und Risiken (Zukunftsmanagement)
- Entwicklung einer Innovationsstrategie sowie Planung von Aktivitäten wie zum Beispiel einer Roadmap
- Schaffen einer Organisation und von Entscheidungsstrukturen
- Etablieren eines Ideenmanagements zur Förderung der Findung, Entwicklung und Bewertung von Ideen
- Einführung eines Prozesses zur Transformation einer Idee in eine erfolgreiche Innovation (Konzeptentwicklung, Businessplan, Lösungsentwicklung, Prototypen, Implementierung und Vermarktung)
- Schaffen einer Innovationskultur, die Innovationen fördert
- Etablierung von Portfoliomanagement und Controlling zur Steuerung der Aktivitäten
- Strategien zum Umgang mit Patenten und Schutzrechten
- Nutzung von Open Innovation und Innovationsnetzwerken, um externe Quellen und Ressourcen zu nutzen
- Berücksichtigung des Change-Managements im Zuge von Innovationsprojekten

Diese Aufstellung verdeutlicht, dass in das Innovationsmanagement alle Bereiche eines Unternehmens involviert werden.

Es gibt allerdings nicht nur disruptive Innovationen, es gibt genauso kleinere Verbesserungen, die etwas Neues umsetzen. Allerdings hat man es hier mit einem niedrigeren Neuheitsgrad zu tun. Es geht meist um die Optimierung von Bestehendem. Die Grenze zwischen diesen beiden Prozessen lässt sich nicht immer klar ziehen und ist je nach Betrachtungsweise unterschiedlich.

Verbesserungen haben ihren Ausgangspunkt zumeist im Qualitätsmanagement, das in vielen Unternehmen eine lange Tradition hat. Hier einige Beispiele:

- **Kontinuierlicher Verbesserungsprozess (KVP)**
  Alle Mitarbeitenden werden motiviert, ständig Prozesse zu hinterfragen und zu verbessern. Man nutzt dabei den PDCA-Zyklus (Plan – Do – Check – Act).
- **Kaizen**
  Kaizen hat seinen Ursprung in Japan und ähnelt dem KVP. »Es soll kein Tag ohne irgendeine Verbesserung im Unternehmen vergehen.«
- **Total Quality Management (TQM)**
  Im Mittelpunkt steht die Zufriedenheit der Kundschaft. Es geht um die Steigerung der Qualität der Prozesse und Produkte unter Einbeziehung der Mitarbeitenden.
- **Betriebliches Vorschlagwesen (BVW)**
  Ziel ist es, Mitarbeitende zum Mitdenken anzuregen. Man gibt ihnen die Möglichkeit, Ideen spontan einzureichen, die dann in einem strukturierten Prozess behandelt, umgesetzt und prämiert werden.

Zusammenfassend ist festzuhalten, dass Innovation und Verbesserungen Hand in Hand gehen, um ein Unternehmen nach vorne zu bringen.

11.9.2 Schlüsselaspekte des Innovationsmanagements

In einem Leitfaden des Unternehmens v//ma werden die Schlüsselaspekte des Innovationsmanagements separat betrachtet (Nieminen, 2022):

11.9.2.1 Fähigkeiten

Ein Aspekt umfasst die verschiedenen Fähigkeiten und Ressourcen einer Organisation, um Innovation zu schaffen und zu verwalten. Dieser Ansatzpunkt bezieht sich in erster Linie auf den Menschen, da Innovationen in hohem Maße sowohl von den Fähigkeiten einer Einzelperson als auch von Teams abhängen. Es geht also um das Know-how und die praktischen Fertigkeiten der Menschen, die für die Organisation arbeiten, sowie um die Gesamtheit der Informationen und des Wissens, die zur Verfügung steht.

11.9.2.2 Strukturen

Der Unterschied zwischen dem ersten Aspekt (Fähigkeiten) und dem zweiten Aspekt (Strukturen) besteht darin, dass die Strukturen die effektive Nutzung der genannten Fähigkeiten ermöglichen. Ohne die richtigen Kommunikationskanäle, die richtigen Prozesse für die Entscheidungsfindung und die richtige Infrastruktur für die Umsetzung werden nur wenige der Ideen, die Mitarbeitende entwickeln, umgesetzt.

Der Organisationsstruktur kommt dabei eine Schlüsselfunktion zu. Wenn eine innovative Initiative dieselben Entscheidungswege und dieselben Prozesse durchlaufen müssen wie klassische Änderungen in den bestehenden Organisationen, ist es sehr wahrscheinlich, dass viele Innovationen bereits im Kern erstickt werden.

Es müssen also andere Wege gefunden werden, die unabhängig davon sind. Das können schlanke Strukturen zu Entscheidungsträgern sein oder eine eigene Organisationseinheit.

11.9.2.3 Strategie

Eine Strategie reflektiert den Plan einer Organisation, langfristig Erfolg zu haben. Eine Verbindung zwischen Innovation und Strategie ist ein recht umfangreiches Thema. Im Wesentlichen ist die Innovation eines der Mittel, um strategische Ziele zu erreichen. Während eine Innovationsstrategie einfach zu entwickeln ist, kann die Abstimmung mit den allgemeinen Zielen und Prozessen langfristig und schwierig werden. In der Praxis muss die Organisation genügend Freiraum für Innovationen zulassen. Wesentlich sind auch die Ressourcen und die eigenen Fähigkeiten.

Was ist eine Innovationsstrategie?

Bei der Innovation geht es darum, neue Werte zu schaffen, die die Menschen bereit sind zu nutzen und zu bezahlen. Die Strategie ist der Plan, wichtige Bereiche des Unternehmens einzubinden, die dabei unterstützen, das Wettbewerbsziel zu erreichen.

Schritte zur Entwicklung einer Innovationsstrategie:

1. **Definition der Ziele und des »Warum?«**
   Man unterscheidet die Geschäftsmodell-Innovation und die Nutzung des bestehenden Geschäftsmodells.
2. **Kundschaft und Konkurrenz**
   In diesem Schritt geht es um den Markt und das Kundensegment, in dem die Innovation angeboten werden soll. Es ist wichtig zu wissen, was auf dem Markt passiert.
3. **Wertbeitrag definieren**
   Der Zweck einer Innovation ist es, Wettbewerbsvorteile zu schaffen. Man muss sich darauf konzentrieren, einen Wert zu schaffen, der den Kunden entweder Geld oder Zeit spart. Wichtig wäre es hier, ein Alleinstellungsmerkmal (Unique Selling Point – USP) zu definieren.
4. **Entwicklung und Bewertung der Kernfähigkeiten**
   Alle bisherigen Punkte zielen auf die grundlegenden Fähigkeiten ab, die für den Erfolg benötigt werden. Bei der Beurteilung sollten folgende Elemente vorhanden sein:
   - Kultur
   - Forschung und Entwicklung

   - Verhaltensweisen
   - Werte
   - Wissen
   - Fertigkeiten
5. **Etablierung von Innovationstechniken und -systemen**
   Damit eine Innovationsstrategie umgesetzt werden kann, sollte man herausfinden, welche Techniken und Systeme vorhanden sein müssen. Folgende Elemente gehören dazu:
   - Unternehmens-F&S, insbesondere in Bezug auf Technologie
   - Bildung und Ausbildung im Zusammenhang mit Innovationen
   - Clusterstruktur der Industrie
   - Produktions-, Marketing- und Finanzsystem

Fazit: Bei der Innovationsstrategie geht es darum, die Wahl zwischen einer Reihe von machbaren Optionen zu treffen. Um erfolgreich zu sein, muss man die optimale Strategie für sich entwickeln, die bestmöglichen strategischen Entscheidungen identifizieren und abbilden sowie den gewählten Ansatz testen, validieren und umsetzen.

11.9.2.4 Kultur

Innovationskultur ist eines der herausforderndsten und am häufigsten diskutierten Themen im Innovationsmanagement. Angesichts der Bedeutung der Innovationen ist die Tatsache, dass sich die Kultur als eines der größten Hindernisse für die Innovationsleistung erweist, keine große Überraschung. Da die wenigsten Unternehmen eine innovative Unternehmenskultur haben oder auch schaffen wollen, ist es wichtig zu verstehen, was eine Kultur innovativ macht. Hier einige der gängigen Merkmale:

- Betonung der Notwendigkeit, stets über Wege nachzudenken, um besser zu werden
- Bewertung von Geschwindigkeit, Lernen und Experimentierfreude
- Betrachtung von Scheitern als normalen Teil des Prozesses zur Schaffung von etwas Neuem
- Einräumung von genügend Freiheit und Verantwortung.
- Führung mit Vision und Kultur statt mit Befehlskette

Mithilfe der Metaanalyse von v//ma im Jahr 2019 kam man zu dem Ergebnis, dass in 64% der Fälle die fehlende Kultur das Haupthindernis für Innovationen war. Zwei Gründe kristallisierten sich heraus:

- **mangelnde Anstrengungen**
  Wenn in einer Organisation Innovationen nicht geschätzt werden, kommen die Mitarbeitenden nicht auf den Gedanken, diese als etwas zu sehen, worauf sie hinarbeiten sollten.

- **mangelnde Unterstützung**
  Selbst wenn eine Innovation in einer solchen Kultur auf den Weg gebracht wird, wird ihr aufgrund der Hindernisse (viele Genehmigungsstationen) schnell die Luft ausgehen. Das wiederum bestärkt die Bremser, die Innovationen sowieso für überflüssig erachten.

Es wird ständig über Innovationen und Innovationsmanagement diskutiert. Es gibt Mittel und Wege, diese zum Laufen zu bringen. Aber wenn die Unternehmenskultur Innovation nicht unterstützt, werden die Ideen sehr schnell versanden.

12 Welche Mitarbeitenden und welche Skills benötigen wir in der Zukunft?

Wenn man an alle Herausforderungen denkt, die die Unternehmen schon heute und verstärkt in der Zukunft bewältigen müssen, kommt schnell die Frage auf: Wie können sie und wir das schaffen? Welche Ressourcen werden benötigt, welche Technik ist erforderlich und mit welchen Menschen können Unternehmen künftig erfolgreich sein?

Es wird immer deutlicher, dass die Ressource Mensch dabei ein ganz entscheidender Faktor sein wird. Die Frage ist: Welche Eigenschaften (Skills) werden in der Zukunft benötigt?

12.1 Führungskräfte

In einem Artikel im »Handelsblatt« vom 02.06.2023 wurde berichtet, dass die Personalberatung Robert Half in einer Umfrage bei Topführungskräften und Private-Equity-Investoren die Frage nach den Anforderungen an Topmanager und -managerinnen gestellt hat. Hier das Ergebnis:

- nachhaltig wirtschaften
- neue Gesetzesanforderungen erfüllen
- Fachkräftemangel bewältigen
- Storytelling beherrschen
- Megatrends in Geschäftsmodelle einbauen
- nicht in Routine verfallen

In zwei weiteren Fragen ging es um die erforderlichen Fähigkeiten. Die erste Frage war: Welche Skills brauchen Geschäftsführende, wenn sie ein Unternehmen erfolgreich transformieren wollen?

- Kommunikationsfähigkeit (34%)
- technisches Know-how (26%)
- Erfahrung im Change-Management (23%)
- guter Umgang mit Ausnahmesituationen (22%)
- Hands-on-Mentalität (21%)

Die zweite Frage war: Auf welche Hard Skills legen Sie besonderen Wert, wenn Sie Topmanager und -managerinnen rekrutieren?

- Erfahrung als Führungskraft (39%)
- Projektleitungserfahrung (29%)
- Planungs- und Organisationsfähigkeit (28%)

- guter Geschäftssinn (26%)
- Finanzwissen (22%)

In einer Untersuchung der Fraunhofer Academy zum Thema »Digitale Kompetenzen« (Personalmagazin 04/2019) wurde im Rahmen der digitalen Managementkompetenzen nach der Relevanz und dem Maß ihres Vorhandenseins (Umsetzung) gefragt. Hier das Ergebnis:

- Lernbereitschaft (Relevanz 86%, Umsetzung 30%)
- übergreifende Prozess- und Systemzusammenhänge erkennen (Relevanz 86%, Umsetzung 37%)
- Agilität im Projektmanagement (Relevanz 80%, Umsetzung 37%)
- Lösen komplexer Probleme (Relevanz 80%, Umsetzung 27%)
- Kundenorientierte Lösungen fokussieren (Relevanz 79%, Umsetzung 28%)

Es ist zu erkennen: Man war sich einig, welche Kompetenzen im digitalen Wandel erforderlich sind, es hapert aber noch bei der Umsetzung.

Bei den digitalen Fachkompetenzen sah es ähnlich aus:

- Cybersicherheit und digitale Souveränität (Relevanz 71%, fehlen im Unternehmen zu 34%)
- Datenanalyse und Data Science (Relevanz 71%, fehlen im Unternehmen zu 39%)
- Usability Engineering (Relevanz 68%, fehlt im Unternehmen zu 38%)
- künstliche Intelligenz und maschinelles Lernen (Relevanz 67%, fehlen im Unternehmen zu 55%)
- Programmierung, Web- und App-Entwicklung (Relevanz 62%, fehlen im Unternehmen zu 36%)

In der »Tomorrow's MBA-Studie« von Carrington Crisp und EFMD stand Folgendes auf der Prioritätenliste angehender Studierender ganz oben:

- Leadership 33% der Befragten
- Kommunikationsfähigkeit 22%
- Fähigkeit zum kritischen Denken 21%
- Selbstvertrauen 20%
- Teambildung und Teamarbeit 20%

Es empfiehlt sich somit auf jeden Fall, die Kompetenzen der Führungskräfte anzupassen. Um den Weg dafür zu bereiten, eine zukunftsfähige Führung zu etablieren, ist es in erster Linie wichtig, förderliche Rahmenbedingungen zu schaffen. Dazu schlägt die Bertelsmann-Stiftung (2015) folgende Ansätze vor:

- den strukturellen Rahmen gestalten (Aufbauorganisation, Führungsspannen und struktureller Gesamtaufbau des Führungssystems);

- Anreize für die neue Führungswelt schaffen (materielle oder immaterielle Anreize, wie z. B. Gestaltungsräume, Freiheiten oder Selbstbestimmung vs. klassische Belohnungen, erleichtern die Umsetzung);
- Kompetenzen auf allen Ebenen fördern (die Entwicklung der eigenen Mitarbeitenden ist eine Kernaufgabe. Die Tendenz geht hin zum moderierenden bzw. orchestrierenden Führungsstil, der Mitarbeitende eigenverantwortlich arbeiten und mitdenken lässt);
- den Rahmen für mehr Wissensteilung schaffen (keine selektive Weitergabe von Informationen, sondern breite Streuung des Wissens);
- offene Kommunikation ermöglichen (um Mitarbeitende zu mehr Eigenverantwortung anzuhalten, muss das nötige Wissen nicht nur kommuniziert, sondern auch das Verständnis der unterschiedlichen Adressaten gesichert werden);
- den Weg zur individuellen Befähigung bahnen (nicht nur die individuelle Förderung ist wichtig, sondern auch die Verständigung darüber, was jeder Einzelne aus einem Projekt mitnehmen kann);
- die Abkehr von vertikalen Karrieremodellen vorantreiben (statt Hierarchie mehr Arbeitsinhalte und Entwicklungsmöglichkeiten innerhalb der jeweiligen Ebenen);
- die Legitimation der Führung über Gestaltungsvermögen erzeugen (nicht nur eine Top-down-Befugnis befolgen, sondern darüber hinaus die Gestaltungskompetenz aus den entsprechend geführten Mitarbeitenden heraus entstehen lassen).

Aber es dreht sich auch um die persönlichen Kompetenzen der Führungskräfte. Denn nur dann lassen sich Transformationen in aller Welt umsetzen. Die folgenden Empfehlungen zu erforderlichen Kompetenzen sind ein Ansatz:

- Selbstreflexionskompetenz
- Selbstwahrnehmung
- ausgereifte Reaktions- und Veränderungsbereitschaft
- mehr soziale Kompetenzen
- Empathie
- Offenheit
- positives Menschenbild
- Authentizität
- Methodenkompetenz
- klare Anweisungen
- Erlangen und Weitergeben des notwendigen Wissens zur digitalen Transformation

12.2 Personalmitarbeitende

Durch den nicht mehr zu übersehenden Fachkräftemangel sind Personaler so gefragt wie selten. Vor allem Recruiter werden verstärkt gesucht. Nach dem aktuellen »Fachkräfte-Index« der Personalberatung Hays (siehe Handelsblatt v. 05.05.2023) ist die

Nachfrage nach kompetenten Personalern seit Beginn der Coronapandemie um 130% gestiegen. Das ist für die Beschäftigten im Personalbereich eine positive Botschaft. Aber welche Kompetenzen werden in der Zukunft benötigt?

In der Vergangenheit sprach man von diesen sechs Tugenden von Personalverantwortlichen:

- menschenfreundlich
- verschwiegen
- neutral
- professionell
- betriebswirtschaftliches Denken und Handeln
- lösungsorientiert

Sind das die Zukunftstugenden? Und wenn ja, sind sie überwiegend vorhanden? In einer Studie der Unternehmensberatung McKinsey (Onderka, 2022) wird die sich wandelnde Rolle von HR beleuchtet. Aufgrund der Aufmerksamkeit, die HR heute erfährt, muss sich die Selbstwahrnehmung der Personalmitarbeitenden ändern. Bereits seit Jahren wird über die veränderte Rolle diskutiert. Nicht nur Personalmitarbeitende, sondern auch die Geschäftsbereiche müssen dazulernen. Letztere haben vielfach eingesehen, dass es ohne HR nicht läuft. HR benötigt aber neue Skills. Es handelt sich u.a. um Technikwissen, Projektmanagement, Wissen über neue Arbeitsformen und Agilität. Darüber hinaus sind Spezialisten gefordert, wie z.B. Analytics- oder IT-Teams. Wesentlich ist auch das betriebswirtschaftliche Wissen, das den HR-Mitarbeitenden die Möglichkeit bietet, Verständnis für die Geschäftsbereiche zu entwickeln, um situationsgerecht zu beraten. In der Zukunft werden darüber hinaus auch Quereinsteiger im Personalgeschäft Fuß fassen können.

Um einen weiteren Aspekt aufzuzeigen: Nach Dave Ulrich (2017) sollten Personalmitarbeitende sich in folgenden Rollen wohlfühlen:

- zuverlässiger Aktivist
- operativer Ausführer
- Geschäftspartner
- Talentmanager/Organisationsgestalter
- Kultur- und Veränderungsbegleiter
- Strategiearchitekt

In einer Studie der Humboldt-Universität Berlin mit 611 Personalmanagerinnen und -managern wurden sieben Persönlichkeitsmerkmale dazu benutzt, um das Profil der Personalbeschäftigten zu prüfen:

- emotionale Belastbarkeit
- Extraversion
- geistige Flexibilität

- Gewissenhaftigkeit
- Leistungsmotivation
- Risikoneigung
- Teamorientierung

Das Interessante war, dass nichts Auffälliges gefunden wurde. Das heißt, das Ergebnis war bei allen Merkmalen im mittleren Bereich. Bei vergleichbaren Ergebnissen anderer Berufsgruppen gab es immer einen oder zwei Ausreißer. Das bedeutet, dass es kein spezielles Persönlichkeitsprofil für HR-Mitarbeitende gibt, sondern von allem etwas erforderlich ist. Für die Praxis könnte man formulieren, dass eigentlich jeder im Personalbereich arbeiten kann, es gibt keine speziellen Merkmale.

In einem Bericht von Prof. Dr. Peter Kadel (Duale Hochschule BW, Mannheim) und Prof. Dr. Anja Thies (Hochschule Fulda) geht es um neue Anforderungen, die für die künftigen Rollen der Personaler erforderlich sind (Personalmagazin 06/2020). Folgende Rollen wurden identifiziert:

- **Visionär und Change-Impulsgeber** (Kulturentwickler sowie Entscheider und Repräsentant) mit folgenden Anforderungen:
  - ganzheitliches, unternehmerisches, visionäres und strategisches Denken
  - Veränderungsbewusstsein- und -fähigkeit, Innovationsfähigkeit
  - Experimentierfähigkeit, Risikobereitschaft und Bereitschaft zu einer offenen Fehlerkultur
  - Empathiefähigkeit
  - Entscheidungsfreude und -kompetenz sowie Durchsetzungsvermögen
  - Kommunikationsfähigkeit
  - Fähigkeit, andere zu begeistern, Leadership-Fähigkeit
  - Fähigkeit, souverän, sicher, diplomatisch und überzeugend aufzutreten (charismatische Ausstrahlung)
  - Führungskompetenz im Sinne eines transformationalen Führungsstils
- **Mitarbeitenden- und Führungskräfteberatung** mit folgenden Anforderungen:
  - breites und aktuelles HR- und Arbeitsrechtwissen
  - Diversitätskompetenz (insbesondere: Kenntnis generationsspezifischer Erwartungen in Bezug auf Personalarbeit, ggf. Fremdsprachenkompetenz) und Empathiefähigkeit
  - Kenntnis des Business, Linienerfahrung
  - Analyse-, Problemlösungs-, Moderations- und Beratungskompetenz
  - digitales Wissen und fundierte Kenntnisse über Einsatz und Auswirkungen moderner Technologien
  - Change-Management-Kompetenz
  - Konfliktmanagementfähigkeit, diplomatisches Geschick
  - Networking- und Teamfähigkeit
  - Kommunikationsfähigkeit (insbesondere: aktives Zuhören)

- **Center of Expertise** oder **Network of Expertise** mit folgenden Anforderungen:
  - Fachwissen im jeweiligen Aufgabengebiet
  - Kenntnis des Business
  - Analyse- und Problemlösungsfähigkeit, vor allem auch Big-Data- und People-Analytics-Kompetenzen
  - Diversitätskompetenz und Empathiefähigkeit
  - Beratungskompetenz
  - Know-how über geeigneten Technikeinsatz
- **HR Services** mit folgenden Anforderungen:
  - Fachwissen im jeweiligen Aufgabengebiet
  - Wissen um Abhängigkeit von Themen und Prozessen
  - Prozesskompetenz
  - Technologie- und EDV-Kompetenz
  - rechtssichere Dokumentationskompetenz
  - Kommunikationskompetenz

13 Unternehmenskultur

Die Kultur eines Unternehmens repräsentiert die Werte und Normen, die innerhalb der Organisation gültig sind. Sie prägen das Selbstverständnis und Handeln der Mitarbeitenden. Damit ist die Unternehmenskultur ausschlaggebend für das Wohlbefinden und die Motivation der Beschäftigten.

Allerdings gibt es kein allgemeingültiges Rezept für eine positive Unternehmenskultur. Dennoch können Unternehmen Maßnahmen in die Wege leiten, die eine solche fördern. Dazu gehört in der heutigen Zeit Folgendes:

- Flexibilisierung der Arbeitszeiten ausbauen
- Mitspracherecht in Unternehmen erweitern
- Herausforderungen der Digitalisierung annehmen
- den demografischen Wandel berücksichtigen
- Work-Life-Balance wichtig nehmen

Zur Unternehmenskultur gehört auch, dass sie sich ständig verändert. Es besteht eine Wechselwirkung zwischen der Kultur und dem Handeln aller Betroffenen. Aus der Kultur leiten sich die Verhaltensweisen und Normen ab, die sich im Unternehmensleitbild wiederfinden. Beispiele dafür sind

- Fairness und respektvoller Umgang mit Kollegen, Kunden und Partnern
- offene Kommunikation zwischen Führungskräften und Mitarbeitenden
- flache Hierarchien
- Transparenz in Entscheidungsprozessen
- Wertschätzung der Mitarbeitenden
- gemeinsame Rituale
- konstruktiver Umgang mit Fehlern
- Loyalität der Mitarbeitenden
- Gleichstellung aller Geschlechter
- Familienfreundlichkeit
- soziales Engagement
- lösungsorientiertes Denken der Mitarbeitenden und der Führungskräfte und vieles mehr.

Neben diesen Gesichtspunkten sind auch die Rahmenbedingungen und die Außendarstellung wichtige Aspekte. Zu den Rahmenbedingungen gehören u. a.:

- Regelungen zur Arbeitszeit
- Verpflichtung zu Dresscodes
- Organisation und Abgrenzung der Aufgabenbereiche
- Gestaltung der Entgeltsysteme
- Ausstattung der Arbeitsplätze
- Förderung der Gesundheit der Mitarbeitenden.

Zur Außendarstellung gehören u. a.:
- das Firmenlogo
- Marketingmaßnahmen und Werbung
- Employer Branding zur Gewinnung von Bewerbenden

Warum ist eine positive Unternehmenskultur so wichtig?
Einer der entscheidenden Gründe für die Etablierung einer positiven Unternehmenskultur ist deren direkter Zusammenhang mit dem Unternehmenserfolg. Eine starke Unternehmenskultur wirkt sich positiv auf die Mitarbeiterzufriedenheit aus und damit indirekt auch auf den Unternehmenserfolg. Man kann damit
- die Mitarbeitendenfluktuation reduzieren und damit eine stärkere Bindung an das Unternehmen schaffen,
- Standards für Zusammenarbeit und Teambuilding etablieren,
- den Beschäftigten Orientierung für ihre Handlungen geben,
- höhere Motivation und mehr Engagement ermöglichen,
- ein besseres Arbeitgeberimage und eine höhere Reputation auf dem Arbeitsmarkt erreichen.

In der Wissenschaft wurden unterschiedliche Modelle der Unternehmenskultur entwickelt, die zur Analyse genutzt werden können:
- das **Schein-Modell** (nach dem Organisationspsychologen Edgar H. Schein)
  Er unterteilt die Firmenkultur in drei Ebenen:
  - **Grundannahmen** sind meist unbewusst und nicht sichtbar. Sie bilden die Basis und sind im Denken und Handeln verwurzelt. Veränderungen daran sind deswegen sehr schwierig. Die Grundannahmen bestehen in den Bereichen Umwelt, menschliches Handeln, zwischenmenschliche Beziehungen und Wahrnehmung von Wahrheit und Zeit.
  - **Werte und Normen** bilden das Fundament der Unternehmensorganisation. Sie haben großen Einfluss auf den Führungsstil. Für ein positives Miteinander müssen sie akzeptiert werden. Beispiele für Werte und Normen sind Richtlinien, Regeln und Verhaltensstandards.
  - **Artefakte** fassen sichtbare und bewusste Verhaltensmuster zusammen und müssen interpretiert werden. Es geht hier um Verhaltensmuster, unternehmensinterne Sprache und Abkürzungen sowie das Firmenlogo.
- das **Eisbergmodell** (Edward T. Hall nach dem Modell von Sigmund Freud)
  Das Modell teilt die Unternehmenskultur in zwei Teile, den sichtbaren und den unsichtbaren Teil. Dabei bilden die unsichtbaren Teile das Fundament für die sichtbaren Teile. Um eine Veränderung zu erwirken, müssen die unsichtbaren Teile erkannt werden.
  - sichtbare Faktoren:
    - Rituale
    - Leitfäden

  - Strategien
  - Philosophien
  - Unternehmensvision
  - Arbeitgeberimage
  - äußeres Erscheinungsbild (Mitarbeitende, Standort, Büroräume etc.)
- unsichtbare Faktoren:
  - Beziehungen und Hierarchien
  - unausgesprochene Regeln
  - gemeinsame Werte und Normen
  - Gedanken und Gefühle
  - Ansehen und Status

Unternehmenskultur nach Hall (BWL-Lexikon.de)

- das **Hatch-Modell** (nach Mary Jo Hatch)
  Mary Jo Hatch hat das Modell von Schein um die Ebene der Symbole ergänzt. Sie betrachtet weniger die Ebenen als die Prozesse und untereinander bestehenden Wechselwirkungen. Die Unternehmenskultur soll als dynamischer Prozess verstanden werden. Folgende Schritte können identifiziert werden:
  1. **Manifestation** (kulturelle Eigenheiten der Emotionen, Kognitionen und Sinneswahrnehmung)
  2. **Realisation** (Bewusstwerden von kulturellen Merkmalen durch das Erkennen von Mustern)

3. **Interpretation** (Merkmale werden inhaltlich interpretiert, sodass Handlungsmaßstäbe abgeleitet werden können)
4. **Symbolisierung** (Merkmale werden in Rituale, Gewohnheiten und Symbole übertragen, die die Kultur festigen sollen)

- das **Hofstede-Modell** (nach Geert Hofstede)
  Geert Hofstede sieht eine gemeinschaftliche Kultur in Unternehmen als eine Art gemeinschaftliche Ausrichtung des bewussten und unbewussten Denkens. Hierdurch wird die Orientierung der Kultur erleichtert und andererseits das System stabilisiert. Durch die ständigen Ab- und Zugänge verändert sich die Kultur allmählich.
  Zur Veranschaulichung nutzt Hofstede das Zwiebelmodell. Es teilt die Kultur in vier Schichten:
  – gemeinsame Werte
  – gemeinsame Rituale
  – gemeinsame Helden
  – gemeinsame Symbole
  Die Schichten spiegeln sich in den Praktiken, im Handeln und im Verhalten der Beteiligten wider.

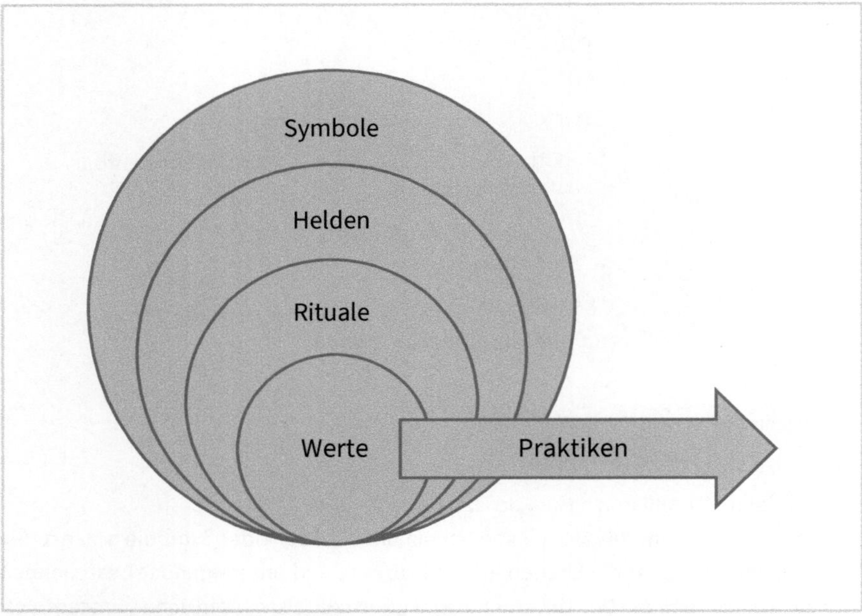

Unternehmenskultur nach Hofstede (BWL-Lexikon.de)

Um die Unternehmenskultur zu verändern, sollte man die folgenden Schritte gehen:

1. **Analyse**
   Bestandsaufnahme und Ermittlung des Ist-Zustandes; Instrumente dafür sind Feedback-Gespräche, Mitarbeiterbefragungen und Interviews.
2. **Beurteilung**
   Sinnvoll sind Diskussionen mit Führungskräften, Betriebsräten und Experten der Personalabteilung.
3. **Zielsetzung**
   Abgeleitet von einer Strategie sollte festgelegt werden, wohin das Unternehmen will und welche Faktoren der Unternehmenskultur dafür gestärkt bzw. geschwächt werden müssen.
4. **Umsetzung**
   Die Ziele werden konkretisiert und kommuniziert/bekannt gemacht.

Gemessen werden kann die Unternehmenskultur durch Kennzahlen wie die Zufriedenheit der Mitarbeitenden, die Mitarbeiterfluktuation und die Krankheitsquote.

Wie kann man für eine starke Unternehmenskultur sorgen?
Hier sind die wichtigsten sechs Faktoren (nach Asana, 07/2022):

- **gemeinsame Werte**
  Beispiele dafür sind: Mission, Klarheit, Achtsamkeit, Mitgestaltung, Authentizität, Herzlichkeit, Verantwortung übernehmen und übertragen, Leistung erbringen und keine falschen Kompromisse.
- **Investment in Diversity, Inklusion und Zugehörigkeitsgefühl**
  Wie ist das zu erreichen? Mit Einstellungs- und Einführungsmethoden, Mitarbeitergruppen, Gesprächsrunden und barriererfreier Raumgestaltung.
- **gegenseitiges Vertrauen als Basis der Unternehmenskultur**
  Um dies zu fördern, sollte man offene Gesprächsrunden mit Führungskräften veranstalten, Feedback auf allen Ebenen einholen und die Transparenz bei Prozessen, Projekten und Entscheidungen verbessern.
- **Verantwortung ggf. aufteilen**
  Übertragung von Teilen der Verantwortung an Teammitglieder, Einbindung auf verschiedene Weisen, sodass es möglich ist, ihre Potenziale auszuschöpfen.
- **mehr Klarheit, besserer Informationsaustausch**
  Alle Mitarbeitenden sollten wissen, was das Ziel ihrer Arbeit ist. Durch die Aufteilung der Arbeit ist es manchmal nicht möglich, das sofort zu erkennen – hier hilft nur besserer Informationsaustausch.
- **durchdachte Einführungs- und Einstellungsprozesse**
  Die Unternehmenskultur beginnt in dem Moment, in dem ein Mensch den ersten Kontakt zum Unternehmen hat. Schon zu diesem Zeitpunkt müssen die Werte und die Mission des Unternehmens klar werden. Insbesondere beim Einstellungsgespräch ist es erforderlich, die Inhalte der Unternehmenskultur zu verdeutlichen.

Beispiele sind Lohngerechtigkeit, das Vermeiden von unbewusster Voreingenommenheit und eine klare Aussage bei der Bewertung der Bewerber.

Für Personalverantwortliche ist es wichtig,

- neue Mitarbeitende über alle Aspekte der Unternehmenskultur aufzuklären,
- ihnen zu helfen, Unterstützung und Struktur in ihrer neuen Umgebung zu bekommen,
- ihnen ausreichend Zeit und Informationen zur Verfügung zu stellen, damit sie erfolgreich arbeiten können.

14 IT-Unterstützung bei der Personalarbeit

Die heutige Personalarbeit ist ohne Informationstechnologie (IT) nicht mehr vorstellbar. Nahezu alle Unternehmen nutzen die Möglichkeiten, die ihnen die IT bietet. Das oberste Ziel ist es, die erforderlichen Informationen den richtigen Mitarbeitenden zur richtigen Zeit zur Verfügung zu stellen. Die Beschäftigten sollen sich auf ihr Kerngeschäft konzentrieren und von der IT optimal unterstützt werden. Diese Forderung gilt nicht nur für die Personalarbeit, sondern für alle Bereiche eines Unternehmens.

Wie IT genutzt wird, ist in den Unternehmen sehr unterschiedlich. Bei manchen beschränkt sich die Anwendung nur auf einige Prozesse, bei anderen wird die IT umfassend für mehrere Prozesse eingesetzt. Andere Unternehmen wiederum nutzen ein einziges integrales Softwaresystem, das für diverse Prozesse den Zugriff auf dieselben Daten ermöglicht. Es wird teilweise aber auch mit Einzellösungen verschiedener Softwareanbieter gearbeitet.

Insgesamt sind die Unternehmen aber der Überzeugung, dass der Einsatz von HR-IT-Systemen große Vorteile für die betroffenen Mitarbeiterinnen und Mitarbeiter mit sich bringt. Darüber hinaus zeigt sich, dass der IT-Einsatz auch viele Fragen bezüglich der Inhalte und der Implementierung aufwirft. Das Problem der breiteren Anwendung von HR-IT-Systemen scheint auch in der verfügbaren Technologie zu liegen. Es ist nicht zu leugnen, dass die Kosten integrierter Systeme hoch und viele Unternehmen nicht bereit sind, die notwendigen Summen in ein HR-IT-Tool zu investieren.

Die Vorteile der HR-IT kann man anhand von Interviews mit Personalmanagern, die bereits Erfahrung mit einer Implementierung haben, wie folgt zusammenfassen (vgl. Lourens/Brughmans/Harbig, 2008):

- Qualitätssteigerung des Personalmanagements
- Kostensenkung des Personalmanagements
- stärkere Unterstützung der Bereiche bei der Erfüllung ihrer Personalaufgaben
- höhere Verantwortung der Mitarbeitenden für ihre eigene Arbeit, ihr Einkommen und ihre weitere persönliche Entwicklung

Diese Vorteile, die auch als Ziele gesehen werden können, sollen etwas näher betrachtet werden. Insbesondere die Qualitätssteigerung ist in vielen Betrieben die Triebfeder für Investitionen in HR-IT. Dieser Aspekt kann wie folgt zusammengefasst werden (vgl. Lourens/Brughmans/Harbig, 2008):

- HR-IT kann durch die Konzentration aller Aktivitäten der Personalarbeit zur Weiterentwicklung, zur Steigerung der Profitabilität sowie zur Zukunft des Unternehmens beitragen. Die Personalabteilung kann durch eine intelligente Auswahl von HR-IT-Produkten einen wesentlichen Beitrag zu den Unternehmenszielen leisten.

- HR-IT kann die Qualität der Managementinformationen steigern. Durch eine adäquate IT-Anwendung und eine klare Vorstellung der Anforderungen des Managements und der Geschäftsbereiche hinsichtlich der Informationsarchitektur können sonst übliche Fehler (unklare Daten, unterschiedliche Quellen) vermieden und die Akzeptanz erhöht werden.
- HR-IT kann die Kontrollierbarkeit der Personalprozesse steigern. Es gibt eine Vielzahl von Prozessen in HR, die zusammenhängen. Durch ein mit der Implementierung einhergehendes Re-Design der Prozesse können unterschiedliche Vorgehensweisen vereinheitlicht und an Best Practices angepasst werden.
- HR-IT kann die Durchführung der Personalprozesse professionalisieren. Entsprechend dem Vorhergesagten können diese von den Vorlieben und Eigenarten des am Prozess beteiligten Personals entkoppelt werden. Des Weiteren können sie so gesteuert werden, dass Mitarbeitende ohne Einschaltung der Personalabteilung bestimmte Tätigkeiten (Urlaubsmeldung etc.) durchführen können.
- HR-IT kann externes Know-how für den internen Gebrauch erschließen. Das bedeutet, dass Mitarbeitende oder Bereiche nicht mehr nur auf das von HR angebotene Produkt angewiesen sind.

Ein wesentlicher Punkt bei der Implementierung sind die anfallenden Kosten. Das ist deswegen so wichtig, weil die Kosten des Personalressorts grundsätzlich kritisch beäugt und Investitionen in HR-IT als nicht entscheidend angesehen werden. Insofern ist es sinnvoll, sich darüber Gedanken zu machen, inwieweit HR-IT-Systeme dazu beitragen, die Kosten der Personalarbeit zu senken. Folgende Vorteile können sich durch den Einsatz von HR-IT ergeben:

- **Verringerung der initiierenden und koordinierenden Aufgaben:** Viele Aufgaben (Start von Beurteilungs- oder Gehaltsrunden und von Entwicklungsmaßnahmen) können durch automatisierte Systeme übernommen werden, d. h. Termine und Informationen gehen den Betroffenen (Führungskräfte) auf elektronischem Weg zu. Die Automatisierung betrifft auch die Aufgaben selbst. Damit können sowohl in der Personalabteilung als auch in den anderen Bereichen Kapazitätsanteile gespart werden.
- **Verringerung des Personalbedarfs für transaktionale HR-Aufgaben:** Durch die Automatisierung der Prozesse der Lohn- und Gehaltsabrechnung können erhebliche Kapazitäten entfallen. Mithilfe der Möglichkeit einer Direkteingabe der Daten durch Führungskräfte und Mitarbeitende fallen transaktionale Aufgaben der Personalabteilung weg. Auch eine Straffung der Prozesse (nur noch einmalige Eingabe) schafft erhebliche Vorteile.
- **Bündelung von HR-Prozessen:** Durch den Einsatz von IT-Lösungen wird eine Bündelung von Prozessen ermöglicht. Durch Online-Transaktionen sowie die Verfügbarkeit von Informationen und Infrastruktur lassen sich Aufgaben effizienter erledigen und Standorte zusammenfassen. Damit werden Shared-Service-Center und Kompetenzzentren ermöglicht. Diese Bündelung bringt Skaleneffekte, eine

konstantere Bearbeitungsqualität und eine bessere Auslastung der Mitarbeitenden. Studien zeigen, dass durch Shared-Service-Center 10 bis 25% Einsparungen möglich sind.

- **Bessere Nutzung preisgünstigeren externen Know-hows:** Über das Internet können HR-Dienste von Dritten direkt genutzt werden. Durch die Möglichkeit, diese in Anspruch zu nehmen und zu integrieren, lassen sich die Kosten interner und externer HR-Unterstützung permanent vergleichen. Damit ergibt sich eine Kostendegression ohne Vernachlässigung der Qualität.

14.1 IT-Lösungen

Wenn ein Unternehmen davon überzeugt ist, dass sowohl der höhere Nutzen, die Qualitätssteigerung als auch die Kostenreduktion bei einer HR-IT-Lösung zum Tragen kommen, muss im nächsten Schritt überlegt werden, welche IT-Lösung am besten passt. Die IT-Pakete und deren Möglichkeiten sollten im Voraus intensiv geprüft werden. Die Inhalte des Pakets und die Anforderungen der Nutzenden müssen weitestgehend übereinstimmen. Es wurde festgestellt, dass nur die Hälfte aller Käufer die Systemanforderungen vorab präzise definiert hatten. Beim Kauf von Systemen werden häufig folgende Anforderungen gestellt:

- Steigerung der Effizienz der operativen Personalarbeit
- Realisierung von »One Face to the Customer«
- Unterstützung der prozessorientierten Personalarbeit
- Stärkung des wachsenden Informationsbedürfnisses
- Verbesserung der Datenqualität
- Neuentwicklung statt Weiterentwicklung von Altsystemen
- Steigerung der Servicequalität zur gleichzeitigen Schaffung von Freiräumen
- Verbesserung der Datensicherheit und des Datenschutzes
- Vereinfachung der Prozesse durch Selbsteingabe
- Kostenreduzierung der operativen Personalarbeit

Um die Übereinstimmung zwischen Angebotsinhalt und Anforderungen zu erzielen, sollten die folgenden Schritte berücksichtigt werden:

1. Analyse der aktuellen Situation
2. Entwicklung eines allgemeinen Entwurfs
3. Entwicklung eines Detailentwurfs
4. Implementierung
5. Realisierung

Hier ein Beispiel aus der Praxis:

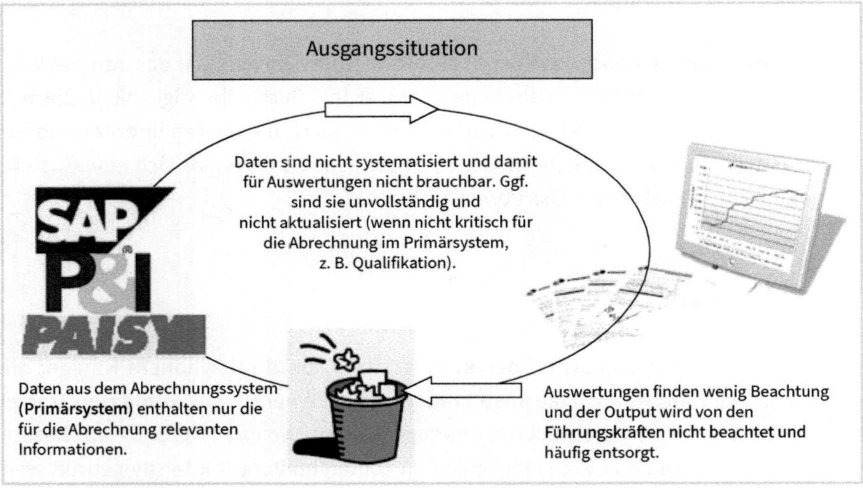

Regelkreis der Datenqualität – Ausgangssituation (DGFP-Lehrgang Personalcontrolling, Modul I, 2008 bzw. Modul IV, 2002)

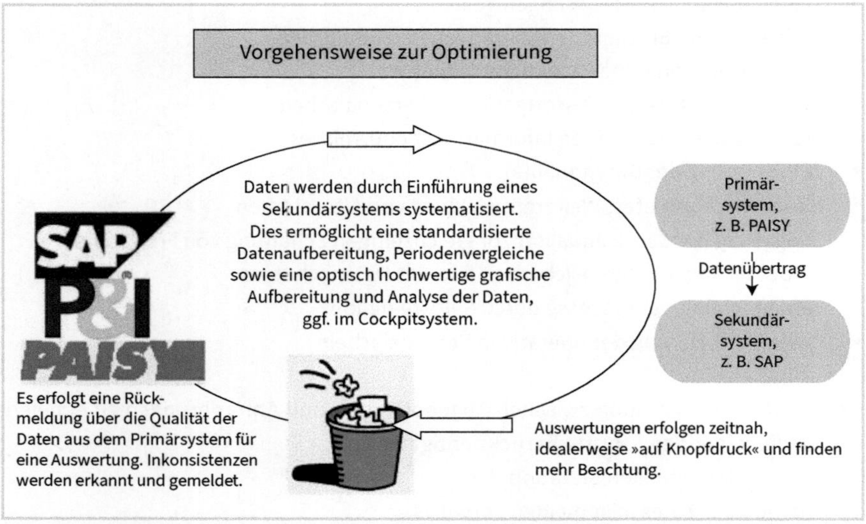

Regelkreis der Datenqualität – Vorgehensweise zur Optimierung (DGFP-Lehrgang Personalcontrolling, Modul I, 2008 bzw. Modul IV, 2002)

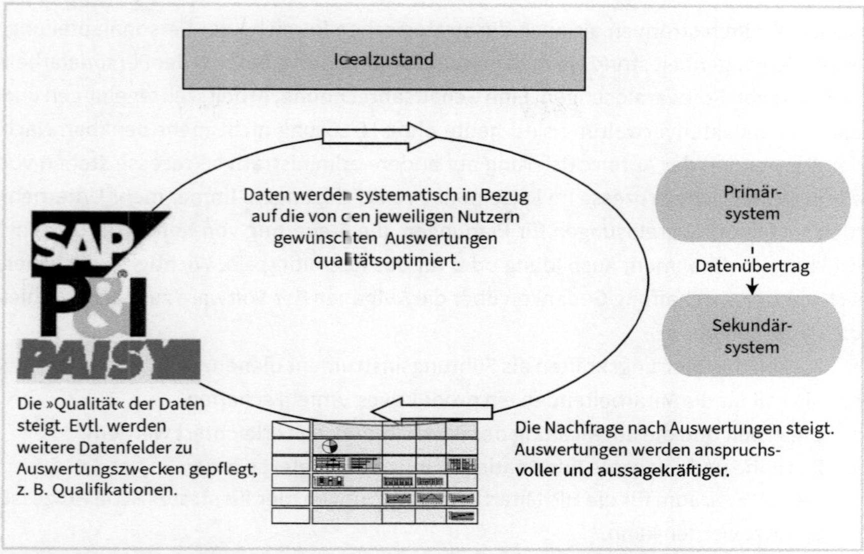

Regelkreis der Datenqualität – Idealzustand (DGFP-Lehrgang Personalcontrolling, Modul I, 2008 bzw. Modul IV, 2002)

Wichtig

Die Pflege der Daten stellt zu Beginn einen sehr hohen Aufwand dar. Er nimmt im Zeitablauf aber deutlich ab. Allerdings müssen trotzdem immer wieder neue Daten eingepflegt und bereits vorhandene Daten überarbeitet und angepasst werden.

14.2 Softwareauswahl

Bei der Auswahl von Software sollte man sich genau überlegen, welche Kriterien wichtig sind. Nachfolgend ein paar Beispiele:

- Zielsetzung
- Benutzerakzeptanz
- Flexibilität
- funktionale Vollständigkeit
- Hardware- und Plattformvoraussetzungen
- Hersteller (Referenzen, Training, Support und Wartung)
- Kosten (Kaufpreis, jährliche Lizenzgebühren und Personentage)
- Schnittstellen
- Auswertungen
- Sicherheit und Datenschutz
- Workflow-, Internet- und Intranetfähigkeit

Allen Verantwortlichen ist heute klar, dass komplexe Unternehmens- und Personalprozesse ohne Software nicht mehr zu steuern sind. Eine HR-Software unterstützt sowohl die administrativen als auch die strategischen Bereiche der Personalabteilung. In der Vergangenheit stand vielfach nur der administrative Bereich der Personalarbeit im Fokus von Softwarelösungen. Eine Gehaltsabrechnung, Arbeitszeitregelungen und die Personalaktenverwaltung sind heute ohne IT-Lösung nicht mehr denkbar. Nach der Ausweitung der Automatisierung auf andere administrative Prozesse stehen vor allem strategische Prozesse im Mittelpunkt von IT-Lösungen. Immer mehr Unternehmen setzen Softwarelösungen für Planungen, die Steuerung von Kompetenzen, Entwicklungsmaßnahmen, Ausbildung oder für das Recruiting ein. Wichtig ist auch hier, sich vor der Anschaffung Gedanken über die Aufgaben der Software zu machen – hier die Hauptaufgaben:

- Sie soll den Führungskräften als Führungsinstrument dienen.
- Sie soll für die Mitarbeitenden ein produktives Umfeld schaffen.
- Die Arbeit und die Entwicklung der Beschäftigten soll erleichtert werden.
- Zeitnahe und relevante Informationen müssen geliefert werden.
- Sie soll Freiraum für die HR-Mitarbeitenden bringen, der für strategische Prozesse genutzt werden kann.
- Die Administrations- und Routinearbeiten sollen automatisiert und erleichtert werden.

Darüber hinaus gibt es auch spezielle Anforderungen bei bestimmten Prozessen. So sollten bei einer Gehaltsabrechnungssoftware das Fachwissen zu gesetzlichen Änderungen und die Unterstützung der lokalen Sprache vorhanden sein. Außerdem muss die vertragliche Garantie einer rechtskonformen Abwicklung in jedem Land inklusive Compliance-Prozessen, höchsten Datensicherungsstandards oder integrierten Analysen und Berichten für Arbeitgeberleistungen, das Personalressort und die Gehaltsabrechnung berücksichtigt werden.

Zwei Systeme sind dabei zu unterscheiden:

- **Expertensysteme:** kleine Anzahl von geschulten Anwendern mit einer Vielzahl von Möglichkeiten, tägliche Anwendung, effiziente Bedienung und Prozessoptimierung – hoher Schulungsbedarf.
- **Mitarbeitersysteme:** ungeschulte Mitarbeiter mit einfachem Zugriff auf ihre Daten – zumeist keine Schulung erforderlich.

Weiterhin unterscheidet man zwischen All-in-one- und Best-in-Breed-Lösungen:

- **All-in-one:** alle möglichen Anwendungen eines einzigen Softwareherstellers – Komplettlösung
- **Best-in-Breed:** für jeden Bereich die vermeintlich beste Lösung von verschiedenen Herstellern

Beide Ansätze haben Vor- und Nachteile. Der entscheidende Faktor ist die Struktur und Strategie des eigenen Unternehmens.

In einer Fallstudie der evangelisch-lutherischen Kirche in Bayern (ELKB) aus dem Jahr 2021 (Köppen/Dörn/Vrohlings/Mussenbrock, 2021) wurden die folgenden Empfehlungen zusammengefasst:

- Fragen Sie sich, ob es neben den rationalen Faktoren noch weitere Einflüsse auf den Auswahlprozess gibt.
- Nehmen Sie alle Faktoren wahr und versachlichen Sie diese.
- Begreifen Sie den Auswahlprozess als Changemaßnahme.
- Betreiben Sie von Anfang an Erwartungsmanagement und beziehen Sie die entscheidenden Stakeholder mit ein.
- Suchen Sie sich einen Mentor aus dem Führungskreis, um frühzeitig Widerstände abzufedern.
- Nutzen Sie externe Unterstützung z. B. für eine neutrale Moderation, für die Bewertung der Lösungsvorschläge oder zur Transparenz und Bewertung der Kosten.

Wie sieht es mit den oft angebotenen kostenlosen Softwarelösungen aus? In der Zeitschrift »Personalwirtschaft« (06/2019, S. 50) gibt es dazu eine Checkliste, ob eine solche Software für Ihr Unternehmen sinnvoll ist:

- Erfüllt die fragliche Lösung tatsächlich die Anforderungen für den vorgesehenen Einsatzbereich?
- Wenn nicht: Lässt sie sich an diese Anforderungen anpassen? Und/Oder kann man trotz funktionaler Einschränkungen damit zurechtkommen?
- Wie sieht es mit der Bedienbarkeit aus? Sind gegebenenfalls Schulungen erforderlich und/oder gibt es ein Benutzerhandbuch zur Software?
- Können Sie auf IT-Experten zugreifen, die bei Bedarf Installation, Wartung und Administration der Software übernehmen?
- Werden Sie auf Dauer, also auch bei Wachstum oder relevanter Umstrukturierung, mit der Software zurechtkommen? Und/Oder gibt es eine erweiterbare, vielleicht kostenpflichtige Variante der Lösung, die mit den Anforderungen mitwachsen kann?
- Wenn nicht: Bietet die Software die Möglichkeit, die dort gespeicherten Daten in eine andere Lösung zu migrieren?
- Ist sichergestellt, dass bei Bedarf Daten hausintern ausgetauscht werden können – Stichwort Schnittstellen?
- Werden regelmäßig Updates geliefert, die stets auf dem aktuellen gesetzlichen und technischen Stand sind (wenn das relevant ist)?

Bei Lourens/Brughmans/Harbig (2008, S. 112 ff.) wird ein detaillierter Implementierungsplan dargestellt. Er sieht wie folgt aus:

1. Entwickeln Sie ein **Template** und einen **Standard-Implementierungsplan**. Ein Template ist eine detaillierte Standardbeschreibung der Art und Weise, in der die HR-Prozesse in der neuen Situation und Konfiguration mit der neuen Software

verlaufen werden. Im Grunde handelt es sich um eine detaillierte Ausarbeitung eines Entwurfs, um eine umgehende Implementierung zu ermöglichen.

2. Führen Sie in einem Unternehmensbereich oder in einem Land, in dem Ihr Unternehmen tätig ist, ein **Pilotprojekt** durch. Dadurch wird deutlich, ob und wie viele Änderungen am Template und am Implementierungsplan vorgenommen werden müssen.
3. Nehmen Sie **Anpassungen an der Vorlage und dem Implementierungsplan** vor. Auf der Grundlage der Erfahrungen aus dem Pilotprojekt werden Template und Plan bei Bedarf adaptiert. Weitere Änderungen sollten vermieden werden. Nur bei gesetzlichen Neuregelungen muss eine erneute Anpassung vorgenommen werden.
4. Danach erfolgt die **Implementierung der Vorlage** schrittweise in Unternehmensbereichen oder Ländern. Erfahrungsgemäß ist es sinnvoll, neue Programme sukzessive in einem Unternehmen einzuführen. Dadurch ist eine permanente Überprüfung der Prozesse möglich. In dieser Phase sollte eine regelmäßige Abstimmung mit der IT-Abteilung stattfinden.

In den nächsten Schritten muss auch der **Business Case** validiert werden. Bei positiver Entwicklung kann er endgültig zur Genehmigung vorgelegt werden. Bei negativen Zahlen muss überprüft werden, durch welche Veränderungen man zu einem positiven Ergebnis gelangt. Nach der Genehmigung kann die Implementierung beginnen.

Im »Personalmagazin Plus« (10/2018, S. 15) sind folgende Tipps zum Umgang mit Veränderungen zusammengefasst:

- **den Ist-Zustand definieren:** Bei welchen Prozessen wäre eine Zeitersparnis am größten? Wo lohnt es sich, eine neue Software einzusetzen?
- **ausgediente Muster loslassen:** Überlegen Sie, was Sie ändern möchten. Auf dieser Basis fällt dann die Entscheidung für eine neue Software. Viele kleine und mittlere Unternehmen setzen auf Standardanwendungen. Der Vorteil ist, dass Prozesse vorgegeben sind, die auf Best-Practice-Erfahrungen beruhen.
- **Unterstützer suchen:** Bei Veränderungen ist die taktische Vorgehensweise das Wichtigste. Suchen Sie sich in verschiedenen Abteilungen Unterstützer oder Unterstützerinnen für dieses Projekt. Zusätzlich sollte man einen Promoter in der Geschäftsführung haben.
- **Frust vermeiden:** Die Einführung einer neuen Software ist mit erheblicher Arbeit verbunden. Es werden zusätzliche Ressourcen benötigt. Das alles muss vorher geplant werden. Bestimmte Arbeiten (Stammdaten bereinigen, Zugriffsberechtigungen festlegen etc.) können vorab erledigt werden.
- **alle ins Boot holen:** Alle Beteiligten sollten vorab informiert werden. Es ist wichtig, sie von den Veränderungen zu überzeugen. Insbesondere die Vorteile müssen herausgearbeitet werden.

- **Probanden bestimmen:** In der Testphase ist es wichtig, dass das Unternehmen die Veränderung positiv aufnimmt. Daher sollte genau überlegt werden, welche Personen in dieser Phase einbezogen werden.
- **den Überblick behalten:** Definieren Sie Standards für die tägliche Arbeit. Legen Sie fest, welche Felder im Mitarbeiterprofil Pflicht und welche Infos relevant oder irrelevant sind. Denken Sie an den Schutz personenbezogener Daten.

Appel/Wahler (2018) bieten Hilfestellungen an, wie Nutzende mitgenommen werden können:

- Involvieren Sie die Betroffenen.
- Informieren Sie Mitarbeitende und Führungskräfte.
- Zeichnen Sie das Gesamtbild auf.
- Schaffen Sie Transparenz über den Prozess.
- Stellen Sie Lernhilfen bereit.
- Hüten Sie keine Geheimnisse.
- Holen Sie sich Unterstützung mit ins Boot.
- Sorgen Sie für ein positives Nutzererlebnis.

Natürlich kommt es in Unternehmen immer wieder zu Situationen, in denen die Beschäftigten Zeit verlieren, da die installierte Software Probleme bereitet. In einer HR-Software-Studie »State of Digital Adoption« des Softwareanbieters Userlane aus dem Jahr 2022 werden die wichtigsten Ursachen dafür genannt:

- Es dauert zu lange, bis die IT-Abteilung reagiert (31 %).
- Die Software ist zeitaufwendig oder bremst die Arbeit (30 %).
- Es gibt zu viele komplexe Prozesse (29 %).

Die Reaktionen darauf sind:

- sich im Kollegenkreis beklagen (42 %)
- sich beim Arbeitgeber beschweren (35 %)
- Aufgaben aufschieben (31 %)

In einer Round-Table-Diskussion über die Implementierung von HR-Software (Personalwirtschaft – HR Software – Special, 07/08 2022) kam es zu interessanten Ergebnissen. Im Zuge der Coronapandemie war zudem festzustellen, dass HR mit dazu beigetragen hat, dass das operative Geschäft gut durch die Krise gekommen ist. Außerdem ist man offener für digitale Lösungen geworden. Auch in dieser Zeit wurden Software-Implementierungsprojekte durchgeführt. Hierzu ein Leitfaden zum Virtual Deployment (Richter/Workday im Personalmagazin plus – HR-Software 2020), der zeigt, worauf es ankommt:

- Recherchieren und evaluieren Sie sorgfältig.
- Erarbeiten Sie einen »Plan to Success«.

- Ermitteln Sie den richtigen Deployment-Partner.
- Erarbeiten Sie eine interne Team-Roadmap für das virtuelle Deployment.
- Bereiten Sie die virtuelle Zusammenarbeit vor.
- Haben Sie einen Notfallplan zur Hand.
- Motivieren Sie Ihr Team virtuell.
- Halten Sie Wichtiges schriftlich fest.

Auch in den kommenden Jahren dürfte der Markt für HR-Software weiter kräftig wachsen. Es geht vor allem um eine bessere Employee Experience und eine bessere Candidate Experience für die HR-Akquise sowie um HR-Software für die Abbildung von immer flexibleren und agileren Arbeitsorganisationen.

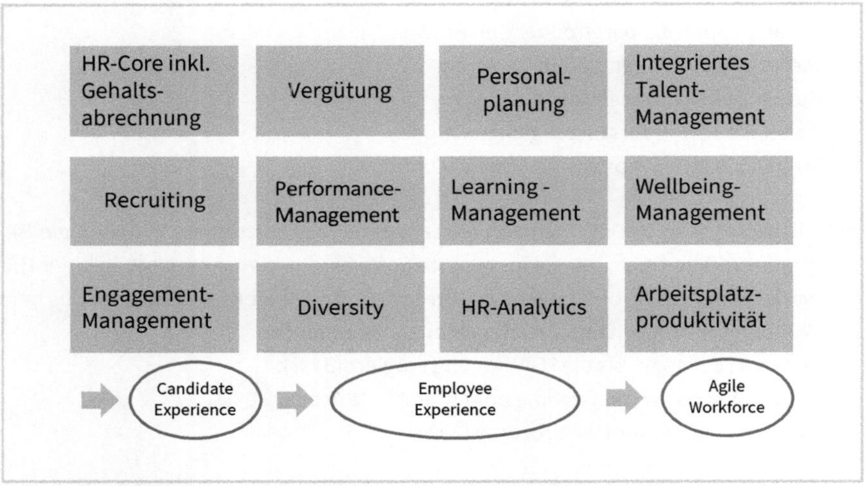

Dynamische HR-Tech-Bereiche nach Josh Bersin »12 HR-Software-Segmente« (Personalmagazin plus 10/2021) – die Querschnittsthemen unten stehen besonders im Fokus

Abschließend noch ein Vorschlag bezüglich der Suche nach einem Bewerbermanagement-System. Er wurde im HR-Software-Guide 2023 der Zeitschrift »Personalwirtschaft« veröffentlicht:

- **Bestandsaufnahme**
  - Erforderlicher Organisationstyp?
  - Voraussichtliche Anzahl jährlicher Einstellungen?
  - Durchschnittliche Costs per Hire?
  - Gestaltung der Bewerberkommunikation?
- **Automatisierung**
  - Erwünschter Automatisierungsgrad?
  - Ethikfrage beim KI-Einsatz?

- **Strategieentscheidungen**
  - Geplante Art des Bewerbungseingangs (nur online oder auch Papierform)?
  - Delivery-Modell (Lizenzierung, Cloud, intern oder externes Rechenzentrum)?
  - Gestaltung der internen Kommunikation?
  - Diversity-Konformität?
- **Kandidatensuche**
  - Active Sourcing (die Software unterstützt die Suche)?
  - Suche in anderen Quellen?
  - Internes Recruiting?
- **Stellenanzeigen und Kandidatenansprache**
  - Multiposting (das System postet Stellenanzeigen in vielen Kanälen)?
  - Templates (Speicherung von Anforderungen, Profilen und Stellenanzeigen)?
  - KI-gesteuerte Keywords (das System platziert Schlüsselwörter in Profilen und Anzeigen – dadurch Identifizierung in Bewerbungen)?
  - Social-Media-Bewerbung?
- **Bewerberdatenverwaltung**
  - CV-Parsing: Erlaubt das System das automatische Extrahieren von Daten, um sie später zu übernehmen?
  - nach einer Ablehnung: Speicherung abgelehnter Bewerberinnen und Bewerber, um sie bei neuen Ausschreibungen zu berücksichtigen?
  - nach einer Zusage: Werden aus Bewerbern Beschäftigte, sollten die Daten ins HR-Managementsystem übertragen werden und ggf. auch in die digitale Personalakte
- **Bewerbungsauswahl und -vergleich**
  - Pre-Assessment: Kann das System Bewerber- oder Talentpools nach individuellen Kriterien durchsuchen?
  - Videointerviews: Soll das Programm Videointerviews verarbeiten?
  - Profil-Matching: Ein gutes BMS kann Bewerbungen und Kandidateninfos mit den Anforderungsprofilen offener Stellen abgleichen.

14.3 Digitalisierung

Ursprünglich bedeutete Digitalisierung das Umwandeln analoger Werte in digitale Formate. Diese digitalen Daten lassen sich informationstechnisch verarbeiten. Wer also seine alten VHS-Kassetten oder seine Schallplatten immer dabeihaben will, muss sie in digitale Formate umwandeln. Das ist aber nur der Anfang. Der entscheidende Schritt der Digitalisierung ist die Vernetzung, etwa von Geräten, um allen bestimmte Inhalte zur Verfügung zu stellen – z. B. werden unter dem Stichwort »Smarthome« Smartphones mit Haushaltsgeräten vernetzt.

Hier soll aber die Digitalisierung von Unternehmensprozessen im Mittelpunkt der Betrachtung stehen. Wir stehen vor einer dramatischen Veränderung der Arbeitswelt.

Deswegen befürchten viele Menschen den Verlust ihrer bisherigen Arbeitsplätze – und sie wissen nicht, wie viele neue Arbeitsplätze durch die Digitalisierung entstehen könnten.

In einer Benchmarking-Studie hat das Personalmagazin (12/2022) in Zusammenarbeit mit der Universität Mannheim und der Hochschule Rhein-Main den Status quo der Digitalisierung der HR-Funktion untersucht. Die Studie offenbart, dass zwar viele Unternehmen entsprechende Aktivitäten begonnen und zum Teil auch erfolgreich umgesetzt haben, es aber in der Breite eine hohe Unzufriedenheit mit dem gegenwärtigen Stand gibt.

Mehr als die Hälfte der Teilnehmenden sieht ein sehr hohes Potenzial, durch die Digitalisierung die spezifischen HR-Ziele besser erreichen zu können (weitere 29% immerhin noch ein hohes Potenzial). Weil dieses Potenzial vorhanden ist, es aber an der Umsetzung hapert, entsteht Unzufriedenheit bei den Beschäftigten mit der Situation. Nur 10% sind voll zufrieden. Ein gewichtiger Grund ist die fehlende HR-Digitalisierungsstrategie. Nur 45% der Befragten sagen, dass es eine solche in ihrem Unternehmen gibt. Ein weiterer Punkt ist, dass vielfach nur an der Oberfläche gekratzt wird und die tiefergehenden, transformativen Potenziale noch nicht realisiert sind.

Hier die Elemente, die bisher hauptsächlich genutzt werden:

- Daten digital speichern und bearbeiten, die vorher analog vorlagen (63% sagen, dass dies zutrifft).
- Daten nutzen, um daten- oder evidenzbasierte Entscheidungen zu treffen (30%).
- Neue, digitale Kommunikationskanäle und -plattformen nutzen (49%).
- Bestehende HR-Prozesse automatisieren oder vereinfachen (53%).
- Den Kunden neue HR-Produkte und -Services anbieten (26%).

Natürlich muss auch der erforderliche Rahmen geschaffen werden. Man benötigt

- zugängliche, hochwertige und genutzte Daten,
- kompetente, anpassungsfähige und nach Weiterentwicklung strebende Menschen,
- vernetzte, innovative und agile Organisationsansätze,
- zielführende und transparente Steuerungskennzahlen.

Als Fazit dieser Studie lässt sich festhalten, dass HR in der Digitalisierung einen großen Hebel sieht, um die eigenen Ziele im Unternehmen besser erreichen zu können. HR sieht sich auch als Treiber dieser Veränderung. Erforderlich ist nur, dass die Unternehmen diese Innovationen schneller in die Wege leiten.

Dabei bietet die Digitalisierung der Personalarbeit viele Chancen. Es geht darum, die HR-Funktion effizienter und zielgerichteter zu machen, damit sie mehr zum Unternehmenserfolg beitragen kann. Die HR-Mitarbeitenden bekommen eine neue Perspektive auf andere Geschäftsmodelle und Arbeitsweisen. Außerdem verbessert sich der Zugang zu neuen Daten, es ergeben sich Möglichkeiten der Kostenersparnis, andere verbesserte Arbeitswelten (Homeoffice) sowie ein weitgehend papierloses Büro.

Im Haufe-Whitepaper »HR-Digitalisierung« sind die wichtigsten Vorteile der Digitalisierung von HR aufgelistet (Haufe Services, 2021):

- produktive Workflows,
- die Bindung von Fach- und Führungskräften,
- agile Anpassungsfähigkeit,
- zukunftssichere Prozesse sowie
- effizientes Personalmanagement.

Im oben angeführten Whitepaper wurden außerdem die Ziele der HR-Digitalisierung festgehalten:

- reduzierte manuelle Aufwände (Automatisierung, weniger Fehleranfälligkeit, schnellere Workflows)
- transparente Abläufe (Übersicht der Aufgaben und Prozesse)
- mehr Flexibilität (Zugriff auf Personalakten und Dokumente von überall, mobile HR-Arbeit, digitale Unterschriften)
- beschleunigte Kommunikation (Mitarbeitende einbinden, schnelle Genehmigungs- und Freigabeprozesse, schnelle Versendung von Dokumenten, schnelle Beantwortung der Anfragen von Beschäftigten, HR-Wissen digital bereitstellen)

Das Problem mit Blick auf die Digitalisierung ist allerdings der Unterschied zwischen Anspruch und Wirklichkeit (siehe obige Umfrage): Bei den Betroffenen gibt es einerseits Begeisterung und andererseits Ängste bezüglich des Arbeitsplatzes. Das bedeutet, dass die Verantwortlichen im Personalbereich sehr genau überlegen müssen, wie sie das Thema angehen. Sie sollten sich Fragen stellen wie z. B.:

- Was bedeutet die Digitalisierung für uns?
- Wie müssen wir uns in Zukunft aufstellen?
- Welche Kompetenzen benötigen wir für die Zukunft?

Der Personalbereich muss hier seiner Aufgabe gerecht werden und sich dieses Themas annehmen. Vor allem ist es erforderlich, die HR-Mitarbeitenden auf dem Weg der Digitalisierung mitzunehmen. Denn die Ängste sind natürlich berechtigt, wenn man insbesondere an die Funktionen in der HR-Administration denkt. Die Digitalisierung bringt erhebliche Veränderungen und soll von den Mitarbeitenden umgesetzt werden. Es darf nicht der gleiche Fehler passieren wie beim Business-Partner-Modell oder beim Thema Shared Services: Hier lagen die Umsetzungsprobleme oft nicht bei den Kunden, sondern bei den Personalern selbst, die sich mit den neuen Rollen und Arbeitsweisen schwertaten.

Es ist wichtig, sich mit dem Zukunftsthema Digitalisierung auseinanderzusetzen und im HR-Bereich darüber eine offene Diskussion zu führen. Es gilt zu bedenken, dass – wie bei früheren Automatisierungswellen auch – viele neue Berufsbilder entstehen werden. Durch den Erwerb neuer Kompetenzen können sich die Personaler weiterentwickeln und dadurch Anerkennung und Wertschätzung der Kollegen aus anderen Bereichen erhalten. Denn die Behauptung »Personal kann jeder« stimmt in keiner Weise!

Appel/Wahler (2018) stellen ein ganzheitliches Verständnis von digitalem Personalmanagement vor. Die Dimensionen der HR-Digitalisierung sind demnach:

- HR-IT-Systeme
- Daten
- Datenschutz
- Big Data
- mobile Anwendungen
- Strategie
- Führung
- HR-Organisation
- Prozesse
- digitale Kompetenzen

Bei Appel/Wahler werden zudem zehn Schritte zur digitalen HR-Organisation dargestellt:

1. **Den Diskurs der Digitalisierung im gesellschaftlichen Kontext führen:** Nur das Personalmanagement kann die Auseinandersetzung mit den gesellschaftlichen Akteuren führen und um Akzeptanz und Vertrauen gegenüber unternehmerischen Entscheidungen werben.
2. **Sich mit allen Unternehmensfunktionen vernetzen:** Die Digitalisierung betrifft alle. Das Thema kann nur gemeinsam bewältigt werden.
3. **Eine HR-Digitalisierungsstrategie entwickeln:** Weder »Business as usual« noch blinder Aktionismus oder detaillierte Mikroprojektpläne dürfen die Vorgehensweise bestimmen.
4. **Eine Digitalisierungskultur etablieren:** Digitalisierung ist zu wichtig, als dass man sie allein der IT-Funktion überlassen dürfte. Der Gesamtkontext ist entscheidend. Die Unternehmensführung muss den Mitarbeitenden eine Orientierung geben.
5. **HR-Mitarbeitende fit machen für die Digitalisierung:** Kompetenzen in den Bereichen Change, Stressmanagement und Strategie müssen ausgebaut werden. HR-Mitarbeitende müssen nicht die Technik beherrschen, aber die Sprache der IT verstehen und deren Denkweise verinnerlichen.
6. **Von Methoden und Technik der IT mitnehmen lassen:** Begriffe wie »Design Thinking«, »Scrum« und »Agilität« dürfen für Personaler keine Fremdwörter mehr sein. Sie müssen sich mit den entsprechenden Methoden auseinandersetzen.

7. **Die HR-Organisation überdenken:** Gibt es andere Möglichkeiten als das Dreisäulenmodell? Es sollten andere Dinge ausprobiert werden, gerade wenn es um Digitalisierung geht.
8. **Die HR-Daten strukturieren:** Daten sind Mittel zum Zweck. Um den Kunden gerecht zu werden, müssen die Daten strukturiert und verarbeitet werden, allerdings nicht zulasten der Kunden.
9. **Die HR-Daten im Konsens und zum Unternehmenserfolg nutzen:** HR muss lernen, mit den Daten bessere Entscheidungen über die Mitarbeiterschaft zu treffen und das in aller Transparenz und Offenheit.
10. **Personalarbeit bleibt Beziehungsarbeit:** Die Zukunft darf nicht bedeuten, Mitarbeitergespräche per Smartphone oder mithilfe anderer Techniken zu führen. Technik bleibt das Mittel, der Mensch bleibt das Ziel.

Bedürfnispyramide der HR-Digitalisierung (Empleox 2022; Personalwirtschaft Sonderheft 07/08/2022)

Zum Abschluss hier ein paar Ergebnisse einer Studie der Dualen Hochschule Baden-Württemberg im Auftrag der HKP-Group (Jacob, 2019). Darin wird u.a. festgehalten, wo es bei der digitalen Transformation im Jahr 2019 hakte:

- zu wenig digitale Kompetenzen bei HR
- zu wenig digitale Kompetenzen bei den Führungskräften
- Generationsunterschiede innerhalb der Belegschaft
- zu wenig Budget
- schlechte Unterstützung durch IT-Abteilung/-Dienstleister
- fehlende digitale Infrastruktur

- wenig standardisierte Prozesse
- Restriktionen der Mitbestimmung
- große Anzahl interner Richtlinien
- mangelnde Unterstützung seitens des Managements
- rechtliche Restriktionen

Hier noch eine Erkenntnis aus der Studie »People-Management 2025« von PwC und der Universität St. Gallen (Bruch et al., 2019): Es wurde die Frage nach der Wichtigkeit der Kompetenzen des HRM heute und für das Jahr 2025 gestellt. Die höchsten Steigerungsraten dabei hatten Big-Data- und People-Analytics-Kompetenzen (+23%), Experimentierfreudigkeit (+21%), digitales Wissen (+18%) sowie visionäres Denken (+14%). Die insgesamt wichtigsten Kompetenzen sind Networking-Fähigkeiten (91%), digitales Wissen (86%), strategisches Wissen (86%) sowie Changemanagement und visionäres Denken (mit je 85%).

Dazu ein Zitat von Prof. Dr. Gunther Olesch (u.a. Phoenix Contact): »Es wird so aussehen, dass Personalmanagement sehr stark strategisch arbeiten muss, vom Kunden her denken muss. Was will der Kunde? Können wir das Unternehmen darauf ausrichten? Und wie können wir unsere Leute dafür qualifizieren, ihr Mindset, ihr Herz dafür gewinnen – damit wir gemeinsam als Unternehmen auch noch in vielen Jahren erfolgreich sind?«

14.4 Künstliche Intelligenz

Künstliche Intelligenz (KI) ist ein Zweig der Wissenschaft, der sich mit der Simulation und Ausübung intelligenten Verhaltens – bzw. Handelns – von Maschinen und deren softwarebasierten Steuerungen beschäftigt. Dabei sollen die Fähigkeiten eines Systems so angelegt werden, dass es intelligentes und menschlich anmutendes Verhalten nachahmen kann.

KI-Systeme können rationale Analysen, Empfehlungen und Entscheidungen auf der Grundlage der Umgebung abgeben bzw. treffen, in die sie integriert wurden. Dafür lernen diese Systeme von ihrer Umgebung und analysieren deren Zustand, den sie mit Eingriffen maßgeblich mitbestimmen. Die dafür verwendeten Algorithmen wirken wie kognitive Fähigkeiten auf der Analyseseite und wie Roboter auf der Handlungsseite. Je mehr Daten durch sorgfältig entwickelte Algorithmen gesammelt und analysiert werden, desto besser werden die Genauigkeit der Vorhersagen und die Präzision der Handlungen (Appel/Wahler, 2018, S. 237 ff.).

Die Bedeutung für den HR-Bereich liegt darin, dass KI HR-Prozesse vereinfachen und wohl auch Entwicklungen vorhersagen kann. KI benötigt dafür Big Data. Insbesondere in größeren Unternehmen mit vielen HR-relevanten Daten ist es sinnvoll, mit KI zu arbeiten. Der Einsatz von KI in HR-Analytics kann bei entsprechender Anwendung zu einer Erleichterung führen. Die intelligente Analyse und Verarbeitung von Personendaten kann Unternehmen voranbringen. Weitere Einsatzgebiete können Stellenausschreibungen (z.B. Analyse von erforderlichen Skills), die Personaleinsatzplanung (Vorhersage des täglichen Personalbedarfs) und die Reisekostenabrechnung (Vereinfachung der Analyse und Verarbeitung der Daten) sein.

Eine Umfrage der Firma Civey führte zu folgenden Ergebnissen:

- Zwei Drittel der Befragten setzen KI (noch) nicht ein.
- Die Akzeptanz von KI in Entscheidungsprozessen ist gering – bei Mitarbeitenden noch weniger als bei HR-Fachkräften.
- KI-gestützte Analysen für Entscheidungen zum beruflichen Werdegang werden weitestgehend abgelehnt.
- Gleiches gilt für KI-Empfehlungen, wenn diese der eigenen Annahme widersprechen.
- Gut die Hälfte der Befragten lehnt es nicht ab, wenn KI komplexe Aufgaben in deren Arbeitsbereich übernimmt
- Zwei Drittel glauben, durch den Einsatz von KI entstehen neue Berufsbilder – Mitarbeitende mehr als HR-Fachkräfte.
- Ob menschlich wirkend oder nicht – Chatbots werden kritisch gesehen.
- Fast die Hälfte denkt, Unternehmen mit KI-Unterstützung seien langfristig erfolgreicher.

Der Ethikbeirat HR-Tech hat ethische Leitplanken für KI ermittelt (Personalmagazin 8/2019):

- transparenter Zielsetzungsprozess
- fundierte Lösungen
- Menschen entscheiden
- notwendiger Sachverstand
- Haftung und Verantwortung
- Zweckbindung und Datenminimierung
- Informationspflicht
- Achten der Subjektqualität
- Datenqualität und Diskriminierung
- stetige Überprüfung

In einem Artikel des Personalmagazins (12/2021) setzt sich RA Paula Wernecke mit der Nutzung der künstlichen Intelligenz und deren Grenzen durch den Datenschutz und den Diskriminierungsschutz auseinander. Im gesamten HR-Bereich gibt es strenge Anforderungen zur Nutzung personenbezogener Daten. Der Datenschutz setzt damit der Nutzung von KI enge Grenzen. In § 26 BDSG ist festgelegt, dass die Verarbeitung personenbezogener Daten einer Erlaubnis bedarf. Ausnahmen sind:

- Die Verarbeitung ist für bestimmte genannte Zwecke erforderlich.
- Eine freiwillige Einwilligung des Betroffenen liegt vor.

In § 22 DSGVO ist darüber hinaus festgelegt, dass Anwendungen untersagt sind, die gänzlich ohne menschliche Mitentscheidung über Bewerbungen urteilen. Außerdem ist es unabdingbar, dass der Betriebsrat an einer Einführung von KI beteiligt wird (§§ 90, 80, 95 des BetrVG). Es ist zu begrüßen, dass auch die EU einen Rechtsrahmen für KI vorlegen wird, der erstmalig eine Regulierung vorsieht.

Heute kann man noch sagen, dass KI in der HR-Praxis eher ein neuer Trend ist als schon vorhandene Realität. Neben der Automatisierung administrativer Tätigkeiten sind hauptsächlich folgende Bereiche im Gespräch:

- Social Recruiting
- Data-driven Recruiting/Robot Recruiting
- Chatbots
- HR Business Intelligence

Wo bereits heute KI-gestützte Instrumente eingesetzt werden, soll im Folgenden dargestellt werden. Die Zusammenstellung basiert auf einer Studie, die die DGFP im Dezember 2022 veröffentlicht hat (»Navigating KI – Künstliche Intelligenz und HR«).

- **Personalverwaltung**
  - Self-Service-Center
  - Automatisierung administrativer Prozesse
  - interne Chatbots, automatische Korrespondenz
  - Assistenz-/Informationssysteme für HR
- **Personalgewinnung/Recruiting**
  - Persönlichkeits-/Eignungsdiagnostik
  - Stellenanzeigen
  - Optimierung der Recruiting-Channel
  - Data-driven Recruiting/Active Sourcing
  - automatisiertes Auslesen von Lebensläufen und Zeugnissen
  - Reporting
  - individualisierte Onboarding-Prozesse
  - CV-Parsing
- **Personalentwicklung**
  - individualisierte Weiterbildungsangebote
  - Identifikation von Potenzialträgern für Nachfolgeplanung etc.
  - Performance-Messung, Ziel- und Leistungsvereinbarungen, Indikatoren für Training/Coaching

- **Personalstrategie**
  - HR-Controlling, Auswertung von Personaldaten und Benchmarks
  - HRM-Planungsdaten, Arbeitsmarktanalysen
  - Matching von MA-Kompetenzen und Kundenprojekten
  - Predictive Analytics, z. B. Attrition Rate, Fluktuation, Ressourcen.

Die Studie erläutert auch, welche Nutzenerwartungen die Unternehmen vor allem mit KI verbinden: In erster Linie sind es die Bereiche Prozessoptimierung, Effizienz und Produktivität. Mit deutlichem Abstand folgen Produkt- und Serviceinnovationen, Kommunikation mit der Kundschaft und neue Geschäftsmodelle.

Das spiegelt sich auch in den Prioritäten wider, nach denen Unternehmen über den Einsatz von KI entscheiden:

1. Rentabilität
2. Kostensenkung
3. Nachvollziehbarkeit der KI-Entscheidungen
4. Geringer Implementierungsaufwand

Des Weiteren wird auf die durch KI entstehenden betrieblichen Vorteile hingewiesen:

- jederzeit verfügbare Informationen
- nicht nur reine Information, sondern intuitive Interaktion und individualisierte Ansprache/Angebote für Mitarbeitende und Bewerbende
- Erschließung großer Informationsmengen sowie neuer datenbasierter Wissenspotenziale
- Beschleunigung und Kosteneinsparung bei administrativen Prozessen
- Entlastung des HR-Managements bei Routineaufgaben

Wo liegen zurzeit die Grenzen von KI?

Die Grenzen von KI sind momentan zum einen systemimmanent (soziale und kreative Elemente), zum anderen gibt es aber auch Akzeptanzprobleme. Diese fokussieren sich bei Bewerbenden in erster Linie auf den fehlenden persönlichen Kontakt. Bei den Beschäftigten stößt KI auf Ablehnung, wenn es um finale Entscheidungen sowie um Leistungsbeurteilungen und Arbeitsplatzüberwachung geht.

Die rechtlichen Vorbehalte wurden oben bereits erwähnt.

Chatbots

Wenn Chatbots eingesetzt werden, können Beschäftigte über ein Eingabefeld mit einem digitalen Assistenten chatten. Chatbots können die Vielfalt menschlicher Kommunikation verstehen und nachahmen. Anders als eine einfache Suchmaschine sind sie meist in der Lage, die Absicht der Menschen zu verstehen.

Es gibt mehrere Gründe, warum Chatbots operative HR-Prozesse verbessern können:

- automatisierte Beantwortung wiederkehrender Fragen
- mehr Zeit für das Kerngeschäft
- HR als digitaler Vorreiter
- einfache Bedienung für Nutzende
- ständige Erreichbarkeit

Folgende Anfragen kann ein Chatbot im Personalbereich bearbeiten (Haufe-Whitepaper – Chatbots in der Personalabteilung):

- Zu welchen Anlässen kann ich Sonderurlaub beantragen?
- Was muss ich bei der Änderung meiner Steuerklasse beachten?
- An wen kann ich mich bei einem Fehler in der Abrechnung wenden?
- Wem schicke ich mein Attest?
- Wann sind unsere Kernarbeitszeiten?
- Wie lange müssen wir an Heiligabend arbeiten?
- Ich arbeite hybrid, welche Feiertage gelten für mich?

In einer weiteren Umfrage von Haufe sagen 95% der Befragten, dass sie noch keinen Chatbot nutzen. 83% sehen jedoch die Möglichkeit, mit Unterstützung von Chatbots ihre Arbeit effizienter zu gestalten. Da 78% ihr Arbeitspensum als hoch bzw. zu hoch betrachten, ist das ein Grund, die Digitalisierung voranzutreiben.

In einer weiteren Studie der Hochschule München und der Hochschule Rhein-Main (Personalmagazin 10/2022) wird allerdings deutlich, dass die User die Chatbots (noch) nicht immer als problematisch ansehen. Folgende Gründe wurden aufgeführt:

- Qualität
- Aufwand und Kosten
- Akzeptanz der Bewerber (sie wollen eher mit Menschen sprechen)

Man weist darauf hin, dass Schnelligkeit und einfache Bedienbarkeit große Vorteile sind, aber die Qualität als deutlich schlechter beurteilt wird. Ebenso wird erwähnt, dass Mitarbeitende die persönliche Kommunikation immer noch bevorzugen. Außerdem wird verdeutlicht, dass sich ein Unternehmen, das Chatbots einführen will, die folgenden Fragen stellen sollte:

- Welche Kommunikationsmedien bevorzugt die Zielgruppe?
- Wie hoch ist das Risiko (im Vergleich zum Nutzen), wenn zwar menschliche Kontakte bevorzugt werden, aber nur ein Chatbot zur Verfügung steht?
- Wie gut ist die Technologie beim Erkennen der Nutzerabsichten?
- Wie viel Entlastung schafft ein Chatbot für die Mitarbeitenden?
- Wie viele Anfragen werden außerhalb der Bürozeiten gestellt?
- Wie hoch ist die Absprungquote derer, die nicht noch einmal auf eine Karriereseite gehen, wenn dort nur einen Chatbot als Kontaktoption zur Verfügung steht?

14.5 Blockchain

»Die Blockchain ist ein unbestechliches digitales Hauptbuch von wirtschaftlichen Transaktionen, das so programmiert werden kann, dass es nicht nur finanzielle Transaktionen, sondern praktisch alles von Wert erfasst.« (Tapscott, 2016)

Der Begriff »Blockchain« steht für eine spezielle Datenbanktechnologie. Es handelt sich um eine Art digitales Register – ähnlich einem Buchhaltungsjournal – in Form einer dezentralen Datenbank. Die Informationen befinden sich verteilt auf Computern in unterschiedlichen Netzwerken, ob in einer Cloud, einem normalen Rechenzentrum oder auf Rechnern innerhalb eines Unternehmensnetzwerks. Die Datenbankeinträge, z. B. Transaktionsdaten, werden zu Blöcken zusammengefasst. Ist der Block voll, wird der nächste erzeugt und der Kette angehängt. Durch verschlüsselte, eindeutige Codes werden die Blöcke miteinander verbunden. Manipulationen einzelner Informationsblöcke in der Kette sind nicht möglich, ohne dass automatisch festgehalten wird, wer wann welche Änderung vorgenommen hat. Die Blockchain-Technologie bietet den Vorteil, Daten sicher und transparent verwalten zu können, ohne dass es einer zentralen Kontrollinstanz oder des gegenseitigen Vertrauens der Nutzer bedarf (Pesch, Personalwirtschaft 08/2018).

Die ersten Ansätze in der Personalarbeit wurden in »Die Zukunft liegt in Ketten« (Personalwirtschaft 08/2019, S. 46 f.) aufgezeigt:

- **Learning:** Nach »Blockchain for Education« (Fraunhofer-Institut) ist Fälschungssicherheit zu gewährleisten ebenso wie der sichere Zugang zu digitalen Bildungsnachweisen, zu Bildungseinrichtungen sowie Zertifizierungsstellen.
- **Recruiting:** Verifizierung der Daten/Verringerung der Fehlerquellen; Arbeitnehmende könnten zukünftig eine Art »lebenden« Lebenslauf in der Blockchain abbilden; darin speichern sie Informationen zu Joberfahrungen.
- **Zeiterfassung:** Eine dezentrale, nicht veränderbare Datenspeicherung ist hier von großem Vorteil; das könnte ein erster Schritt zur automatisierten Verarbeitung von Arbeitszeiten sein.
- **Freelancer:** Es gibt bereits eine Freelancer-Community im Web. Dadurch besteht die Möglichkeit – da immer mehr Dienstleistungen oder Freelancer gebucht werden –, auf vertrauenswürdige Daten zurückzugreifen. Hier ist ein gegenseitiges, transparentes Vertrauensverhältnis erforderlich.
- **Smart Contracts:** Das sind Codedateien, in die Regeln eingefügt werden. Sie dienen dazu, Vereinbarungen mit freien Mitarbeitenden zu treffen oder Werkverträge abzuschließen.
- **Payroll:** Insbesondere bei einer globalisierten Workforce sind grenzüberschreitende Zahlungen für HR aufwendig und eher kritisch. Künftig könnten Unternehmen auf der Blockchain basierende eigene Cyberwährungen einsetzen. Das könnte den internationalen Zahlungsverkehr vereinfachen.

Nach Aussage der International Data Corporation (Handelsblatt v. 18.–21.05.2018) wurden laut Expertenschätzungen im Jahr 2018 2,1 Milliarden Dollar von Unternehmen für Blockchain-Lösungen ausgegeben. Das bekannteste Beispiel für eine Anwendung ist die Kryptowährung Bitcoin.

14.6 Cloud Computing

Cloud Computing ist eine IT-Infrastruktur, die z. B. über das Internet erreichbar ist. Sie beinhaltet in der Regel Rechenspeicher, Rechenleistung und Software als Dienstleistung. Das heißt für Unternehmen, es werden IT-Infrastrukturen zur Verfügung gestellt, ohne dass diese auf dem lokalen Rechner installiert sein müssen. Es handelt sich um ein Zusammenspiel von mehreren Servern. Diese übernehmen Aufgaben wie z. B. Datensicherung oder komplizierte Programmabläufe. Der Cloud-Nutzer weiß dabei nicht, wie viele Server hinter der Cloud stehen. Das bedeutet, wenn ein Server ausfällt, hat das keine Auswirkungen auf das gesamte System. Die Daten eines Unternehmens werden also nicht über »Wolken« oder Satelliten übertragen, sondern über ganz normale Internetverbindungen (Funktürme, Kabel, Router oder Rechenzentren).

Bereits 2011 hat das National Institute of Standards and Technology (NIST) eine Definition veröffentlicht, die auf weitgehende Akzeptanz gestoßen ist (https://de.wikipedia.org/wiki/Cloud_Computing). Danach gibt es drei Servicemodelle:

- **Software as a Service (SaaS):** Clouds bieten einen Nutzungszugang zu Software-Sammlungen und Anwendungsprogrammen. Der Diensteanbieter offeriert eine spezielle Auswahl von Software, die auf seiner Infrastruktur läuft. Eine alternative Bezeichnung wäre »Software on Demand«.
- **Platform as a Service (PaaS):** Clouds bieten einen Nutzungszugang zu Programmierungs- oder Laufzeitumgebungen mit flexiblen, dynamisch anpassbaren Rechen- und Datenkapazitäten. Mit PaaS entwickeln Nutzende ihre eigenen Softwareanwendungen oder lassen diese hier ausführen.
- **Infrastructure as a Service (IaaS):** Clouds bieten einen Nutzungszugang zu virtuellen Computerhardware-Ressourcen wie Rechnern, Netzen und Speichern. Nutzende gestalten hiermit frei ihre eigenen virtuellen Computer-Cluster und sind daher für die Auswahl, die Installation, den Betrieb und das Funktionieren ihrer Software selbst verantwortlich.

Darüber hinaus gibt es unterschiedliche Liefermodelle, die ebenfalls vom NIST definiert wurden:

- **Public Cloud:** Sie bietet Zugang zu abstrahierten IT-Infrastrukturen für die breite Öffentlichkeit über das Internet. Das heißt, dass der Diensteanbieter es seinen Kunden ermöglicht, IT-Infrastruktur zu mieten und auf einer flexiblen Basis für den tatsächlichen Nutzungsgrad bzw. Verbrauch zu bezahlen, ohne dabei in Rechner- oder Datenzentrumsinfrastruktur zu investieren.

- **Private Cloud:** Eine Private Cloud ist eine Cloud-Umgebung, die ausschließlich für eine Organisation betrieben wird. Das Verwalten der Plattform kann intern erfolgen.
- **Hybrid Cloud:** Sie bietet einen kombinierten Zugang zu abstrahierten IT-Infrastrukturen aus den Bereichen Private und Public Cloud je nach den jeweiligen Bedürfnissen der Nutzenden.
- **Community Cloud:** Sie bietet ebenfalls Zugang zu abstrahierten IT-Infrastrukturen wie die Public Cloud – jedoch nur für einen kleineren Nutzerkreis, Behörden oder andere öffentliche Institutionen.

Außerdem gibt es gemischte Formen der oben genannten Cloud-Typen. Selbstverständlich müssen in diesem Zusammenhang rechtliche und die Datensicherheit betreffende Fragen sehr intensiv betrachtet werden.

Was das Personalmanagement angeht, sollten Entscheidungen in Richtung einer Cloud wie ein Outsourcing-Projekt behandelt werden. Insbesondere SAP-Kunden müssen davon ausgehen, dass das HCM-System ab 2030 ausschließlich in einer Cloud betrieben wird.

Die HCM-Anbieter profitieren davon, dass die Veränderungsbereitschaft im Bereich HR pandemiebedingt beträchtlich gestiegen ist. Cloudbasierte HCM-Suiten entwickeln sich immer mehr zum Standard. Sie werden in allen Bereichen des HR-Managements angeboten.

14.7 DSGVO/Datenschutz

Am 25. Mai 2018 ist die Datenschutzgrundverordnung (DSGVO) der EU endgültig in Kraft getreten. Sie gilt bereits seit Mai 2016. Die Mitgliedsstaaten hatten für die Umsetzung eine zweijährige Übergangsfrist, um die EU-Regelungen umzusetzen und die nationalen Besonderheiten durch Öffnungsklauseln zu regeln.

Die Veränderungen, die sich aus dieser neuen Verordnung ergeben, sind nicht so gravierend, wie es in den Wochen vor der Inkraftsetzung in den Medien dargestellt wurde. Ziel der DSGVO ist die Harmonisierung des Datenschutzrechts auf europäischer Ebene. Darüber hinaus soll erreicht werden, dass jeder Einzelne mehr Kontrolle über seine eigenen Daten hat.

Im Art. 5 Abs. 1 der DSGVO werden acht Grundsätze vorgegeben, die bei jeder Datenverarbeitung sicherzustellen sind. Die Verantwortlichen müssen diese Prinzipien gewährleisten und im Zweifel auch nachweisen (Grentzer, Personalmagazin 05/2018).

- **Rechtmäßigkeit:** Dieser Grundsatz besagt, dass personenbezogene Daten nur dann verarbeitet werden dürfen, wenn dafür eine Rechtsgrundlage (Art. 6) besteht.
- **Treu und Glauben:** Dieser Grundsatz lässt sich als Rücksichtnahmepflicht und damit als Ausprägung des bisherigen Grundsatzes der Verhältnismäßigkeit verstehen.
- **Transparenz:** Dieses Gebot meint, dass Daten in einer für die betroffene Person nachvollziehbaren Weise verarbeitet werden dürfen. In Art. 12 wird dies präzisiert.
- **Zweckbindung:** Hiernach dürfen personenbezogene Daten nur für festgelegte, eindeutige und legitime Zwecke verarbeitet werden.
- **Datenminimierung:** Danach dürfen personenbezogene Daten nur dann verarbeitet werden, wenn dies zum Erreichen des Zwecks angemessen und erheblich ist.
- **Richtigkeit:** Personenbezogene Daten müssen sachlich richtig sein und ggf. auf den richtigen Stand gebracht werden.
- **Speicherbegrenzung:** Personenbezogene Daten dürfen nur so lange gespeichert werden, wie dies zum Erreichen des Zwecks unbedingt notwendig ist. Entfällt der Zweck, müssen die Daten entweder vollständig gelöscht oder anonymisiert werden.
- **Integrität und Vertraulichkeit:** Personenbezogene Daten müssen in einer Weise verarbeitet werden, die eine angemessene Sicherheit der Daten gewährleistet. Dies schließt den Schutz vor unbefugtem oder unrechtmäßigem Gebrauch und vor unbeabsichtigtem Verlust, Zerstörung und Schädigung mit ein.

Die nachfolgenden fünf Schritte müssen getan werden, um der DSGVO gerecht zu werden (Grentzer in Personalmagazin 05/2018):

- **Grundlagen beachten:** Beim Einsatz von HR-Software ist auf ein differenziertes Berechtigungskonzept zu achten. Nur so ist garantiert, dass jeder nur auf die Daten zugreifen kann, die er für seine Aufgaben benötigt. Zu empfehlen sind eine schnelle Protokollierung und mehrere ineinandergreifende Sicherheitsmechanismen, z. B. Benutzerauthentifizierung und verschlüsselte Kommunikation zwischen Client und Server. Außerdem benötigt die Personalabteilung eine rechts- und revisionssichere Archivierung, eine Trennung von Datenbank und Archiv sowie eine vollständige Verfahrensdokumentation für IT-Prozesse und auch für den organisatorischen Ablauf.
- **Neuerungen umsetzen:** Die Personalabteilungen sollten sich vergewissern, dass sie bereits in der Lage sind, die Neuerungen wie das Recht auf Vergessenwerden, die Informationspflicht und die Meldepflicht zu erfüllen. Dafür gibt es bereits HR-Software, die die Dokumente nach der vereinbarten Aufbewahrungsfrist automatisch löscht.
- **Dienstleister überprüfen:** Gemäß Art. 28 kommt als Dienstleister nur infrage, wer hinreichend belegen kann, dass er die Datenschutzvorschriften erfüllt und geeignete technische und organisatorische Maßnahmen ergriffen hat. Prüfen kann

man das anhand von ISO-Zertifikaten oder Security Audits. Entscheidend ist, dass das Rechenzentrum in Europa liegt und keine Daten in kritische Länder wie China, Russland oder die USA übertragen werden können. Außerdem sollte man prüfen, ob der Dienstleister bereits das Bundesdatenschutzgesetz gewissenhaft umgesetzt hat (siehe hierzu die Anlage des § 9 des BDSG, in der die wichtigen Kriterien aufgeführt werden).

- **Bestehende Verträge mit Dienstleistern anpassen:** Unternehmen, die bereits mit einem zuverlässigen Dienstleister zusammenarbeiten, müssen die Verträge an die DSGVO anpassen.
- **Datenschutz auf Managementebene ansiedeln:** Wenn ein Unternehmen noch keinen Datenschutzverantwortlichen eingesetzt hat, sollte das jetzt getan werden. Dieser sollte auf der obersten Managementebene angesiedelt werden.

Des Weiteren ist es sinnvoll, dass die Personalabteilung die Prüfschritte der folgenden Checkliste nachvollzieht (Branz, Personalmagazin 09/2018):

- **Betroffenenrechte:** Sind die Beschäftigten sowie die Bewerber nach Art. 13 und 14 DSGVO darüber informiert, zu welchen Zwecken ihre personenbezogenen Daten erhoben wurden, wer Datenschutzbeauftragter ist, an welche Empfänger die Daten gehen und welche Betroffenenrechte sie nach der DSGVO haben? Die Informationspflicht gilt zum Zeitpunkt der Datenerhebung (bei der Einstellung). Bei Bestandsmitarbeitenden muss das so schnell wie möglich nachgeholt werden, sonst drohen erhebliche Bußgelder.
- **Datengeheimnis:** Sind die Mitarbeiterinnen und Mitarbeiter erneut nach der DSGVO auf den Datenschutz verpflichtet worden? Die Neubelehrung der Arbeitnehmer zum Datenschutz ist sinnvoll, da diese die Bemühungen des Arbeitgebers zur Umsetzung der DSGVO manifestiert. Die Verpflichtung sollte den Anforderungen der DSGVO angepasst werden.
- **Betriebsvereinbarungen:** Sind die Betriebsvereinbarungen auf DSGVO-Konformität überprüft worden? Die BV ist weiterhin die Erlaubnisgrundlage für die Verarbeitung personenbezogener Daten. Zugleich werden im Bereich der zwingenden Mitbestimmung die Rechte des Betriebsrats festgelegt. Insbesondere hinsichtlich der Transparenzanforderungen der DSGVO muss sichergestellt werden,
  - warum und zu welchem Zweck dies geschieht,
  - wie lange genau und welche Informationen verarbeitet werden,
  - welche Wege sie gehen,
  - wie sie gespeichert und geschützt werden.
- **Einwilligungen:** Wurden die Einwilligungserklärungen auf DSGVO-Konformität überprüft? Die Einwilligung muss
  - informiert erfolgen,
  - sich auf die konkret zu speichernden Daten und den konkreten Verwendungszweck beziehen,
  - freiwillig sein.

14.8 IT-Sicherheit

In Zeiten der digitalen Transformation, der mobilen Geräte, der Vernetzung der Daten und der flexiblen Arbeitsorte muss die IT-Sicherheit an erster Stelle stehen. Das gilt insbesondere auch für die Personalabteilungen. Das Umgehen mit sensiblen Daten verlangt eine strenge Einhaltung der Richtlinien.

Personalverantwortliche müssen daher mit IT-Experten für eine umfassende Sicherheitsarchitektur sorgen. Es geht hierbei nicht nur um Hackerangriffe von außen, sondern auch um die eigenen Mitarbeiterinnen und Mitarbeiter. Sie können Fehler machen oder sogar als Insider absichtlich Datenschutzverletzungen begehen. Diese Gefahr besteht insbesondere dann, wenn Mitarbeitende gekündigt haben oder mit ihrer beruflichen Situation unzufrieden sind. Natürlich gibt es auch unbeabsichtigte Fehler. Sie entstehen durch steigenden Zeitdruck, neue, vielfältige Systeme oder laufende Veränderungen an Anwendungen oder Prozessen. Hier ist es erforderlich, dass regelmäßig verpflichtende Schulungen zur Sicherheitsthematik veranstaltet werden. Bei einer Umfrage von Rochus Mummert (Gemmeke, 2019) zur IT-Sicherheit konnten nur 37 % der befragten Unternehmen bestätigen, dass sie regelmäßige Schulungen für ihre Mitarbeitenden durchführen.

In derselben Umfrage stellte sich heraus, dass die größten Hürden für eine wirksame IT-Sicherheit aus Unternehmersicht

- zu 71 % unaufmerksame Mitarbeiter,
- zu 57 % zu geringe Aufmerksamkeit der Führungskräfte und
- zu 52 % Fachkräftemangel

in der IT-Branche sind. Abschließend noch einige Tipps zum Thema »Schutz vor Cyberattacken« (Pesch, Personalwirtschaft 01/2019):

- Öffnen Sie keine Datenanhänger von E-Mails, die von einem unbekannten Absender kommen.
- Werden Sie in einer E-Mail zu ungewöhnlichen Aktionen aufgefordert, sollten Sie zunächst Rücksprache mit dem Absender halten.
- Ändern Sie die Passwörter regelmäßig!
- Stellen Sie Ihre Passwörter aus einer Kombination von Groß- und Kleinschreibung sowie Zahlen und Sonderzeichen zusammen.
- Bewahren Sie die Passwörter für andere unzugänglich auf!
- Beschränken Sie Ihre Passwörter nicht auf leicht erkennbare Namen oder Daten!
- Setzen Sie für Ihre Passwörter einen Passwort-Safe ein.
- Auch wenn es länger dauert: Verwenden Sie einen Anti-Keyboard-Logger, also eine Software, die verhindert, dass über die Tastatur eingegebene Passwörter aufgezeichnet werden.
- Weisen Sie im Betrieb regelmäßig auf die Gefahren für die Datensicherheit und die vorhandenen Schutzmaßnahmen hin.

- Informieren Sie sofort Ihren Datenschutzbeauftragten, wenn etwas Ungewöhnliches geschieht.
- Für Desktop-PCs, Laptops und andere mobile Geräte gilt: Deaktivieren Sie sofort die Kamera und das Mikrofon!
- Schließen Sie nur vom Sicherheitsbeauftragten autorisierte Smartphones mit dem USB-Kabel an den Arbeitsplatz-PC oder -Laptop an.
- Nehmen Sie regelmäßig an Sicherheitsschulungen teil!

In den digitalen Extras ist ein kleines Glossar der Cyberattacken (Personalwirtschaft 02/2019 und 01/2022) zu finden.

DIGITALE EXTRAS

Ein großer Risikofaktor sind in diesem Zusammenhang »Big Data«. Durch veraltete, ungenaue und unvollständige Daten wird die Aussagekraft von Analysen gemindert und Mehrarbeit verursacht. Dadurch kann für Unternehmen ein Sicherheitsproblem entstehen. Darüber hinaus sind Big Data eine große Herausforderung für den Datenschutz und das Persönlichkeitsrecht. Aufgrund der Menge der Daten können Informationen so verknüpft werden, dass sie zu problematischen Erkenntnissen führen. Stichworte sind hier Dependenzanalyse, Umfeld- und Trendforschung, Rasterfahndung und Produktionssteuerung.

In einem Artikel von Oliver Rozic (Personalmagazin Plus 08/2022) wird deshalb ein strukturierter Umgang mit Daten und deren Löschung vorgeschlagen:

1. **Rahmenbedingungen und Strategie verankern**
   - Es sollten klare Richtlinien und Standards hinsichtlich der Verfügbarkeit, der Nutzung, der Sicherheit und der Qualität von Daten festgelegt werden. Außerdem sind die Zugriffsmöglichkeiten zu definieren.
   - Die Zuständigkeiten für die Umsetzung und Überwachung müssen klar verteilt werden.
   - Die Richtlinien müssen unternehmensweit kommuniziert und die Mitarbeitenden für das Thema Datenqualität sensibilisiert werden.
2. **Löschung personenbezogener Daten**
   - In der DSGVO sind alle Informationen dazu enthalten. Es ist aber sinnvoll, in Unternehmen ein gesondertes Konzept inklusive Löschstrategie zu implementieren.
   - In diesem Zusammenhang muss zunächst eruiert werden, wo personenbezogene Daten anfallen und wo sie gespeichert werden. Erst dann ist eine Umsetzung möglich.
   - Das Gleiche gilt auch für die Einhaltung gesetzlicher Aufbewahrungspflichten.
   - Die Richtlinie zur Datenlöschung sollte alle IT-Assets (Smartphones, Tablets, PCs, Server und die virtuelle Infrastruktur) umfassen.
   - Wichtig ist, dass Geräte mit sensiblen Daten das Unternehmen oder die Rechenzentrumsumgebung nicht verlassen.

3. **Datenbereinigung auf Altgeräten**
   - Bei Altgeräten muss darauf geachtet werden, dass die Daten innerhalb des Einflussbereiches des Betriebes verbleiben. Daten sollten bei Abgabe von Geräten gelöscht und die Bereinigung durch ein Zertifikat nachgewiesen werden.
   - Externe Dienstleister sollten eine vollständige Nachweiskette erstellen und ein Datenvernichtungszertifikat ausstellen.
   - Geräte sollten nach Ende der Lebensdauer innerhalb von 24 Stunden entsorgt werden.

Durch die in den vergangenen Jahren verstärkt in Anspruch genommene Homeoffice-Tätigkeit spielt das Thema Datensicherheit eine besonders große Rolle. Das heißt, dass die Arbeitgeber ihre datenschutzrechtlichen Organisationspflichten auch in den Bereich des Homeoffice ausweiten müssen. Die wichtigste Maßnahme ist eine Vereinbarung, in der die Zulässigkeit des Homeoffice sowie Regeln, an die sich die Arbeitenden zu Hause halten müssen, festgehalten werden. Weiterhin sollte eine »Clean Desk Policy« angeordnet werden, die besagt, dass Arbeitsunterlagen sicher verwahrt werden müssen. Darüber hinaus ist u.a. eine Zweifaktor-Authentifizierung sinnvoll und eine korrekte Erfassung der Arbeitszeiten notwendig.

15 Die Zukunft des strategischen Personalmanagements

Wie bereits in den vergangenen Kapiteln ausgeführt, gehört es zu den herausfordernden Aufgaben der Zukunft für die Unternehmensleitung, den Fachkräftemangel zu bekämpfen und damit einhergehend Talente für das Unternehmen zu gewinnen. Ein entscheidender Faktor hierbei wird sein, die Personalabteilung sowohl strategisch als auch personell zu stärken. Dass dies in der Vergangenheit vielfach versäumt wurde, ist inzwischen bekannt. Diese Problematik wird im Kapitel 16 behandelt.

Es gibt also genug aktuelle Themen, um die sich die Unternehmen und insbesondere das Personalmanagement kümmern müssen. In der Studie »Global Talent Trends« der Beratungsgesellschaft Mercer (2022) werden die aktuellen Herausforderungen zusammengefasst und darüber hinaus Handlungsempfehlungen definiert. Die Befragung von Executives, HR-Expertinnen und -Experten sowie -Mitarbeitenden (Personalmagazin 05/2023) zeigt, wo die größten Probleme für die HR-Transformation 2023 liegen:

- **Erschöpfung**: 56 % sehen, dass Mitarbeitende mit zu vielen Prioritäten gleichzeitig konfrontiert werden. 38 % stellen fest, dass sie mit Erschöpfung bei Mitarbeitenden kämpfen.
- **Arbeitskräftemangel:** 37 % sehen einen Mangel an Arbeitskräften und Defizite bei zukünftig benötigten Skills.
- **Budgetdruck:** 26% sind unsicher, ob die Umsetzung der Transformationsagenda auch bei reduzierten Budgets gelingen kann. 23% sehen den Spagat zwischen wirtschaftlichem Überleben und gezielter Transformation.

Aus diesen Ergebnissen ergeben sich fünf zentrale Handlungsfelder:

1. **Relevanz und Haltung als Anziehungsfaktor**
   In Zeiten zunehmender Verunsicherung suchen Menschen verstärkt Antworten, wie sie mit den Krisen und der Zukunftsangst umgehen können. Sie wertschätzen es, wenn Unternehmen sich klar positionieren. Das heißt, diese sollten Verantwortung über die gesetzlichen Vorgaben hinaus übernehmen und sich in den ESG-Themen (Environmental, Social, Governance) engagieren. 83% geben an, sich für Umwelt und ökologische Nachhaltigkeit zu engagieren, 70% für Diversity, Equity und Inclusion sowie 65% für eine gesunde Arbeitskultur und nachhaltige Arbeitsweisen.
2. **Partnerschaftliche Zusammenarbeit zur Lösung der Arbeitsherausforderungen**
   Bedingt durch die Erfahrungen in der Pandemie hat sich die Arbeitsrealität für viele Beschäftigte geändert. Neue Rahmenbedingungen für Remote- oder Hybridarbeit wurden geschaffen und bestehen weiterhin. Die Präferenzen der Mitarbeitenden haben sich ebenso geändert. Arbeitsgeschwindigkeit und Stressfaktoren

nehmen zu. Hinzu kommen derzeit noch die Folgen der Inflation. Immer mehr Unternehmen versuchen, diese Themen im Dialog mit ihren Mitarbeitenden anzugehen. Immerhin 92 % eröffnen weiterhin die Möglichkeit, remote zu arbeiten. 43 % bieten inzwischen die 4-Tage-Woche (in der Regel noch nicht als Vollzeit-Modell) an. Es gibt auch Ansätze in den Betrieben, durch Ausgleichszahlungen oder Anpassung der Gehälter (33 %) auf die gestiegenen Kosten zu reagieren. Allerdings sagen nur 17 %, dass sie mit zielgruppenspezifischen Personalkonzepten arbeiten.

3. **Gesundheit und Wellbeing – mehr als Nice-to-have**
   Die durch die geschilderte Erschöpfung nach Covid, die Belastungen durch hybride Arbeitsformen und die Vielzahl der Prioritäten entstandene Situation hat dazu geführt, dass sich die Unternehmen verstärkt um die körperliche und mentale Gesundheit ihrer Beschäftigten kümmern.
   79 % der Befragten führen aus, dass dies ein wichtiger Faktor bei der Gewinnung, der Bindung und dem Engagement der Beschäftigten sei. 55 % unterstützen ihre Belegschaft bei der Verbesserung ihres Wohlbefindens und 35 % bieten einen On-Demand-Zugriff auf Mental-Health-Angebote an.
4. **Skills und Employability zielgerichtet entwickeln**
   Der Arbeitskräftemangel wird von einem Großteil der Unternehmen als existenzbedrohend wahrgenommen. Da auch die Talente auf dem Arbeitsmarkt immer knapper werden, ermutigen immerhin 59 % der Unternehmen ihre Mitarbeitenden dazu, sich weiterzubilden. Deutlich wird auch, dass nur wenige Betriebe (12 %) wissen, welche Skills sie derzeit in ihrer Organisation haben. Umso mehr wird jetzt daran gearbeitet, Defizite bei der strategischen Workforce-Planung, bei Businessplänen und bei Übersichten von Skills (Skill-Management) zu beseitigen.
5. **Unternehmenskultur als Voraussetzung für kollektive Energie**
   Dieses Handlungsfeld bildet die Klammer für die vorgenannten Themen. Die große Anzahl von Veränderungen und Themen macht es erforderlich, dass die Unternehmen ihre Beschäftigten trotz ihrer Erschöpfung für die Transformation begeistern können. 70 % der Befragten geben an, dass sie eine positive Kultur für eine Grundvoraussetzung des Transformationsprozesses halten. Dieser wird nur funktionieren, wenn es parallel dazu einen ganzheitlichen Change- und Kulturprozess gibt.

Die empirische Studie des Instituts für Beschäftigung und Employability IBE und der Beratungsfirma Hays »HR-Report 2023« beinhaltet Ergebnisse, die in die gleiche Richtung gehen:

1. Wichtigster Bindungsfaktor bleibt das Betriebsklima.
2. Entlohnung ist ein komplexes Thema (marktgerecht).
3. Flexible Arbeitszeiten und Work-Life-Balance rücken ins Zentrum.
4. Emotionen binden an den Arbeitgeber.
5. Schlechte Führung löst Mitarbeitendenbindungen auf.

Aus den eben genannten Punkten wurden bei der Befragung die folgenden Handlungsfelder ermittelt:

- Mitarbeitende binden: 45% (der Befragten halten dies für besonders wichtig)
- Arbeitsstrukturen flexibilisieren: 30%
- neue Mitarbeitende gewinnen 29%
- Beschäftigungsfähigkeit der MA fördern: 26%
- Unternehmenskultur weiterentwickeln: 23%
- neue Vergütungsmodelle aufsetzen: 20%
- Talent-Management ausbauen: 20%

In einer weiteren Studie von IBE und Hays »HR-Report 2022, Organisationen unter Druck« werden die Faktoren aufgezeigt, die aktuell das strategische Personalmanagement schwerpunktmäßig limitieren:

1. **Zeit**
   Die Hauptgründe sind
   - Veränderungsgeschwindigkeit,
   - Anzahl der Projekte,
   - zu wenig Personal,
   - immer komplexer werdende zu verarbeitende Informationen,
   - Bedürfnis nach Work-Life-Balance.

   Maßnahmen dagegen sind in erster Linie
   - Prozessoptimierungen,
   - zusätzliches Personal,
   - klare Vereinbarungen zur Erreichbarkeit,
   - Erweiterung des Arbeitsvolumens durch flexible Arbeitszeitmodelle sowie
   - teilweise Einsatz von KI.
2. **Nachwuchs- und Fachkräftemangel**
   Die Hauptgründe sind
   - Fach- und Arbeitskräftemangel,
   - Knappheit an Nachwuchskräften,
   - qualitative Personalanpassung (Kompetenzanforderungen),
   - Personalreduktionen sowie
   - mehr Ruheständler.

   Maßnahmen dagegen sind
   - Neueinstellungen,
   - effizientere Gestaltung von Prozessen,
   - Investitionen in MA-Bindung,
   - Personalmarketing und
   - neue Zuordnung von Aufgabenpaketen.
3. **Umgang mit Investitionen**
   Hier stellt sich die Frage, in welche Bereiche derzeit investiert wird. Es bestätigt sich, dass wie beim aktuellen strategischen Vorgehen in erster Linie in Digitalisie-

rung (57%) und Prozessoptimierung (51%) investiert wird. Danach folgen aber angesichts des Fachkräftemangels schon Mitarbeitendengewinnung (40%) und Personalentwicklung (41%).
Auch MA-Bindung ist mit 37% unter den wichtigsten Bereichen.
Gründe für Investitionen sind

- Steigerung der Effizienz (41%),
- Steigerung der Effektivität (38%),
- verändertes Kundenverhalten (29%),
- Attraktivität als Arbeitgeber und Nachhaltigkeit (jeweils 29%).

Wie werden die Investitionsentscheidungen getroffen? 30% sagen, dass die Geschäftsführung erst die Meinung anderer einholt, bevor sie entscheidet. Bei 26% der Befragten trifft die Geschäftsführung die Entscheidungen allein, erklärt aber die Beweggründe. Bei 19% trifft die Geschäftsführung sie allein und erläutert sie nicht. In 18% der Betriebe haben andere Bereiche ein Mitspracherecht.

Eines ist deutlich geworden: Es gibt zahlreiche Aufgaben und Herausforderungen für das strategische Personalmanagement. Die Verantwortlichen haben verstanden, dass die Zukunft eines Unternehmens ohne ein gut funktionierendes Personalmanagement nicht zu bewältigen ist. Spätestens seit der Pandemie haben alle verstanden, dass die Krisenbewältigung ohne die Mitwirkung der Beschäftigten und ohne die Arbeit der Personalverantwortlichen nicht möglich gewesen wäre.

Es wird Zeit, dass die Personalmanager und -managerinnen diese Situation erkennen und den daraus entstehenden Vorteil für das Ressort nutzen und zu einem gleichwertigen Partner der Bereiche im Unternehmen werden.

16 Die Zukunft der Personalarbeit und des Personalbereichs

Zu den größten Herausforderungen der Zukunft, vor der die Unternehmen stehen werden, zählen der Talent- und Fachkräftemangel sowie die demografische Entwicklung. Diese sind nur zu bewältigen, wenn sich Arbeitgeber auf dem entsprechenden Markt richtig positionieren.

Dazu ist eine strategische und gut aufgestellte Personalabteilung notwendig. Ein weiterer wichtiger Punkt ist, wie bereits ausgeführt, eine Personalstrategie. Sie muss in die Unternehmensstrategie eingebettet sein und gemeinsam mit den Geschäftsverantwortlichen und der Geschäftsführung erarbeitet werden.

Dabei sind auch die Rollen und Zuständigkeiten der Personalabteilung und der dortigen Mitarbeitenden ein wichtiger Faktor. Ein nicht zu unterschätzender weiterer Punkt ist der Umgang mit Daten. Was in den Geschäftsbereichen gang und gäbe ist, muss im Personalbereich ebenfalls fest verankert werden. Erst dadurch kann man auf gleicher Ebene mit den anderen Bereichen diskutieren. Besonders in der heutigen Zeit kommt es darauf an, alle geplanten Maßnahmen monetär zu bewerten, um eine Kosten-Nutzen-Rechnung vorzunehmen.

Zukünftige Rolle des Personalmanagements
In den vorhergehenden Kapiteln wurden die fundamentalen Umbrüche in der Arbeitswelt skizziert. Diese Transformation muss sich parallel in der Personalabteilung vollziehen, wenn sie eine entscheidende Rolle in der Zukunft spielen will.

Im Trendbarometer »People Management 2030« von DGFP, PwC und der Universität St. Gallen (02/2023) wird festgehalten, dass die strategische Bedeutung des People-Managements weiter signifikant steigen wird. Dabei werden laut der Studie insbesondere das Recruiting, die Mitarbeitendenqualifizierung und das Transformations- und Change-Management im Fokus stehen. Im Gegensatz zu den beiden erstgenannten Funktionen besteht im Transformations- und Change-Management sowie im Datenmanagement, in der Entwicklungs- und Laufbahngestaltung und bei der Employee Experience noch erheblicher Nachholbedarf.

Aber der Wandel des People-Managements erfordert auch neue Kompetenzen. Im Zentrum stehen dabei auf der einen Seite technologie- und datenanalytisch fokussierte Kompetenzen und andererseits soziale und emotionale Eigenschaften wie Empathie und verstärkt auch strategisches Denken.

Ein weiterer Aspekt aus der Studie ist, dass New Work und eine moderne Arbeitskultur 2030 noch stärker wettbewerbsentscheidend sein werden.

In einem Vergleich bezüglich der Wichtigkeit der HR-Funktionen in den Jahren 2019, 2022 und bezogen auf 2030 sieht es wie folgt aus:

	2019	2022	2030
Rekrutierung und Personalauswahl	89%	94%	98%
MA-Qualifizierung und Kompetenz-management	76%	89%	97%
Transformations- und Change-Management	72%	90%	95%
Leadership Development	76%	88%	94%
Daten- und Technologiemanagement	72%	87%	94%
Talentmanagement	75%	82%	93%
Personalplanung	82%	90%	91%

Bedeutung der HR-Funktionen

Bereits in der Studie von 2019 sahen die Unternehmen die Vorbereitung auf Funktionen mit Nachholbedarf kritisch. Mit Blick auf die Zukunft wird die Diskrepanz zwischen Relevanz und Vorbereitung größer. In den Feldern Datenmanagement, Entwicklungs- und Laufbahngestaltung, Transformation- und Change-Management sowie Employee Experience muss der Personalbereich einen erheblichen Entwicklungsschub in Gang setzen, um den bevorstehenden Aufgaben gerecht zu werden.

Auch bei den Kompetenzen hat sich das Spektrum seit 2019 gewandelt. Zu diesem Zeitpunkt wurden Empathie, diplomatisches Geschick und Networking-Fähigkeiten als am wichtigsten beurteilt.

Hier jetzt der Vergleich zu den Jahren 2022 und 2030:

	2019	2022	2030
Digitales Wissen	68%	88%	98%
Empathie	82%	93%	97%
Strategisches Denken	76%	91%	96%
Networking-Fähigkeiten	80%	88%	93%
Change-Management	76%	88%	92%
Leadership-Kompetenzen	78%	89%	91%
Big-Data- und People-Analytics-Kompetenzen	60%	66%	89%

Benötigte Kompetenzen im Personalbereich

Neben der Neuausrichtung der Funktionen und Kompetenzen prägt vor allem die durch die Pandemie beschleunigte Einführung von New Work in den letzten Jahren den Strukturwandel der Unternehmen. Hier wurde die Personalabteilung vor große Herausforderungen gestellt. In einigen Betrieben waren New-Work-Elemente bereits 2019 vorhanden. Insbesondere flexible Arbeitszeiten (54%) und die Nutzung digitaler Technologien (51%) waren in mehr als der Hälfte der Unternehmen für die Beschäftigten zugänglich. Im Gegensatz dazu waren mobiles Arbeiten (33%), virtuelle Teams (29%) und Desksharing (25%) eher eine Ausnahme. Insbesondere die Bereiche mobiles Arbeiten (+29%), digitale Kommunikation (+14%) und virtuelle Teams (+13%) haben in den letzten Jahren stark zugenommen. Für die Zukunft prognostizierten die Befragten, dass in rund 60% der Unternehmen bis 2030 New-Work-Elemente dem Großteil der Beschäftigten zugänglich gemacht werden. Die größten Zuwächse werden bei Desksharing (+27%), digitaler Kommunikation (+24%) und der Nutzung mobiler Endgeräte (+24%) erwartet.

Die folgenden drei Teilbereiche werden 2030 Normalität sein:

1. **Arbeitsplatzgestaltung**
   - Nutzung digitaler Technologien bei der Arbeit
   - Kommunikation auf digitalen Plattformen
   - flexible Arbeitszeiten
2. **Mobilität mit New-Work-Elementen**
   - mobiles Arbeiten
   - virtuelle Teams
3. **Zusammenarbeit mithilfe von New-Work-Elementen**
   - Desksharing
   - individualisierte Arbeit
   - projekthaftes Arbeiten/fluide Teams

Eine Voraussetzung für den Erfolg der neuen Arbeitswelt ist die »New Culture«. New Culture umfasst verschiedene Faktoren (Bruch/Meifert, 2020):

- vorbildliches Handeln des obersten Managements
- eine Führung mit Vision und Inspiration
- eine Vertrauenskultur
- umfangreiche Selbstkompetenzen
- flexible Strukturen

In der Studie wurde gefragt, welche Merkmale der New Culture auf das jeweilige Unternehmen zutreffen:

	2019	2022	2030
Vertrauenskultur	52%	51%	75%
Selbstkompetenzen für MA	51%	41%	73%

	2019	2022	2030
Kontinuierliche Hochleistung	66%	62%	70%
Führung mit Vision und Inspiration	50%	37%	69%
Arbeit mit Speed	62%	49%	66%
Positive Energie und hohe Dynamik	55%	39%	64%
Agile Methoden (Scrum, Design Thinking)	40%	20%	60%
Flexible Strukturen und Prozesse	46%	28%	56%
Topmanagement – Vorbild für moderne Arbeitsformen	40%	23%	53%

Merkmale von New Culture

In der Zusammenfassung kommt die Studie zu folgenden Handlungsfeldern für das People-Management 2030:

1. **Arbeitskräftemangel entgegenwirken**
   Das bedeutet für die Unternehmen, sich auf die veränderten Bedürfnisse der jungen Generation einzustellen und zugleich das Potenzial der Zuwanderung zu nutzen. Als Maßnahmen könnten neue Arbeitsumgebungen infrage kommen, die Etablierung von Employee-Experience-Management und die Einrichtung von Laufbahn- und Entwicklungsgestaltungen.
2. **Digitale Transformation im People-Management**
   Die digitale Transformation steht in der Arbeitswelt erst am Anfang. Das People-Management muss hierbei eine Schlüsselrolle einnehmen und gleichzeitig die eigenen Prozesse durch Data Analytics und weitere Zukunftstechnologien stützen.
3. **Vielseitige Kompetenzen im People-Management entwickeln**
   Durch den grundsätzlichen Wandel im Personalgeschäft ist ein neues und vielseitiges Kompetenzspektrum erforderlich. Insbesondere technisch geprägte sowie soziale und personale Kompetenzen werden in der Zukunft unvermeidlich sein.
4. **New-Culture-Transformation beschleunigen**
   Die eigene New-Work-Transformation voranzutreiben ist bereits jetzt ein entscheidender Wettbewerbsfaktor für Betriebe. Sie ist nur erfolgreich, wenn es gelingt, eine moderne Arbeitskultur zu etablieren.

Auch in der Kienbaum People Convention 2023 wurden die Top-Themen von HR diskutiert. Die entsprechende Umfrage dazu zeigt die Themen, die ganz oben auf der To-do-Liste stehen:

- Mitarbeitendenbindung: 80%
- strategische Personal- und Skill-Planung: 69%
- Positionierung der Arbeitgebermarke: 67%

Mit erheblichem Abstand folgen dann Personalkosten (34%), New-Work-Strategie (34%), People-Sustainability-Strategien (34%), Gesundheit (30%) und Workforce-Transformation (21%).

In der Veranstaltung wird bestätigt, dass HR-Fachleute mehr denn je gefragt sind. Am Arbeitsmarkt stehen die HR-Jobs nach den IT-Jobs an zweiter Stelle.

Aus der Vergangenheit ist bekannt, dass sich die Personaler oft zu schlecht verkauft haben. In der jetzigen Situation ist es anders. Die HR-Fachleute nutzen ihre gute Position und stellen sich entsprechend dar.

Das bedeutet aber, dass sie auch liefern müssen. Eine Kienbaum-Umfrage aus dem Jahr 2023 in Betrieben zeigt, dass 37% der Befragten die HR-Organisation als Baustelle betrachten. 2022 waren es nur 21%. Das ist ein Warnsignal, das man nicht übersehen darf.

Es bleibt festzuhalten: Die Unternehmen und ebenso die Personalabteilungen befinden sich in einer entscheidenden Situation. Gelingt die beschriebene Transformation in die neue Arbeitswelt, wird es möglich sein, neue Arbeitskräfte zu rekrutieren, und das Unternehmen wird am Markt erfolgreich sein. Dadurch wird auch der Personalbereich seine Wertschätzung erhalten und ausbauen können. Aber nur, wenn die Transformation gelingt!

Literaturverzeichnis

Ackermann, Karl-Friedrich: Risikomanagement im Personalbereich. Reaktionen auf die Anforderungen des KontraG, 1999

Agenda Informationssysteme: Die sieben häufigsten Frustfaktoren in der Personalarbeit und wie Sie sie ausschalten. Whitepaper 03/2020. Online verfügbar unter: https://www.agenda-software.de/unternehmen/personalarbeit-frustfaktoren.php (letzter Zugriff 01.09.2023)

Althauser, Ulrich: Prozesse des Human-Capital-Managements, in: Dürndorfer, Martina; Friederichs, Peter: Human Capital Leadership: Wettbewerbsvorteile für den Erfolg von morgen, 2004, S. 58–75

Althauser, Ulrich: Rollenmodelle der Personalarbeit, Personalwirtschaft 02/2018

Armutat, Sascha et al.: Organisation des Personalmanagements, 2007

Baier, Jens; Kolo, Philipp; Hoke, Stefanie: Die richtigen Prioritäten für das Personalmanagement von morgen, DGFP wissenswert 09/2021. Online verfügbar unter: https://www.dgfp.de/fileadmin/user_upload/DGFP_e.V/Medien/Publikationen/2021/2021-09-DGFP-Wissenswert-CPA-Studie-Fokus_Deutschland.pdf (letzter Zugriff 01.09.2023)

Baier, Melanie; Fechner, Ronny; Ritter, Jörg K.; Sadowski, René: Hart am Wind. Die BPM-Berufsfeldstudie People & Organization 2020. Herausgegeben vom Bundesverband der Personalmanager e. V., Berlin 2021. Online verfügbar unter: https://www.bpm.de/app/uploads/2022/02/bpm_berufsfeldstudie_2020_1.pdf (letzter Zugriff 01.09.2023)

Batschig, Thomas: HR Works Personalwerk: Von schlechten zu guten Daten, Personalmagazin 07/2021, S. 47

Batz, Thomas: Strategisches Personalmanagement. Ein Ratgeber für Studium und Praxis, Stuttgart 2021

Berendes, Kai et al.: Strategische Personalplanung. Die Zukunft heute gestalten. Herausgegeben von Das Demographie Netzwerk, 2011

Bersin, Josh: 12 HR-Software-Segmente. Personalmagazin plus 10/2021

Bertling, Carsten; Austermann, Frauke: Wie Henkel HR-Daten analysiert und nutzbar macht. Personalwirtschaft, 21.10.2022. Online verfügbar unter: https://www.personalwirtschaft.de/news/hr-organisation/wie-henkel-hr-daten-analysiert-und-nutzbar-macht-143620/ (letzter Zugriff 12.10.2023)

Birri, Raimund: Human Capital Management. Ein praxiserprobter Ansatz für ein strategisches Talent Management, 2013

Branz, Anja: Checkliste Datenschutzrechte. Personalmagazin 09/2018

Bruch, Heike: Transformation in die neue Arbeitswelt. Personalmagazin 07/2022

Bruch, Heike; Lohmann, Till R., Neu, Marvin: Trend-Barometer: People Management 2030. Im Umbruch zwischen Technologie- und Kulturtransformation, DGFP-Studie 02/2023. Online verfügbar unter: https://www.dgfp.de/fileadmin/user_upload/DGFP_e.V/Medien/Publikationen/2023/03-2023-DGFP-Trend-Barometer_People_Management_2030.pdf (letzter Zugriff 01.09.2023)

Bruch, Heike; Lohmann, Till R.; Szlang, Julian; Heißenberg, Gabriel: People-Management 2025. Zwischen Kultur- und Technologieumbrüchen, 2019. Online verfügbar unter: https://www.pwc.de/de/human-resources/pwc-study-people-management-2025.pdf (letzter Zugriff 05.09.2023)

Bruch, Heike; Meifert, Matthias: New Work in der Bewährungsprobe. Personalmagazin 06/2020

Brugger, Simon; Ismaili, Tefik: HR-Trends per Knopfdruck erkennen, Personalmagazin 03/2021

CapGemini: HR-Barometer, 2011

Carrington Crisp: Tomorrow's MBA. Online verfügbar unter: https://www.carringtoncrisp.com/intelligence/tomorrows-mba/ (letzter Zugriff 01.09.2023)

Chwalisz, Patricia; Linusson-Brandt, Carolin: Feingefühl bei der Sozialauswahl, Personalmagazin 04/2023, S. 60 ff.

Civey, Fink & Fuchs: So denken Bürger in Deutschland und Kommunikatoren europaweit über KI (Digisphäre-Whitepaper), 2021. Online verfügbar unter: https://digisphaere.de/wp-content/uploads/2019/10/KI-Whitepaper.pdf (letzter Zugriff 01.09.2023)

Deutsche Employer Branding Akademie (DEBA): Definition, Ziel & Maßnahmen, 2006. Online verfügbar unter: www.employerbranding.org./glossar.de (letzter Zugriff 10.10.2023)

DGFP (Hrsg.): Balanced Scorecard, 2001

DGFP (Hrsg.): Herausforderung Personalmanagement – Personalmanagement als Dienstleister, 2002

DGFP (Hrsg.): Optimierung der Personalarbeit, 2001

DGFP (Hrsg.): Personalcontrolling für die Praxis, 2013

DGFP (Hrsg.): Wertorientiertes Personalmanagement – ein Beitrag zum Unternehmenserfolg, 2004

DGFP-Lehrgang: PC-Modul I bzw. IV, 2002

Dick, Rolf von: Mitarbeiterbindung. Personalwirtschaft 02/2022

Diederich, Roman: Mitarbeiterbefragungen. Die Ergebnisse richtig deuten. Human Resources Manager v. 16.05.2023. Online verfügbar unter: https://www.humanresourcesmanager.de/content/mitarbeiterbefragungen-die-ergebnisse-richtig-deuten/ (letzter Zugriff 12.10.2023)

Diederich, Roman: Mitarbeiterbefragungen: Fehler bei der Konzeption vermeiden, Human Resources Manager v. 14.04.2023. Online verfügbar unter: https://www.humanresourcesmanager.de/leadership/mitarbeiterbefragungen-fehler-bei-der-konzeption-vermeiden/ (letzter Zugriff 04.09.2023)

Eller, Elke; Kramarsch, Michael; Kersting, Martin: Ethische Leitplanken für KI, Personalmagazin 08/2019, S. 12

Enderle da Silva, Kristina: Digitale Kompetenzen, Personalmagazin 04/2019

Fabig-Grychtol, Nicole: HR Risk Management, 2014

Faul, Joachim: Einbindung und Nutzung von Kompetenzmodellen in der Personalentwicklungsarbeit der Miele & Cie. KG. Vortrag auf der Ergebnistagung »Kompetenznachweis Lernen im sozialen Umfeld«, Leipzig am 27. Juni 2006. Online verfügbar unter: https://www.dji.de/fileadmin/user_upload/5_kompetenznachweis/Miele-Beitrag_Ergebnistagung_Leipzig_270606.pdf (letzter Zugriff 04.09.2023)

Felder, Rupert: Grün denken und handeln. Zwölf Ansatzpunkte für mehr Nachhaltigkeit, Personalmagazin 07/2021

Flamholtz, Eric G.: Human Resources Accounting, 1974

Gallup: Engagement-Index, 2008

Gebhardt, Birgit; Rühl, Heiko; Hofmann, Josephine: Zukunftsfähige Führung – Die Gestaltung von Führungskompetenzen und -systemen. Bertelsmann-Stiftung, 2015

Gerlach, Dieter; Knorr, Elke M.: »Personalcontrolling«. Lehrbrief 13, Modul 4 aus dem Kompaktstudiengang Personalmanagement. Quadriga Hochschule Berlin, 2013

Grentzer, Martin: In fünf Schritten zum Datenschutz, Personalmagazin 05/2018

Groll, Karl-Heinz: Erfolgssicherung durch Kennzahlensysteme, 1991

Großheim, Kathrin; Hoffmann, Thomas: Strategische Personalplanung für kleine und mittlere Unternehmen, 2014

Grupe, Michael; Pett, Jochen: Navigating KI. künstlicher Intelligenz und HR. DGFP-Studie 12/2022. Online verfügbar unter: https://www.dgfp.de/fileadmin/user_upload/DGFP_e.V/Medien/Publikationen/2022/12-2022_DGFP-Wissenswert_Navigating-KI.pdf (letzter Zugriff 01.09.2023)

Gwerder, Beatrice; Gwerder, Lothar: Personalrisiken und ihre Bedeutung für KMU, Personalmagazin 11/2016

Halt, Robert: Personalberatung. Handelsblatt v. 02.06.2023

Hammermann, Andrea; Thiele, Christopher: IW-Report 35/2019: People Analytics, 2019. Online verfügbar unter: https://www.iwkoeln.de/studien/andrea-hammermann-evidenzbasierte-entscheidungsfindung-im-personalmanagement.html (letzter Zugriff 04.09.2023)

Harbinger Consulting: Moderner Führungsstil – die 7 wirksamsten Modelle in 2023 und wie Sie sie anwenden. Online verfügbar unter: https://www.harbinger-consulting.com/blog/moderner-fuehrungsstil/ (letzter Zugriff 01.09.2023)

Haufe (Hrsg.): Der große HR-Digitalisierungsleitfaden, 2021

Haufe (Hrsg.): Die Top 5 HR-Trends im Mitarbeiter-Management, Whitepaper 12/2020

Haufe-Akademie: Chatbots in der Personalabteilung, Whitepaper 2020

Haufe-Akademie: Moderne Personalentwicklung praktisch gestalten, Whitepaper 09/2021

Haufe-Akademie: Personalcontrolling – Kennzahlen. 3. Benchmarking im Personalwesen, 06/2013

Haufe-Akademie: Resilienz, Whitepaper 2022

Haufe-HR Services: Experience Studie, 2021

Haufe-HR Services: HR-Digitalisierung, 2021

Haufe-Services: People Analytics, o. J.

Haufe-Talent und Hochschule für Technik, Stuttgart: Strategieprozesse mit OKR, Studie 03/2022

Hays Group (Hrsg.): Fachkräfte-Index. Handelsblatt v. 05.05.2023

Hays Group (Hrsg.): Fachkräftemangel in Deutschland. Unterschätzt oder aufgebauscht?, 2019. Online verfügbar unter: https://www.hays.de/lp/fachkraeftemangel (letzter Zugriff 01.09.2023)

Hays Group (Hrsg.): HR-Report 2011–2021.

Hays Group (Hrsg.): HR-Report 2022: Organisationen unter Druck, 2022

Hays Group (Hrsg.): HR-Report 2023: Mitarbeiterbindung, 2023

Hays Group (Hrsg.): Report Schwerpunkt: Beschäftigungseffekte der Digitalisierung, 01/2019

Heppe, Christian: Die sieben Erfolgsfaktoren für die Workforce Transformation im industriellen Mittelstand. DGFP wissenswert, Oktober 2022. Online verfügbar unter: https://www.dgfp.de/fileadmin/user_upload/DGFP_e.V/Medien/Publikationen/2022/10-2022-DGFP-Wissenswert_Workforce_Transformation.pdf (letzter Zugriff 01.09.2023)

Hillbrink, Kerstin: Psychoterror am Arbeitsplatz, Personalmagazin Plus 12/2022

Hillbrink, Kerstin; BündnisgegenCybermobbing e. V.: Studie Mobbing und Cybermobbing bei Erwachsenen, Personalmagazin 12/2022, S. 55.

HKP: HCM Monitor DAX 2021, 2021

Hochschule für Wirtschaft und Gesellschaft Ludwigshafen, Jobactive GmbH (Hrsg.): Strategische Personal-Management-Themen in turbulenten Zeiten, 2020

Hochschule München, Hochschule RheinMain: Chatbots, Personalmagazin 10/2022

Hochschule Pforzheim: Pforzheimer 3-Säulen-Modell zum Personalmanagement/Human Resources Management. Online verfügbar unter: https://www.hs-pforzheim.de/fileadmin/user_upload/uploads_redakteur_wirtschaft/Personalmanagement/Dokumente/2016/3-Saeulen-Modell/hrcc-broschuere_3-Saeulenmodell_web.pdf (letzter Zugriff 04.09.2023)

Höf-Bausenwein, Heike: Crashkurs Personalarbeit, 2016

Hörnschemeyer, Marcel; Jánszky, Sven Gábor: Die HR-Strategien der Zukunft – Personalstrategien für eine Welt der Vollbeschäftigung. Leipzig, 30.09.2014. Online verfügbar unter: https://www.5-sterne-redner.de/fileadmin/media/download/pdf/Trendanalysen/Janszky_Trendstudie_HR_Management.pdf (letzter Zugriff 01.09.2023)

Horváth, Peter; Sauter, Ralf; Hope, Jeremy; Fraser, Robert: Wie sich Manager aus der jährlichen Budgetierungsfalle befreien können, 1999

HR Pioneers, Hochschule Pforzheim: Agile HR-Edgellence-Modell, Personalmagazin 07/2018

HR Pioneers, Hochschule Pforzheim: Die Netzwerk-Organisation, Personalmagazin 03/2021

HR Works Personalwerk: Input-Output-Konzept, Personalmagazin 07/2021

Institut für Managementberatung: Strategische Personalthemen. Acht Schritte, um Krisen zu meistern, 2020

Jacob, Leon et al.: Vom Getriebenen zum Gestalter der Digitalisierung, 2019

Jäger, Wolfgang: Controlling der Personalarbeit und Wertschöpfungsbeitrag Personal, 2007

Janas, Dana; Meszléry, Katalin: KOMBI: kompetenzorientiertes Personalmanagement. Ausgewählte Ergebnisse aus dem Abschlussbericht eines IAW-Forschungsvorhabens. In: Unternehmen der Zukunft, 2004

Jansen, Thomas: Kompakttraining Personalcontrolling. Abschluss einer Betriebsvereinbarung, 2008

Jochmann, W.; Kienbaum: HR als People Company, Personalmagazin 11/2021

Josten, Dominik; Empleox: Weg mit dem IT-Flickenteppich, Personalwirtschaft 07/08/2022, S. 14

Josten, Domink: Weg mit dem IT- Flickenteppich, Personalwirtschaft, HR-Software-Special 07/08/2022

Jung, Hans: Controlling, 2014

Kadel, Peter; Thies, Anja: Was Personaler künftig können müssen, Personalmagazin 06/2020.

Kallenbach, Ingo: Change Management erfolgreich gestalten, 2022. Online verfügbar unter: https://blog.reflect-beratung.de/change-management-erfolgreich-gestalten (letzter Zugriff 12.10.2023)

Kaplan, Robert S.; Norton, David P.: Balanced Scorecard – Strategien erfolgreich umsetzen, 1997

Kirchner, Jan; Helfritz, Kai H.; Wald, Peter M.: Recruiting-Strukturen – eine Benchmark-Studie, 2022

Kobi, Marcel v.: Zahlen zum Steuerungsinstrument (HRM-Dossier), 2006

Kobi, Marcel: Personalrisikomanagement, 1999

Kolb, Meinulf: Personalmanagement. Grundlagen und Praxis des Human Resources Managements, 2010, S. 60

Köppen, Ralf; Dörn, Yvonne; Vrohlings, Alwin; Mussenbrock, Christoph: Softwareauswahl mit Hindernissen, 2021

Kosub, Bernd: Die Szenario-Technik als Instrument der strategischen Personalplanung, DGFP-Controllermeeting, Vortrag vom 9.11.2009

KPMG (Hrsg.): Mit Daten Werte schaffen, Report 2015, 2015. Online verfügbar unter: https://assets.kpmg/content/dam/kpmg/pdf/2015/06/kpmg-mdws.pdf(letzter Zugriff: 04.09.2023)

Kranig, Thomas; Ehmann, Eugen: Erste Hilfe zur Datenschutz-Grundverordnung für Unternehmen und Vereine. Das Sofortmaßnahmen-Paket. Herausgegeben vom Bayerischen Landesamt für Datenschutzaufsicht, 2017

Laukamm, Thomas: Strategisches Management von Human-Ressourcen. In: Strategien der Personalentwicklung, 1986

Lehnen, Cliff: Change Management – Wenn der Wandel plötzlich von außen kommt (Round Table), Personalwirtschaft 03/2021

Lehnen, Cliff: Fachkräftemangel: Mehr Treffer landen (Round Table), Personalwirtschaft, Sonderheft 11/2022

Lehnen, Cliff: Gestärkt nach vorne blicken, Personalwirtschaft 12/2021

Lehnen, Cliff: Hybrid HR, Personalwirtschaft 01/2022

Leis, Tanja; Schreurs, Margarete; Brandl, Karl-Heinz: Mitarbeiterorientierte Personalstrategie im Mittelstand, 2014

Lies, Jan: Diversity Management. In: Gabler Wirtschaftslexikon, 2018. Online verfügbar unter: https://wirtschaftslexikon.gabler.de/definition/diversity-management-53993 (letzter Zugriff 04.09.2023)

Lourens, Johan; Brughmans, Ivo: Profitables Personalmanagement: Nachhaltige Wertschöpfung durch effiziente Organisation, 2008

Mag, Wolfgang: Einführung in die betriebliche Personalplanung, 1998

Marr, Rainer: Vortrag »Human Kapital«, München, 10/2007

Martins, Julia: Asana: Unternehmenskultur: Definition, Tipps und Beispiele, 20.07.2022. Online verfügbar unter: https://asana.com/de/resources/types-organizational-culture (letzter Zugriff 01.09.2023)

Meißner, Ulrike: Der nachhaltige Fußabdruck von HR, Personalmagazin 08/2022

Meißner, Ulrike: Nachhaltiges Human Resources Management, 2021

Mercer: Global Talent Trends 2022–2023. Online verfügbar unter: https://www.mercer.com/de-de/insights/people-strategy/future-of-work/global-talent-trends-2023/ (letzter Zugriff 04.09.2023)

Mittorp, Klaus D.: HR in der Falle, Personalwirtschaft 10/2021

Möckel, Kathrin; Beaufils, Marcel; Buggert, Sebastian: Anpassung an eine neue Normalität. Wie Unternehmen die Corona-Krise meistern, 2020. Online verfügbar unter: https://www.hays.de/documents/10192/118775/hays-studie-anpassung-an-eine-neue-normalitaet-2020.pdf (letzter Zugriff 12.10.2023)

Mülder, W.; Fusten, Pia; Knospe, Carolin; Ruppert, Daria: Green HRM, Personalmagazin 11/2021, S. 70

Müller, P.: OKR, Personalmagazin 02/2023

Muthwill, Florian; Lead Innovation: Etablierung von ganzheitlichem Innovationsmanagement, 15.08.2016. Online verfügbar unter: https://info.lead-innovation.com/paper-etablierung-von-ganzheitlichem-innovationsmanagement (letzter Zugriff 04.09.2023)

N. N.: Chatbots in der Personalabteilung (Haufe-Umfrage), 2020

N. N.: Im Internet der Werte, Handelsblatt v. 18.–21.05.2018

N. N.: In 20 Schritten zum Kompetenzmodell, Wirtschaftspsychologie aktuell 11/2018

N. N.: Megatrends für das Jahr 2023, DUP Unternehmer Zeitschrift 06/2022

N. N.: Talent Attraction und Retention in der »großen Talentlücke«. Jeder zweite MA sieht im aktuellen Unternehmen keine Zukunft für die eigene Karriere, 25.08.2022. Online verfügbar unter: https://www.mercer.com/de-de/insights/talent-and-transformation/attracting-and-retaining-talent/ (letzter Zugriff 12.10.2023)

N. N.: Tipps, Personalmagazin Plus 10/2018

N. N.: Trends im Recruiting, Personalmagazin Plus 04/2023

N. N.: Arbeiten in der Corona-Pandemie, Führungsinstrumente, 06/2021

N. N.: Checkliste, Personalwirtschaft 06/2019

N. N.: Der HR-Begriff, Personalmagazin 02/2022

N. N.: Die Zukunft liegt in Ketten. Personalwirtschaft 08/2019, S. 46

N. N.: Gesundheit im Betrieb steigern. TK-Gesundheitsreport. Personalwirtschaft Sonderheft 02/2022 und 06/2023, S. 6

N. N.: Glossar der Cyberattacken, Personalwirtschaft 02/2019 und 01/2022, S. 38

N. N.: Hybrid HR, Personalwirtschaft 01/2022

N. N.: Kann HR Nachhaltigkeit?, Personalmagazin 02/2022

N. N.: Software-Guide 2023. Bewerbermanagement – Die Suche nach dem Richtigen. Personalwirtschaft

Nachtwei, Jens: HR-Karriere: Eine Frage der Persönlichkeit?, Personalwirtschaft 02/2018

Nieminen, Jesse: Innovationmanagement. Der komplette Leitfaden, 31.05.2022. Online verfügbar unter: https://www.viima.com/de/blog/innovationsmanagement (letzter Zugriff 05.09.2023)

NTT-Data: Transformations-Report 2022, Personalwirtschaft 04/2022

Oertig, Marcel: Neue Geschäftsmodelle für das Personalmanagement, 2006

Olesch, Gunther: Entwicklung einer Unternehmensstrategie, Personalmagazin 11/2018

Onderka, Lena: Frauenförderung, Diversity. Meine Förderung, dein Gewinn, Personalwirtschaft 05/2023

Onderka, Lena: HR benötigt neue Skills, Personalwirtschaft v. 06.07.2022. Online verfügbar unter: https://www.personalwirtschaft.de/news/hr-organisation/hr-benoetigt-neue-skills-139467/ (letzter Zugriff 04.09.2023)

Onderka, Lena: Was HR tun kann (Nachhaltiges PM), Finde die Balance, Personalwirtschaft, Sonderheft 09/2022

Onderka, Lena: Wege aus der Mangelverwaltung, Personalwirtschaft Sonderheft

Onderka, Lena; Schmidt-Stein, Matthias: Recruiting-KPIs 2021, Personalwirtschaft 07/2021, S. 21

Ordiorne, George S.: Strategic Management of Human Resources, 1984

Papmehl, André: Personal-Controlling. Human-Ressourcen effektiv entwickeln, 1990

Personio: Employer Branding Strategie. So setzen Sie es richtig um, 2022. Online verfügbar unter: https://www.personio.de/hr-lexikon/employer-branding/ (letzter Zugriff 12.10.2023)

Pesch, U.: Kryptisch, aber effizient, Personalwirtschaft 08/2018

Pesch, U.: Tipps, Personalwirtschaft 01/2019

Petry, Thorsten; Biermann, Torsten: Unzufriedenheit trotz Digitalisierungserfolgen, Personalmagazin 12/2022

Petry, Thorsten; Gärnter, Christian: Geplapper ohne richtigen Inhalt, Personalmagazin 10/2022

Prothmann, Kerstin; Weilbacher, Jan C.: Erstellung einer Personalstrategie. Personalmagazin 06/2018

Reindl, Cornelia; Krügl, Stefanie: People Analytics in der Praxis. Mit Datenanalyse zu besseren Entscheidungen im Personalmanagement, 2017

Reitzig, Markus: Hürden beim Hierarchieabbau, Personalmagazin 11/2022

Richter, Nicolas: Personalplanung in Zickzack-Zeiten, Personalwirtschaft, Sonderheft 06/2022

Richter, Nicolas: Personalpolitik in der Coronakrise. Augenmaß halten. Personalwirtschaft 06/2020

Richter, Nicolas: Recruiting-Guide 2023: Wer kann die Lücke füllen? Personalwirtschaft

Richter, Rudi: Leitfaden – Virtual Deployment, Personalmagazin Plus Software 2020.

Ritter, Jörg K.; Bolz, Lea; Sadowski, René: HR braucht ein neues Profil. Human Resources Manager, 20.02.2023. Online verfügbar unter: https://www.humanresourcesmanager.de/personalmanagement/hr-braucht-ein-neues-profil/ (letzter Zugriff 05.09.2023)

Rochus Mummert (Hrsg.): Rund die Hälfte der deutschen Unternehmen von Cyber-Kriminalität betroffen, 2019. Online verfügbar unter: https://www.rochusmummert.com/wp-content/uploads/2020/06/Rund_die_H%C3 %A4lfte_der_deutschen_Unternehmen_von_Cyber-Kriminalit%C3 %A4t_betroffen.pdf (letzter Zugriff 01.09.2023)

Rozic, Oliver: Umgang mit Daten, Personalmagazin Plus 08/2022

Scharf, Rüdiger: Psychreport der DAK Gesundheit v. 02.03.2022

Scholz, Christian: Personalmanagement. Informationsorientierte und verhaltensorientierte Grundlagen, 1993

Schröder, Tobias; Gläs, Karl; Nachtwei, Jens; Schermuly, Carsten: Ergebnisrückmeldung zur Abschlussrunde des Expertendelphi »Personalentwicklung 2020«. Online verfügbar unter: http://81.169.143.104/archiv/Empowerment%20in%20Unternehmen/pe2020.pdf (letzter Zugriff 01.09.2023)

Schulte, Christof: Personal-Controlling mit Kennzahlen, 2011

Schwartz, Jeff et al.: Rewriting the rules for the digital age. 2017 Deloitte Global Human Capital Trends, 2017.Online verfügbar unter: https://www2.deloitte.com/content/dam/Deloitte/global/Documents/About-Deloitte/central-europe/ce-global-human-capital-trends.pdf (letzter Zugriff 01.09.2023)

Siemann, Christiane: Jetzt erst recht (Round Table), Personalwirtschaft, Sonderheft 12/2022

Siemann, Christiane: Stabile Gesundheit – Erste Hilfe, Personalwirtschaft, Sonderheft 06/2022, S. 14

Siemann, Christiane: Zeit, dass sich was dreht. Personalwirtschaft, Special 10/2022

Staff, Jörg: HR ist ein Auslaufmodell, Personalmagazin 11/2020

Strankmann, Frank et al.: Wie wir künftig arbeiten. Personalwirtschaft 01/2022

Straub, Reiner: Zehn Trends in 20 Jahren, Personalmagazin 09/2019

SWOT-Analyse. Online verfügbar unter: https://www.bwl-lexikon.de/wiki/swot-analyse/ (letzter Zugriff 01.09.2023)

Talentsoft (Cegid Company): HR-Strategie, 2022

Tapscott, Don; Tapscott, Alex: Die Blockchain-Revolution: Wie die Technologie hinter Bitcoin nicht nur das Finanzsystem, sondern die ganze Welt verändert, 2016

Telser, Franziska: Fehler beim Recruiting. Handelsblatt v. 14.04.2023

Telser, Franziska: Personaler sind gefragt wie selten. Handelsblatt v. 05.–07.05.2023

Ulrich, Dave: Human Resources Champions, Personalmagazin 07/2017

Villalobos Baum, Tatiana; Schwemer, Simone; von Hülsen, Bodo; Menke, Stefan: Global Scaling of Strategic Workforce Planning. Lessons from the SWP project developed by Allianz with Boston Consulting Group, Oktober 2022. Online verfügbar unter: https://media-publications.bcg.com/global-scaling-strategic-workforce-planning-bcg-allianz.pdf?utm_campaign=EmpiricalHR%20-%20data-driven%20employee%20decisions&utm_medium=email&utm_source=Revue%20newsletter (letzter Zugriff 01.09.2023)

Voigt, Nicole; van der Vegte, Marcus; Fehling, Ronny; Welpe, Isabell M. (Boston Consulting Group): BCG Gender Diversity Index 2022 v. 27.02.2023.Online verfügbar unter: https://www.bcg.com/publications/2022/germany-bcg-gender-diversity-index-2022 (letzter Zugriff 01.09.2023)

Walkme (Hrsg.): Studie: The State of Digital Adoption 2022–2023. From transformation to adoption: How enterprises can unlock value from their digital spend, 2022. Online verfügbar unter: https://www.walkme.com/content/the-state-of-digital-adoption-2022/ (letzter Zugriff 05.09.2023)

Walter, Petra: HR, wo bleibst du? Human Resources Manager v. 03.08.2022

Warnecke, Christoph: HR als Business Partner, Personalmagazin 12/2021

Weidemann, Anja; Paschen, Michael: Personalentwicklung. Potenziale ausbauen. Erfolge steigern. Ergebnisse messen, 2002

Weka-Redaktionsteam: Advanced Budgeting: Höhere Planungsqualität durch Vereinfachung, 04.10.2021. Online verfügbar unter: https://www.weka.ch/themen/finanzen-controlling/controlling/planung-und-budgetierung/article/advanced-budgeting-die-planungsqualitaet-erhoehen-und-den-budgetierungsaufwand-reduzieren/ (letzter Zugriff 05.09.2023)

Wickel-Kirsch, Silke, Gerlach, Dieter: Personalplanung. Grundlagen – Inhalte – Instrumente, 2016

Wickel-Kirsch, Silke: PC-Studie 2016 – 15 Top-Kennzahlen. Personalcontrolling – eine Studie in Deutschland, Österreich und Schweiz, 14./15.11.2016

Wickel-Kirsch, Silke; Gerlach, Dieter: Grundlagen der Personalplanung (Haufe-Akademie), 2016, S. 87

Wiebel, Franziska: Erweitertes Modell nach Ursula Nuber: Die sieben Säulen der Resilienz, Haufe-White Paper, 2022

Wiese, Jens: Was ist eine Balanced Scorecard? Online verfügbar unter: balanced-scorecard.de/konzept (letzter Zugriff 01.09.2023)

Wikipedia: Strategie (Wirtschaft). Online verfügbar unter: https://de.wikipedia.org/wiki/Strategie_(Wirtschaft) (letzter Zugriff 05.09.2023)

Wikipedia: Szenariotechnik. Online verfügbar unter: https://de.wikipedia.org/wiki/Szenariotechnik (letzter Zugriff 05.09.2023)

Wirtschaftslexikon 24: Strategisches Personalmanagement, 2018. Online verfügbar unter: https://www.wirtschaftslexikon24.com/d/strategisches-personalmanagement/strategisches-personalmanagement.htm (letzter Zugriff 05.09.2023)

World Economic Forum: Global Risks Report 2021, 2021. Online verfügbar unter: https://www.weforum.org/reports/the-global-risks-report-2021/ (letzter Zugriff 12.10.2023)

Wunderer, Rolf; Jaritz, André: Unternehmerisches Personalcontrolling. Evaluation der Wertschöpfung im Personalmanagement, 3. Aufl., 2006

Zeppenfeld, Guido; Köckeritz, Hagen; Hörauf, Marcel: ESG und das Personalmanagement, DGFP wissenswert 06/2021

Zimmer, Julia: Future HR. HR-Strategie erfolgreich entwickeln, 2019

« wurde 5 mal gefunden.

» wurde 5 mal gefunden.

verw_beitr im Dokument:

verw_ext im Dokument:

https://www.agenda-software.de/unternehmen/personalarbeit-frustfaktoren.php

https://www.dgfp.de/fileadmin/user_upload/DGFP_e.V/Medien/Publikationen/2021/2021-09-DGFP-Wissenswert-CPA-Studie-Fokus_Deutschland.pdf

https://www.bpm.de/app/uploads/2022/02/bpm_berufsfeldstudie_2020_1.pdf

https://www.personalwirtschaft.de/news/hr-organisation/wie-henkel-hr-daten-analysiert-und-nutzbar-macht-143620/

https://www.dgfp.de/fileadmin/user_upload/DGFP_e.V/Medien/Publikationen/2023/03-2023-DGFP-Trend-Barometer_People_Management_2030.pdf

https://www.pwc.de/de/human-resources/pwc-study-people-management-2025.pdf

https://www.carringtoncrisp.com/intelligence/tomorrows-mba/

https://digisphaere.de/wp-content/uploads/2019/10/KI-Whitepaper.pdf

www.employerbranding.org./glossar.de

https://www.humanresourcesmanager.de/content/mitarbeiterbefragungen-die-ergebnisse-richtig-deuten/

https://www.humanresourcesmanager.de/leadership/mitarbeiterbefragungen-fehler-bei-der-konzeption-vermeiden/

https://www.dji.de/fileadmin/user_upload/5_kompetenznachweis/Miele-Beitrag_Ergebnistagung_Leipzig_270606.pdf

https://www.dgfp.de/fileadmin/user_upload/DGFP_e.V/Medien/Publikationen/2022/12-2022_DGFP-Wissenswert_Navigating-KI.pdf

https://www.iwkoeln.de/studien/andrea-hammermann-evidenzbasierte-entscheidungsfindung-im-personalmanagement.html

https://www.harbinger-consulting.com/blog/moderner-fuehrungsstil/

https://www.hays.de/lp/fachkraeftemangel

https://www.dgfp.de/fileadmin/user_upload/DGFP_e.V/Medien/Publikationen/2022/10-2022-DGFP-Wissenswert_Workforce_Transformation.pdf

https://www.hs-pforzheim.de/fileadmin/user_upload/uploads_redakteur_wirtschaft/Personalmanagement/Dokumente/2016/3-Saeulen-Modell/hrcc-broschuere_3-Saeulenmodell_web.pdf https://www.5-sterne-redner.de/fileadmin/media/download/pdf/Trendanalysen/Janszky_Trendstudie_HR_Management.pdf

https://blog.reflect-beratung.de/change-management-erfolgreich-gestalten

https://assets.kpmg/content/dam/kpmg/pdf/2015/06/kpmg-mdws.pdf(letzter

https://wirtschaftslexikon.gabler.de/definition/diversity-management-53993

https://asana.com/de/resources/types-organizational-culture

https://www.mercer.com/de-de/insights/people-strategy/future-of-work/global-talent-trends-2023/

https://www.hays.de/documents/10192/118775/hays-studie-anpassung-an-eine-neue-normalitaet-2020.pdf

https://info.lead-innovation.com/paper-etablierung-von-ganzheitlichem-innovationsmanagement

https://www.mercer.com/de-de/insights/talent-and-transformation/attracting-and-retaining-talent/

https://www.viima.com/de/blog/innovationsmanagement

https://www.personalwirtschaft.de/news/hr-organisation/hr-benoetigt-neue-skills-139467/

https://www.personio.de/hr-lexikon/employer-branding/

https://www.humanresourcesmanager.de/personalmanagement/hr-braucht-ein-neues-profil/

https://www.rochusmummert.com/wp-content/uploads/2020/06/Rund_die_H%C3 %A4lfte_der_deutschen_Unternehmen_von_Cyber-Kriminalit%C3 %A4t_betroffen.pdf

http://81.169.143.104/archiv/Empowerment%20in%20Unternehmen/pe2020.pdf

https://www2.deloitte.com/content/dam/Deloitte/global/Documents/About-Deloitte/central-europe/ce-global-human-capital-trends.pdf

https://www.bwl-lexikon.de/wiki/swot-analyse/

https://media-publications.bcg.com/global-scaling-strategic-workforce-planning-bcg-allianz.pdf?utm_campaign=EmpiricalHR%20-%20data-driven%20employee%20decisions&utm_medium=email&utm_source=Revue%20newsletter

https://www.bcg.com/publications/2022/germany-bcg-gender-diversity-index-2022

https://www.walkme.com/content/the-state-of-digital-adoption-2022/

https://www.weka.ch/themen/finanzen-controlling/controlling/planung-und-budgetierung/article/advanced-budgeting-die-planungsqualitaet-erhoehen-und-den-budgetierungsaufwand-reduzieren/

balanced-scorecard.de/konzept

https://de.wikipedia.org/wiki/Strategie_(Wirtschaft)

https://de.wikipedia.org/wiki/Szenariotechnik

https://www.wirtschaftslexikon24.com/d/strategisches-personalmanagement/strategisches-personalmanagement.htm

https://www.weforum.org/reports/the-global-risks-report-2021/

Stichwortverzeichnis

50 Hertz 75

A

Agile-HR-Edgellence-Modell 71
Allianz 144
Arbeitsplatz 51
Arbeitszeitflexibilisierung 249
- Personalabbau 184
- Unternehmenskultur 249

B

Balanced Scorecard 24, 203
- Beispiel 208
- Chancen 210
- Definition 205
- Erwartungen 205
- erweitertes Kennzahlensystem 210
- Finanzperspektive 204
- Implementierung 208
- Innovationsperspektive 205
- interne Prozessperspektive 205
- Kommunikationsinstrument 210
- Kundenperspektive 205
- Leitbild/Vision 206
- Managementsystem 210
- Marktperspektive 205
- Maßnahmen 206
- Risiken 211
- Wertperspektive 204
- Wissensperspektive 205

BDSG
- Kontrollen 82
- Rechte der Mitarbeiter 82
- Regelungszweck 81

betriebliches Gesundheitsmanagement 187
- betriebliche Gesundheitsförderung 189
- betrieblicher Arbeitsschutz 189
- betrieblicher Gesundheitsschutz 189
- betriebliches Eingliederungsmanagement 189
- Coronapandemie 188
- Erfolgsfaktoren 192
- Fehlzeiten 187
- Implementierung 190
- Mobbing 191
- Resilienz 191
- Vorteile 190

Betriebsrat
- Personalcontrolling-System 84

Betriebsrätemodernisierungsgesetz 53, 78
Betriebsverfassungsgesetz (BetrVG) 83, 133
Bewertungsmodelle Human Capital
- Accounting-orientierte Modelle 114
- ertragsorientierte Modelle 114
- Human-Potential-Index 115
- Indikatoren-basierte Modelle 114
- Kombinationsmodelle 114
- Markt-orientierte Modelle 114
- Value-Added-Modelle 114

Bildungscontrolling 234
Blockchain 52, 275
- Personalarbeit 275

Business-Partner-Organisation 67

C

Change-Management 42, 58
- Deglobalisierung 44
- Dekarbonisierung 44
- Demografie 44
- digitale Transformation 59
- Digitalisierung 44
- Erkenntnisse aus der Pandemie 42
- Führung 44
- Schritte 42

Chatbots 273
- Akzeptanz 274
- Vorteile 274

Cloud Computing 276
- Formen 276
- Servicemodelle 276

Cloud Security 53
Cybersicherheit 52

D

Datenschutz 51
- Datenlöschung 281

Datensicherheit 277
DATEV 74

Deglobalisierung 44
Dekarbonisierung 44
demografischer Wandel 44, 57
Deutsche Bahn 75
Deutscher Corporate Governance Kodex (DCGK) 32
digitale Transformation 59
Digitalisierung 51, 59, 60, 265
- Blockchain 275
- Chancen 266
- Cloud Computing 276
- Datensicherheit 277
- digitale HR-Organisation 268
- DSGVO 277
- effiziente Personalarbeit 122
- genutzte Elemente 266
- HR-Organisation 61
- Hürden 269
- IT-Sicherheit 280
- Kernfragen 62
- Leitfaden 63
- Personalmanagement 268
- Rahmenbedingungen 266
- Ziele 267
Digitalisierungsleitfaden für HR
- Bestandsaufnahme 63
- Definition der Anforderungen 65
- Digitalisierungsstatus 64
- lohnende Bereiche 64
- Pain Points 63
- Softwarelösung 65
- Stolperfallen 66
- Umsetzung 66
Diversity 51, 193
- Age Diversity 195
- Cultural Diversity 195
- Diversity-Management 193
- Gender Diversity 194
Drei-Säulen-Modell 27
DSGVO 79, 277
- berechtigte Interessen 81
- Checkliste 279
- Einwilligung 80
- Erforderlichkeit der Speicherung 81
- Grundsätze 277
- künstliche Intelligenz 272
- Maßnahmen 278
- Rechenschaftspflicht 81
- Rechtmäßigkeit 80
- Richtigkeit der Daten 81
- Verbot mit Erlaubnisvorbehalt 80
- Vertragserfüllung 81
- Zweckbindung 81

E

effiziente Personalarbeit
- Betreuungsquote 126
- Centerkonzepte 123
- Costcenter 123
- Digitalisierung 122
- Kennzahlen 128
- Merkmale 121
- Personal- und Sachkosten 127
- Profitcenter 123
- Servicecenter 123
- Verrechnungspreise 125
- Vollkostenallokation 126
- Weiterbildung 123
- Wertschöpfungscenter Personal 122
E-Learning 51
Employer Branding 57, 161, 196
- Definition 196
- Strategie 197
- Ziele 197
Environmental, Social, Governance (ESG) 30
- Anweisungen 32
- Arbeitsort 36
- Arbeitsschutz 31
- Arbeitssicherheit 31, 36
- Aus- und Weiterbildung 31
- Benefits 36
- Berufsausbildung 35
- betrieblicher Umweltschutz 35
- betriebliches Gesundheitsmanagement (BGM) 36
- Bildung 33
- Datenschutz 31
- Deutscher Corporate Governance Kodex (DCGK) 32
- Employer Branding 36
- Führung 36
- Fürsorge 33
- Gesundheitsmanagement 33
- Hauptthemen 37
- Human-Capital-Management 115
- kollektive Arbeitsbedingungen 32
- Mitarbeitendenbeteiligung 32
- Mitarbeitendenbindung 36
- Nachhaltigkeitskultur 34

– Nachverfolgung der Wirksamkeit 32
– neue Berufsbilder 34
– Personalentwicklung 31
– Purpose 36
– Qualifizierung 31, 33
– Recruiting 35, 36
– Recurring Revenue 32
– Remote Work 33
– Stakeholder-Management 34
– Travel-Management 35
– Umsetzungsgrad 37
– Umsetzungsthemen 30
– Unternehmenspolitik 31
– Vergütung 32, 36
– Vergütungs- und Betriebsrentensystem 30
– Webcrawler für HR-Trends 37
– Weiterbildung 36
– Werte 36
– Work-Life-Balance 32

F
Fachkräftemangel 51, 55, 137
– Handlungsfelder 162
– Lösungsstrategien 41
– Recruiting 164
– Zuwanderung 165
flexible Arbeitsmodelle 57
flexible Arbeitszeiten 51
Frauenförderung 57
Führungsinstrumente 153
– direkte 153
– indirekte 154
– Objectives and Key Results (OKR) 154
Führungskräfte
– zukunftsfähige Kompetenzen 243
Führungsstile
– authentischer Stil 150
– autoritärer Stil 150
– der Coach 151
– der Demokratische 153
– der Dominante 152
– der Gruppendenker 152
– Frontläufer 151
Fünf-S-Modell 28

G
Gender Shift 52
gesetzliche Rahmenbedingungen
– BDSG 81
– BetrVG 83
– DSGVO 79
Gesundheitsmanagement 57

H
Harvard-Modell 27
Henkel-Konzern 96
Hierarchieabbau
– Hürden 155
– Kategorien 155
– Personalführung 155
HR-Business-Partner-Modell 67, 69
HR-Funktionen 69
– Handlungsempfehlungen 70
Human-Capital-Management 112
– Aus- und Weiterbildung 117
– Benefits 116
– Bewertungsmodelle 114
– Chancengleichheit 116
– Compensation 116
– Data Security 116
– Diversität 116
– Engagement 117
– Incentives 116
– Labour Relations 116
– Qualifizierung 117
– Strategie 116
– Vereinigungsfreiheit 116
Humankapital 113
Human Resources
– Weiterentwicklung 72
Humanvermögen 113
Hybrid Work
– Modelle 177
– Nachteile 177
– Schritte 178
– Vorteile 177

I
Innovationsmanagement
– Definition 236
– Fähigkeiten 238
– Handlungsfelder 237
– Innovationskultur 240
– Innovationsstrategie 239
– Qualitätsmanagement 238
– Schlüsselaspekte 238
– Strukturen 238
– Wertsteigerung 236
Intellectual Capital 113

IT-Sicherheit 280
- Empfehlungen 280
- Risiken 280
IT-Unterstützung
- Anforderungen an Software 257
- Aufgaben 259
- Bewerbermanagement-System 264
- Blockchain 275
- Change-Management 262
- Checkliste für kostenlose Software 261
- Cloud Computing 276
- Datenschutz 277
- DSGVO 277
- Expertensystem 260
- Implementierungsplan 261
- IT-Lösungen 257
- Kriterien für Software-Auswahl 259
- künstliche Intelligenz 270
- Mitarbeitersystem 260
- Qualitätssteigerung 255
- Sicherheit 280
- Vorteile 255, 256
- Ziele 255

K
Kennzahlen
- Prozessschritte 95
- Übersicht 94
- Vor- und Nachteile 95
Key Performance Indicator (KPI) 93
Kompetenzen der Zukunft 243
- Führungskräfte 243
- Personalmitarbeitende 245
Kompetenzmodelle 214
- Arten von Kompetenzen 215
- Definition 214
- Implementierung 215
- Nachteile 218
- Vorteile 216
KonTraG 219
Krisenbewältigung
- acht Schritte 60
künstliche Intelligenz 52, 270
- Akzeptanz 271
- BetrVG 272
- Chatbots 273
- DSGVO 272
- Einsatzbereiche 272
- ethische Leitplanken 271
- Grenzen 273
- Vorteile 273

L
Leistungspotenzial-Portfolio 231

M
Managerportfolio 233
Mitarbeitendenbefragung 228
- Erfolgsfaktoren 230
- Funktionen 229
- Gestaltungsempfehlungen 229
Mitarbeitendenbindung
- Formen des Commitments 170
- Instrumente 171
- Schlüsselfunktionen 174
- Schlüsselpersonen 174
- Toptalente 173
Mitarbeitendenportfolio 231
- Bildungscontrolling 234
- Deadwoods 232
- Leistungspotenzial-Portfolio 231
- Portfolioanalyse 234
- Problem Employees 232
- Stars 232
- Workhorses 232
- Ziele 232
Mitarbeiterführung 51
mitarbeiterorientierte Personalstrategie 39
- Gründe 40
- Hindernisse 41
- Schwerpunkte 40
Mitarbeiterportfolio
- Managerportfolio 233
Mobbing 191
mobiles Arbeiten
- Personaleinsatz 177

N
Nachfolgeplanung 234
- Laufbahnplanung 235
- Schritte 235
Non-fungible Token (NFT) 52

O
Objectives and Key Results (OKR) 25
- Guidelines 25
- Implementierung 154
- Personalführung 154

- Prozess 25
- Rollen 25

Organisationskultur 51

P

People Analytics 106
- Akzeptanz 108
- Datenschutz 111
- Datensicherheit 111
- Descriptive Analytics 107
- Einsatzbereiche 107
- Grundformen 107
- Kernprobleme 109
- Predictive Analytics 107
- Prescriptive Analytics 107
- rechtliche Rahmenbedingungen 111
- Schritte 110
- Ziele 108

People Company 71

People-Management
- Handlungsfelder 290

Personalabbau
- Altersteilzeit 185
- Arbeitszeitflexibilisierung 184
- Aufhebungsvertrag 185
- Insourcing 184
- Kündigung 185
- Kurzarbeit 184
- Reduzierung von Mehrarbeit 183
- Sozialauswahl 185
- Teilzeitstellen 184
- Transfergesellschaft 185
- unbezahlter Urlaub 184
- Verringerung von Kapazitäten 184

Personalarbeit
- Zukunftsperspektiven 287

Personalaufwand 89

Personaleinsatz 174
- Hybrid Work 177
- Maßnahmen 176
- mobiles Arbeiten 177
- Schwerpunkte 175
- zeitliche Dimension 175

Personalentwicklung 156
- Anforderungsprofile 157
- Assessment-Center 158
- Aufgaben 157
- Aufgabenmatrix 158
- Funktionsmatrix 158
- Herausforderungen 160
- Job-Konzepte 158
- Kompetenzmodell 158
- Laufbahnplanung 158
- Leistungsbeurteilung 158
- Mitarbeitendengespräche 158
- Nachfolgeplanung 158
- Nachwuchsprogramme 158
- Planung 157
- Potenzialanalyse 158
- Stellenbeschreibungen 157
- strategische Führungskräfteentwicklung 158
- Testverfahren 158

Personalfreisetzung
- Arbeitsmarktsituation 183
- Bestandsanpassung 180
- Einflussfaktoren 182
- gesellschaftliche Rahmenbedingungen 183
- Gründe 179
- Maßnahmen der Arbeitszeitanpassung 180
- Maßnahmen der dispositiven und örtlichen Anpassung 180
- Maßnahmen zum Personalabbau 183
- Probleme 179
- Prozess 181
- rechtliche Rahmenbedingungen 182
- Vertragswerke 182

Personalführung
- Definition 147
- direkte Führungsinstrumente 153
- Führungsinstrumente 153
- Führungsstile 149
- Hierarchieabbau 155
- indirekte Führungsinstrumente 154
- Kernfragen 147
- Kompetenzen der Führungskraft 149, 153
- Objectives and Key Results (OKR) 154
- Prinzipien guter Personalführung 148

Personalgewinnung 161
- Employer Branding 161
- Fachkräftemangel 162
- Prozess 162
- Recruiting 165

Personalinformationssystem 99
- Anforderungen 100
- Arten von Systemen 100
- Einführung 101

Personalinvestitionsplanung 141
Personalkosten 89
- externe Faktoren 90
- indirekte 90
- interne Faktoren 90
Personalkostencontrolling
- Kostenarten 91
- Maßnahmen 91
Personalkostenplanung 141
- Advanced Budgeting 143
- Better Budgeting 143
- Beyond Budgeting 143
- Einflussfaktoren 142
- Gemeinkostenwertanalyse 142
- Grundlagen 141
- Inhalte 141
- Instrumente 142
- maschinelle 142
- Schritte 141
- Zero-Base-Budgeting 142
Personalmanagement
- IT-Unterstützung 255
Personalmanagementinstrumente
- Balanced Scorecard 203
- Innovationsmanagement 236
- Kompetenzmodelle 214
- Mitarbeitendenbefragung 228
- Mitarbeiterportfolio 231
- Personalrisikomanagement 218
- SWOT-Analyse 201
- Szenariotechnik 211
Personalmanagementportfolio
- Nachfolgeplanung 234
Personalmitarbeitende
- Persönlichkeitsmerkmale 246
- Rollen 246, 247
- zukunftsfähige Kompetenzen 245
Personalrisikomanagement 218
- Anpassungsrisiko 222
- aufgabenbezogene Risiken des Personalbereichs 224
- Austrittsrisiko 221
- Bleiberisiko 224
- Elemente 226
- Engpassrisiko 221
- Ersparnis 227
- Grundtypen von Risiken 219
- Hauptaufgaben 219
- integriertes Risikomodell 220
- KonTraG 219
- Loyalitätsrisiko 223
- Maßnahmen 227
- Motivationsrisiko 222
- Passungsrisiko 223
- Personalrisikomodell 220
- rechtliche Grundlagen 218
- Risikofelder 220
- Strategierisiko 223
- Umgang mit Krisen 227
- Wissensrisiko 224
Personalrisikomodell 220
Personalstrategie 17
- Analyse 22
- Balanced Scorecard 24
- Entwicklung 21
- Erfolgsfaktoren 26
- Fachkräftemangel 41
- Faktoren 24
- Fehler 25
- Handlungsfelder 39
- Handlungsoptionen 22
- Herausforderungen 39
- HR-Strategie 24
- Kernprobleme 25
- Kommunikation 23
- KPIs 24
- Maßnahmen 23
- mitarbeiterorientierte 39
- Mittelstand 38
- Objectives and Key Results (OKR) 25
- Personalentwicklung 40
- Qualifizierung 40
- Schritte 21
- Schwerpunkte 40
- Umsetzung 23
- Veränderungsbedarf 22
- Verständnis der Geschäftsstrategie 23
- Ziele 20

R

rechtliche Rahmenbedingungen 77
- aktuelle Urteile 78
- Betriebsrätemodernisierungsgesetz 78
Recruiting
- Anforderungen an Recruiter 167
- Checkliste Recruiting-KPIs 169
- Erfolgsfaktoren 167
- Fehler 166
- Kennzahlen 169
- Prozessoptimierung 167

Recurring Revenue 32
Resilienz
- betriebliches Gesundheitsmanagement 191
- Grundhaltungen 192
- Praktiken 192

S
Skill-based Hiring 53
Sozialauswahl
- Personalabbau 186
- Schritte 186
Strategic Workforce Planning 144
- Erfolgsfaktoren 145
- Vorgehen 144
Strategie
- Arten 14
- Definition 13
- Fünf-Phasen-Modell 13
- Harvard-Konzept 13
- Instrumente 15
- Unternehmensstrategie 14
strategische Partnerschaft 67
- Merkmale 69
strategische Personalplanung 57
- Bedeutung 133
- Betriebsverfassungsgesetz 133
- Charakteristika 138
- Definition 131
- derivative Funktion 131
- Fachkräftemangel 137
- Gegenstromverfahren 135
- Inhalte 136
- Instrumente 133
- Personalinvestitionsplanung 141
- Personalkostenplanung 141
- Prozess 134
- Strategic Workforce Planning 144
- Verfahren 134
- Workforce Transformation 139
- Ziele 136
strategisches Personalcontrolling
- Bedeutung 87
- Definition 88
- Effizienz 121
- Human-Capital-Management 112
- Kennzahlen 93
- Maßnahmen in Krisenzeiten 91, 92
- People Analytics 106
- Personalaufwand 89
- Personalinformationssystem 99
- Personalkosten 89
- Qualität 117
- Qualitätssteigerung 120
- Wertschöpfung 97
strategisches Personalfunktionsstrategie 17
strategisches Personalmanagement
- aktuelle Situation 51
- Anwendungsbereiche 147
- Aufgaben 19
- betriebliches Gesundheitsmanagement 187
- Change-Management 42
- Definition 17
- Dimensionen 47
- Diversity 193
- Ebenen 18
- Grundlagen 17
- Handlungsfelder 283
- Herausforderungen 283
- Hürden 285
- Instrumente 201
- Kernbausteine 49
- Kernfragen 20
- Konzepte 27
- Merkmale 17
- Mitarbeitendenbindung 170
- Modelle 27
- New Culture 289
- Personaleinsatz 174
- Personalentwicklung 156
- Personalfreisetzung 179
- Personalführung 147
- Personalfunktionsstrategie 17
- Personalgewinnung 161
- Personalstrategie 17
- strategische Ebene 48
- Struktur 47
- Themen 19
- Trends 51
- Vergütungsmanagement 199
- Zukunfsthemen 52
- zukünftige Rolle 287
- Zukunftsperspektiven 283
SWOT-Analyse 201
- Prozess 202
Szenariotechnik 211
- Bereiche 212
- Phasenmodelle 212
- Szenariotrichter 212

T

Top-HR-Trends 56
- Change-Management 58
- demografischer Wandel 57
- Führung 56
- Mitarbeiterbindung 58
- Talent-Management 56

U

Unternehmenskultur 249
- Bedeutung 250
- Eisberg-Modell 250
- Hatch-Modell 251
- Hofstede-Modell 252
- Maßnahmen 249
- Rahmenbedingungen 249
- Schein-Modell 250
- Schritte zur Veränderung 253
- starke 253

Unternehmensleitbild 249
Unternehmensstrategie 14
- Inhalte 14

V

Vergütungsmanagement 199
- Equal Pay 199
- Mitarbeitendenbeteiligung 200

Verrechnungspreise
- effiziente Personalarbeit 125
- kundenorientierte 125
- marktorientierte 125

W

Wasserstoff 52
Weiterbildung 51
wertorientiertes Personalcontrolling 97
- Definition 97
- quantitatives Modell 98

Wissenstransfer 57
Workforce Transformation
- Erfolgsfaktoren 139

Z

Zukunftsthemen des Personalmanagements
- Prioritäten 52

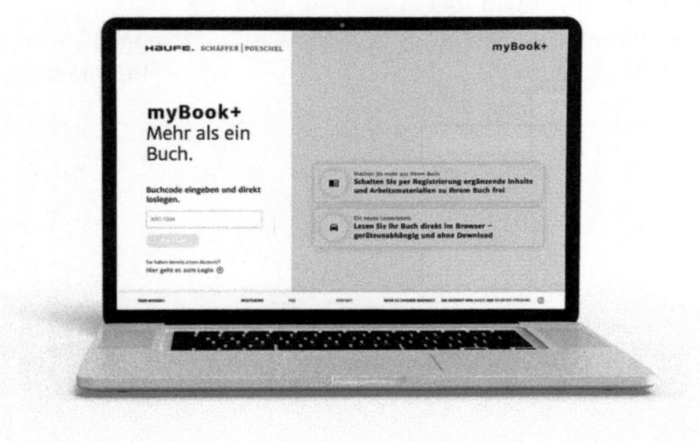

Ihre Online-Inhalte zum Buch: Exklusiv für Buchkäuferinnen und Buchkäufer!

- **https://mybookplus.de**
- Buchcode: UMW-42757

PI13821200

9843823